国家科学技术学术著作出版基金资助出版

陆相页岩油赋存机理
与可动性评价

王 民 李进步 著

科 学 出 版 社

北 京

内 容 简 介

本书在系统梳理页岩油赋存状态及可动性评价进展的基础上，以我国松辽盆地北部青山口组和渤海湾盆地济阳拗陷沙河街组页岩为例，综合运用岩石物理实验(含宏观和微观)、分子模拟和数理统计分析等研究手段，探讨了陆相页岩的含油性、储集性、赋存机制、相态及可动性特征，在页岩的原始含油率评价、储层微观结构表征、赋存机制、吸附/游离油定量和页岩油可动性等方面提出了一些创新性的评价技术和成果认识，并通过案例分析给出了页岩油甜点预测的研究思路和方法。

本书可供从事石油地质、页岩油勘探开发的科研人员及大专院校的相关专业师生参考使用。

图书在版编目(CIP)数据

陆相页岩油赋存机理与可动性评价 / 王民，李进步著. --北京：科学出版社，2025.3

ISBN 978-7-03-074290-2

Ⅰ．①陆… Ⅱ．①王… ②李… Ⅲ．①陆相油气田-油气藏-研究-中国 Ⅳ．①P618.130.2

中国版本图书馆CIP数据核字(2022)第240952号

责任编辑：万群霞 崔元春 / 责任校对：胡小洁
责任印制：师艳茹 / 封面设计：无极书装

科学出版社 出版

北京东黄城根北街 16 号
邮政编码：100717
http://www.sciencep.com

北京中科印刷有限公司印刷
科学出版社发行 各地新华书店经销

*

2025 年 3 月第 一 版 开本：787 × 1092 1/16
2025 年 3 月第一次印刷 印张：15
字数：356 000

定价：180.00 元
(如有印装质量问题，我社负责调换)

前　言

随着对油气资源需求的攀升，页岩油普遍被认为有望解决我国能源危机，是我国石油工业可持续发展的重要选项和出路。不同于美国的海相页岩油，我国的页岩油以中新生代的陆相页岩层系为主，目前尚未得到大规模的经济有效开发，即使借鉴美国海相页岩油压裂技术，产能效果依旧远不如预期。究其原因在于我国陆相页岩油的复杂性：除熟知的页岩储层致密性外，陆相页岩富黏土、页岩油的强吸附性及其相对于页岩气的高黏性等因素制约了油在页岩中的可流动性，加之成熟度演化跨越范围大，使对页岩油赋存机理和可流动性评价的认识程度不够，勘探所面临的理论、技术挑战和难题也前所未有。笔者先后参与/承担了与页岩油有关的国家自然科学基金重点/面上/青年科学基金项目、大型油气田及煤层气开发重大专项（子课题）及油田公司项目，对我国陆相页岩油赋存机理与可动性评价方面的一些基础性、机理性的问题及评价技术进行了十余年的持续攻关，形成了一些创新性的研究成果，本书正是对这些年来相关成果的总结。

本书在系统梳理页岩油赋存状态及可动性评价进展的基础上，以我国松辽盆地北部青山口组和渤海湾盆地济阳拗陷沙河街组页岩为例，综合运用岩石物理实验（含宏观和微观）、分子模拟和数理统计分析等研究手段，探讨了陆相页岩的含油性、储集性、赋存机制、相态及可动性特征，在页岩的原始含油率评价、储层微观结构表征、赋存机制、吸附/游离油定量和页岩油可动性等方面提出了一些创新性的评价技术和成果认识，并通过案例分析给出了页岩油甜点预测的研究思路和方法，以期为我国页岩油勘探实践提供参考。

全书共 7 章，由王民和李进步负责篇章结构和内容编排，李进步负责统稿修改，并由王民负责最终稿定稿。笔者团队近十年来一直从事页岩油地质评价研究工作，得到了国家自然科学基金委员会、科学技术部，以及中国石油大庆油田、中国石化胜利油田、中国石油吉林油田分公司的资助；在研究过程中，各位领导、专家、同仁也给予了热情指导和帮助，在此一并感谢。希望本书的出版能够抛砖引玉，将来能有更多更好的有关页岩油勘探开发研究成果的理论、技术著作能够出版，对我国正在艰苦探索的页岩油研究和产业发展起到积极推动作用，助力我国陆相页岩油革命。

鉴于所涉及领域的前沿性和快速发展性，同时受作者水平所限，难免存在疏漏之处，敬请专家、读者斧正！

王　民

2024 年 11 月 30 日

目 录

第1章 页岩油勘探进展与研究现状

页岩油是指赋存于富有机质页岩层系中的石油。富有机质页岩层系烃源岩内粉砂岩、细砂岩、碳酸盐岩单层厚度不大于 5m，累积厚度占页岩层系总厚度的比例小于 30%。页岩油无自然产能或低于工业石油产量下限，须采用特殊工艺技术措施才能获得工业石油产量[《页岩油地质评价方法》(GB/T 38718—2020)]。依据泥页岩热演化成熟度，将页岩油划分为低熟和中高熟页岩油。北美页岩油的成功勘探开发，引发了国内外石油地质学者及勘探专家的广泛关注，使页岩油成为全球非常规油气资源勘探开发的热点。

1.1 勘 探 进 展

从大区上来看，页岩油盆地在全球范围内主要分布在北美和欧亚大陆。根据美国能源信息署(EIA)和美国先进资源国际公司(ARI)数据，截至 2017 年底，全球页岩油地质资源总量为 9368.35 亿 t，技术可采资源量为 618.47 亿 t，其中超过 20%分布在北美地区，其次是俄罗斯，其页岩油技术可采资源量为 101.77 亿 t；我国排行第三(技术可采资源量为 43.93 亿 t)，阿根廷位居第四(技术可采资源量为 36.83 亿 t)。从时间上来看，早志留世、晚泥盆世、晚石炭世—早二叠世、晚侏罗世、白垩纪、渐新世—中新世 6 个时期，页岩在全球范围内广泛沉积，6 套富有机质页岩层系形成的油气资源占全球总资源的90%(邹才能等，2015)。从构造背景看，主要沉积在拉张作用下形成的被动大陆边缘盆地和裂谷盆地内(邹才能等，2023)。目前，富有机质页岩层系油气勘探开发的热点地区在美国和中国，美国已实现规模化商业开发，中国正处于工业化起步阶段。

1.1.1 国外页岩油地质特征及勘探开发进展

1) 北美页岩油

美国是世界上首个实现页岩油商业化开发的国家，2019 年美国页岩油产量占石油总产量的 63%，使页岩油成为其常规油气资源的重要接替类型之一。页岩油的成功开发，使世界石油市场格局发生了巨大变化。全美的页岩油资源分布呈现东多西少、主要赋存区占主导、其他区域零星分布的特点，其页岩油资源主要分布于威利斯顿盆地巴肯(Bakken)区带，墨西哥湾盆地伊格尔福特(Eagle Ford)区带，二叠盆地博恩斯普林(Bone Spring)、沃尔夫坎普(Wolfcamp)和斯普拉贝里(Spraberry)区带等，总技术可采储量高达 2.62×10^{10}t，是近年来美国页岩油勘探开发的热点地区。

美国页岩油的发展历程包括三个阶段：探索发现、认识与技术突破和快速增长期，时间节点分别是 2000 年和 2007 年左右。2000 年以前是美国页岩油的探索发现阶段，该阶段始于 20 世纪 50 年代威利斯顿盆地 Bakken 区带，以寻找泥岩裂缝油藏为目标，页岩油年产量不到 10 万 t, 1953 年在 Bakken 组上段发现了美国第一个页岩油藏安蒂洛普 (Antelope) 油田。至 20 世纪 90 年代, 随着水力压裂和水平井技术的不断成熟, 美国页岩油勘探开发增加, 但受油价和产量预测影响并没有形成规模产能, 此阶段为美国页岩油认识与技术突破阶段。2007 年以后, 随着水平井和水力压裂技术成功应用, 页岩油产量得以迅速提高, 2007 年年产量首次突破 100 万 t, 揭开了美国页岩油开发的新篇章。随着页岩油钻探活动在多地展开, 美国页岩油产量进入快速增长期。2011 年, 美国页岩油年产量首次突破 5000 万 t, 2012 年达到 1 亿 t, 2014 年达到 2 亿 t, 2018 年突破 3 亿 t。2020 年初, 美国结束 70 多年的石油净进口历史, 成为石油净出口国 (EIA, 2020)。

威利斯顿盆地 Bakken 区带是美国第二大页岩油产区, 纵向上可分为上、中、下三段, 呈典型的"三明治"结构。其中, 中段碳酸盐岩层是主力产层, 厚度近 50m, 孔隙度为 8%~12%; 上段和下段为暗黑色泥岩, I 型有机质, 有机质成熟度 R_o 为 0.60%~0.90%, 大部分地区至今仍处于生油高峰期, 发育超压。墨西哥湾盆地 Eagle Ford 区带页岩油主要产自上白垩统 Eagle Ford 组富有机质海相页岩, 分上、下两段, 下段富有机质钙质泥岩, 是主要的勘探目的层, R_o 为 0.45%~1.40%, 高于 Bakken 页岩。Eagle Ford 区带页岩油气分布平面分带性明显, 从西北到东南形成黑油、湿气/凝析油和干气三个类型的烃类成熟度窗口 (Donovan et al., 2016), 气油比逐渐变高。Eagle Ford 区带含有大量的碳酸盐, 脆性较强, 有利于水力压裂。目前 Eagle Ford 区带的页岩油产量主要来自 R_o 为 1.10%~1.30%的、与湿气伴生的轻质油和凝析油 (黎茂稳等, 2019)。二叠盆地是近几年美国页岩油产量增长最快的地区, 其页岩油产量占美国页岩油总产量的 53%, 主要产自 Spraberry、Wolfcamp 和 Bone Spring 区带, 是美国页岩油勘探开发的热点。其中, Wolfcamp 区带潜力最大, 为二叠盆地页岩油的主力来源。二叠盆地多套烃源岩目前均处于生油阶段, 既有通过侧向运移和垂向运移形成常规油藏的良好条件, 又有向紧邻致密储层形成致密油的物质基础, 具备丰厚的页岩油资源潜力 (周庆凡等, 2019; 李倩文等, 2021)。

2) 俄罗斯页岩油

与北美页岩油勘探开发进度相比, 俄罗斯页岩油勘探开发起步较晚, 在 2012 年底俄罗斯能源部拟定了加入全球页岩革命的发展计划, 2013 年政府有关部门出台了税收减免政策, 鼓励开采页岩油, 但 2014 年之后受国际因素影响页岩油勘探开发被延迟。目前各机构对俄罗斯未来页岩油的产能预测不同, 俄罗斯联邦自然资源和生态部预估到 2030 年可年产 8.4×10^7 t 页岩油, 碧辟 (bp) 预测到 2035 年可年产 4.0×10^7 t 页岩油 (王京和刘琨, 2017)。

俄罗斯的页岩油资源分布广泛, 赋存于西西伯利亚地台的巴热诺夫组、东欧地台的多马尼克 (Domanik) 地层、东西伯利亚深层页岩、北高加索哈杜姆页岩地层及贝加尔周源、俄罗斯东北部及远东地区等。其中, 西西伯利亚地台的巴热诺夫组和东欧地台的多马尼克地层是主力页岩油开发对象, 其为与北美地质条件相似的海相沉积, 页岩油区可采资源总量大, 具备大规模开发利用的基础设施和外部环境, 是未来开发利用的重要潜力区 (梁新平等, 2019)。巴热诺夫组主要岩性为硅质泥页岩, 分布于上侏罗统—下白垩统，平均厚度为 30m，总有机碳(TOC)含量平均为 7%，有机质类型以 Ⅰ–Ⅱ 型为主，成熟度 R_o 介于 0.5%～1.1%；多马尼克页岩油层系为硅质/含硅的泥质石灰岩，厚度介于 100～600m，TOC 含量介于 0.5%～24%，有机质类型以 Ⅰ–Ⅱ 型为主，在伏尔加—乌拉尔盆地中北部成熟度 R_o 介于 0.5%～1.5%，而在南部靠近滨里海地区以生气为主。2016 年对巴热诺夫组 146 口垂直井进行测试，在活跃天数范围内日产油流量 10.8t；对 36 口水平井进行测试，在活跃天数范围内平均日产油流量 7.5t。俄罗斯天然气工业股份有限公司 2018 年成立巴热诺夫技术中心，目前已将水力压裂时间减少了 50%，单位生产成本减少了 40%。在俄罗斯开发页岩油资源享受矿产开采零税率，不少油田地质资料充分、相互之间距离不远且基础设施完善，有关机构对其未来实现页岩油商业化开采持乐观态度(梁新平等，2019)。

1.1.2　国内页岩油勘探进展

1970 年以来，我国不少盆地在钻探过程中偶然发现裂缝型页岩油藏，但并没有给予足够重视。受北美页岩油成功勘探的启示，2011 年以来我国加大了对页岩油的勘探开发力度。我国陆相页岩油资源丰富，主要分布在松辽、渤海湾、准噶尔、鄂尔多斯等陆相盆地，分布面积约 28 万 km²；纵向上页岩油主要分布在古近系、白垩系、侏罗系、三叠系和二叠系五套层系中(图 1-1)，初步估算中国页岩油技术可采资源量为 30 亿～60 亿 t。

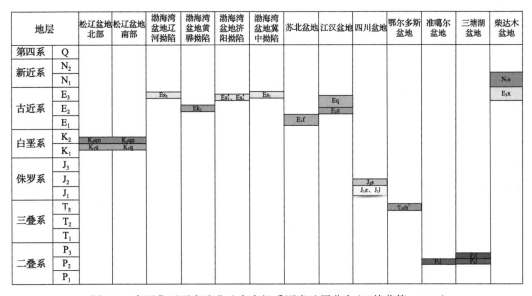

图 1-1　中国典型页岩油盆地富有机质页岩地层分布(王倩茹等，2020)

1) 松辽盆地古龙凹陷

松辽盆地白垩系青山口组一段(简称青一段)为厌氧还原条件下的深湖—半深湖沉积，在底部发生过海侵作用，在青山口组二段、三段(简称青二段、青三段)沉积时期湖盆急剧减小，分布范围变小。青山口组暗色泥页岩厚度为 100～550m，平均 TOC 含量高于 2%，有机质类型主要是 Ⅰ 型和 Ⅱ₁ 型，成熟度 R_o 在 0.5%～1.6%，处于低熟—成熟阶段(柳波等，2014a；何文渊等，2023)，是大庆油田和吉林油田最重要的烃源岩和页岩油富集层段。特别地，古龙凹陷页岩具有特殊的地球化学和油品性质(丰度高、成熟度跨越范围大、高气油比)、储集空间体系(有机孔、无机孔双重孔隙系统)及可压性标准(中成岩晚期黏土脆性增强)等特征，已成为松辽盆地页岩油勘探开发的首要对象(孙龙德，2020)。

大庆油田页岩油探索已有近 40 年的历史，经历了发现探索、研究认识和试验突破三个阶段(王广昀等，2020)。1981 年，针对古龙凹陷泥岩裂缝型油藏，采用常规原油勘探理念与开发技术，钻探了首口发现井(Y12 井)，在青一段、青二段获得日产油 3.8t、日产气 441m^3 的工业油气流。1997 年钻探了该区的第一口页岩油水平井——GP1 井(未压裂)，日产油 1.51t，产油效果不理想。自 2011 年开始大庆页岩油进入研究认识阶段，应用致密油勘探理念与开发技术，瞄准互层型与夹层型页岩油，开发对象为页岩层系中的薄砂层。而后在 2018 年，大庆油田持续加大页岩油探索力度，探索页岩油勘探理念与开发技术，进入试验突破阶段。优化部署了 GY1、YX57 和 C21 等 18 口直井，日产油 1.36～6.72t，其中古龙凹陷青一段下部为轻质油带，地层厚度 50～60m，横向分布稳定，面积 2326km^2。此外，针对青一段页岩优势甜点层部署实施了 SYY1HF、SYY2HF、GYYP1 和 YY1H 四口水平井(杨建国等，2020)。其中 GYYP1 井位于松辽盆地中央拗陷区古龙凹陷深部位，以青一段下部页理型页岩为甜点靶层，获得日产油 13.5t、日产气 6100m^3 的高产工业油气流。GYYP1 井高产标志着纯页岩型页岩油获得重要突破，展现了陆相页岩油广阔的资源前景(孙龙德等，2021)。

2)渤海湾盆地济阳拗陷

济阳拗陷为中国东部新生代典型富油陆相断陷盆地，页岩油在东营、沾化、车镇、惠民等凹陷均有分布，层位上以古近系沙河街组沙四上亚段、沙三下亚段及沙一段 3 套页岩层系发育(图 1-2)。济阳拗陷页岩油为半深湖—深湖相富有机质、富碳酸盐页岩中富集的中—低与中—高热演化成熟度并存原油，页岩分布广、层系厚、层理发育、高碳酸盐含量为其显著特点(碳酸盐含量平均超 50%)。富有机质页岩以中、低热演化成熟度为主，无机孔隙发育，以产油为主，原油密度较高。页岩层系地层压力高，压力系数一般为 1.2～2.0，自然能量充足，日产量高。在近 10 年的攻关研究和勘探实践过程中，济阳拗陷在东营、沾化等凹陷取得了多个层系、多种类型页岩油的突破，展示了济阳拗陷页岩油良好的勘探前景(孙焕泉，2017；宋明水等，2020；刘惠民，2022)。

济阳拗陷页岩油勘探经历了从认识—实践到再认识—再实践不断探索的过程，其勘探有近 50 年的历史，可分为勘探偶遇、主动探索、创新突破三个阶段(图 1-3)。前已述及，在 20 世纪 70 年代，济阳拗陷页岩油勘探以偶然发现为主，当时称之为裂缝型油藏(董冬等，1993)，受当时地质认识局限性，以及常规直井勘探技术、预测方法不适应性的影响，泥页岩裂缝型油藏预测难度大，页岩油勘探并未有实质性进展，尚未建立完善的评价方法体系，加之常规油气发现层出不穷，页岩油钻探计划遂被搁浅。而后受北美海相页岩油气成功勘探开发的启示，从 2006 年开始加快了济阳拗陷页岩油的专题研究与勘探步伐，在老井复查的 320 余口探井的泥页岩中见油气显示，各凹陷、多层系均见工业性油气流,以此基本明确了济阳拗陷页岩油较大的勘探潜力与方向。2012 年左右,中国石油化工集团有限公司(简称中国石化)先后部署 L69、FY1、NY1、LY1 四口系统取心井,累计取心 1010m,并开展上万块(次)样品系统测试分析,为推进济阳拗陷页岩油基础地质研究奠定了扎实的资料基础。此外,优选了沾化凹陷渤南洼陷沙三下亚段部署 BYP1 井、BYP2 井及东营凹陷利津洼陷沙四上亚段部署 LY1HF 井等四口页岩油专探井。其中,在渤南洼陷页岩层水平段钻井过程中出现了不同程度的井壁垮塌,压裂均不成功,单井初期产量、累计产量均比较低;利津洼陷钻探的 LY1HF 压裂效果不理想,产能也较低。此外,部署兼探井 5 口,分别为 Y182、Y186、Y187、L758、N52 等井,并开展试油测试,兼探井页岩发育段见高产油气流(表 1-1)(宋明水,2019)。

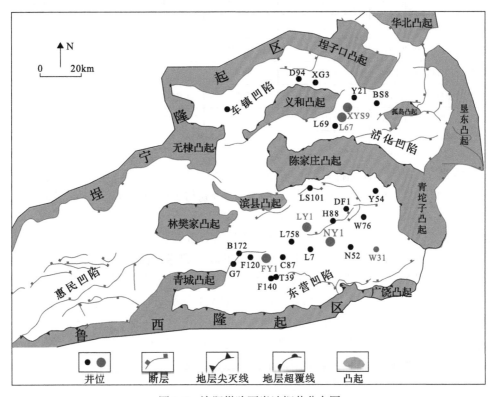

图 1-2 济阳拗陷页岩油探井分布图

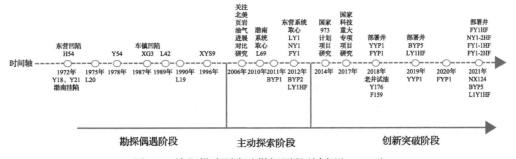

图 1-3 济阳拗陷页岩油勘探历程(刘惠民,2022)

表 1-1 济阳拗陷主动探索评价阶段主要新钻页岩油井试油试采情况统计(宋明水，2019)

井号	井段/m	初始日产油量/t	求产方式	累计产油量/t	措施	页岩油密度/(g/cm³)
NY1	3403.18～3510.0	油花	一开溢流折算			
LY1	3632.0～3665.0	0.17	二开溢流折算	0.41		0.87
	3872.6～3899.9	2.29				
FY1	3199.0～3210.0	2.41	二开溢流折算	653	压裂、泵抽	0.88
BYP1	3605.0～3628.0	2.48	油管畅放	116	压裂、泵抽	0.91
BYP2	3125.9～3645.0	1.11	油管畅放	70.3	压裂、泵抽	0.93
BYP1-2	1956.6～3542	3	油管畅放	317	压裂、泵抽	0.92
LY1HF	2942.9～3969.5	2.29	管式泵	127.4	泵抽、酸洗	0.88
Y182	3429.4～3480	140	自喷	1178	自喷	0.88
Y187	3440.42～3504.47	154	自喷	7444	自喷	0.88
Y283	3671.0～3730.5	10.2	管式泵	1253	压裂、泵抽	0.88
L758	3224.3～3250	5.81	管式泵	62.8	泵抽	0.88

2013 年以来，济阳拗陷页岩油勘探开发进入创新突破阶段，开展了富有机质页岩"储集性、含油性、可动性和可压性"基础地质研究与关键技术攻关，在页岩微观表征、富集模式、有利区预测等方面取得重要进展(朱日房等，2015；李政等，2015；张顺等，2016；王永诗等，2013；刘惠民等，2019；王民等，2018，2019a，2019b)，重新审视了济阳拗陷页岩油"有效烃源岩厚度大、资源丰度高、裂缝发育、渗流能力强、地层天然能力充足及富碳酸盐页岩具有一定可压裂性"等有利条件。在此期间，配套形成了勘探部署评价与工程工艺技术系列，实现了页岩油战略性突破。在渤南洼陷 Y176、博兴洼陷 F159、东营凹陷南坡 GX26 等地区优选老井开展先导试验，Y176 井、F159 井、GX26 井等 6 口老井压裂均获得工业油流，试油产油量为 6.3～44.0t/d，经过数月开采，产能整体稳定，取得了良好效果，推动了济阳拗陷页岩油勘探进程。对富有机质页岩层压裂改造 20 余口直斜井，90%的井累计产量超过千吨，进一步证实地质新认识的可行性和压裂工艺的适应性，大大增加了开展济阳拗陷页岩油勘探的信心。

2019 年以来，按照"直斜井试油战略侦察，风险勘探引领突破，水平井专探求产"的指导思想，遵循济阳拗陷页岩油"四性"20 参数地质评价体系与勘探突破目标优选工作流程，探井部署由裂缝型转向基质型、由 $R_o > 0.9\%$ 转向 $R_o < 0.9\%$，设计水平专探井实施钻探，实现济阳拗陷页岩油商业产能突破。2019 年和 2020 年，在沾化凹陷渤南洼陷及东营凹陷博兴洼陷部署钻探 YYP1 和 FYP1 两口风险探井(中等热演化程度)，2021 年在沾化凹陷渤南洼陷部署钻探该阶段的第三口风险探井——BYP5 井(高热演化成熟度)，在东营凹陷牛庄洼陷部署钻探直斜兼探井——NX124 井(低热演化成熟度)，其中，BYP5 井峰值日产油 160t，累计产油 11671t(4 个月累计产油过万吨)，NX124 井峰值日产油 43.2t，累计产油 1974t。近年来，济阳拗陷页岩油勘探的相继突破，进一步证实济阳陆

相断陷咸化湖盆高热演化(R_o>0.9%)、中等热演化(R_o=0.7%～0.9%)、低热演化(R_o=0.5%～0.7%)成熟度的富有机质纹层(层)状富碳酸盐页岩均具有较大的勘探开发前景(刘惠民，2022)。

我国陆相页岩油与北美页岩油相比具有勘探开发落差的主要原因与地质条件的差别有关，美国的页岩油其实主要指的是与泥页岩互层的致密油，且一般油质较轻。泥岩裂缝型油藏常常发育在砂质含量较高的地层中，天然发育的裂缝为石油的相对富集提供了运移通道和储集空间。而我国东部湖相页岩油更多富集在相对较纯的泥页岩中(王民等，2014)。因此，就低渗透的储层物性而言，二者差异可能不大，但其形成机理、开采所需手段等方面却表现出较大的差异性。我国陆相页岩油有机质热演化成熟度低且普遍处于低熟—成熟阶段，原油密度、黏度较大，其页岩油井大都不具产能或初期产能不高，衰减很快。页岩油可动性如何直接决定其能否被有效开发，是目前非常规油气科研工作者和勘探专家广泛关注的热点话题。页岩油可动性、可动量评价是页岩油领域研究最为薄弱但事关页岩油能否突破的关键。

石油在页岩储层中的可流动性除了受其成储特征控制外(国内外学者已做了大量卓有成效的工作)，还与其赋存机理和状态密切相关。页岩油的赋存机理决定了页岩油赋存状态和不同赋存状态的含量，其中赋存状态以吸附态和游离态为主(一般烃源岩/页岩含水量较低，且油在水中的溶解度较低，溶解态油可以忽略不计)，一般游离态页岩油容易流动，而吸附态页岩油难以流动。对于页岩气来说，吸附气和游离气均可产出(Pan and Connell，2015)；页岩油则不同，在目前的技术条件下，只有孔隙中心的游离油(轻质组分)才可以产出，而受孔隙壁面吸附作用和干酪根溶胀作用的页岩油可动性极差，为不可动组分。为此，本书聚焦页岩油赋存机理及可动性评价，设计开展基础性研究工作，以期进一步完善页岩油资源评价方法体系。

1.2　页岩油赋存及可动性的研究现状

泥页岩微-纳米孔喉体系致使其油气分布更加分散、复杂，加之在岩心样品的搁置和处理过程中页岩油的挥发，页岩油原始的赋存状态会被破坏，导致对残留油的赋存状态的研究难度较大。本节就页岩油赋存状态的定性观察和模拟、油气赋存空间表征、不同赋存状态页岩油定量检测技术、吸附/游离油定量评价模型及页岩可动性评价等国内外研究进展进行论述。

1.2.1　油气赋存状态的定性观察和模拟

前人利用冷冻扫描电镜、环境扫描电镜(E-SEM)、场发射扫描电镜(FESEM)，(电子束荷电效应)、激光共聚焦、计算机断层扫描(CT)、能谱等技术对残留油在致密岩石中的赋存状态进行直接观测，阐明其赋存的形态、位置及空间大小等特征。例如，O'Brien等(2002)在对伍德福德(Woodford)页岩进行含水的热解实验时，利用扫描电镜观察到了新生成的原油排到微裂缝中，并以圆球状的油滴和薄膜状的油膜形式存在。梁世君等(2012)根据马朗凹陷芦草沟组页岩的荧光分析及 SEM 观察，初步认识到页岩油的赋存形式有两种：干酪根表面的吸附态及基质孔隙、层间缝及微裂缝中的游离态。张正顺等（2013）通过对龙马溪组页岩样品进行 SEM、电子探针、阴极发光等分析，划分出岩石中残留固态有机质原位的五种赋存状态，其与次生矿物和黏土矿物的发育有密切关系。王学军等（2017）等通过对济阳坳陷富油态页岩不同类型孔隙内的页岩油进行 SEM 观察，论证了不同孔隙类型的页岩油的赋存方式存在差异性：在较大孔隙的晶间孔、溶蚀孔及裂缝中以游离态赋存，而在有机孔、黏土矿物孔隙中以吸附态存在。

后来，随着环境扫描电镜实验的推广，较多学者开始利用此项技术在尽可能还原流体原始特征的情形下对其赋存特征进行研究。例如，朱如凯等（2013）利用环境扫描电镜结合能谱定量扫描技术，明确了扶余致密油以圆球状、薄膜状、粘连状和短柱状四种形态赋存于三类储集空间中，包括粒内孔、粒间孔和微裂缝，其中以粒间孔赋存场所为主。吴松涛等（2015）对鄂尔多斯盆地上三叠统长 7 段新鲜的泥页岩样品进行环境扫描电镜实验，为减少实验过程中流体的散失，在低真空模式下进行观察，发现长 7 页岩中残留烃包括两种赋存状态：游离态和吸附态，其中游离烃主要赋存在黄铁矿晶间孔和长石粒间孔中，而吸附烃主要以粘连状和薄膜状赋存在伊蒙混层（I/S）粒内孔和伊利石粒内孔中，为页岩油的滞留机理提供了直观证据。Gong 等（2015）对普遍含油的砂岩样品的新鲜面，利用环境扫描电镜观察与能谱定量扫描烃类相结合的实验方法阐明了致密油微观赋存形态，发现致密油主要以油膜和油珠形式存在，其中油膜以浸染粘连状形态赋存于粒间孔或微裂缝中，平面尺寸较大，含碳百分比较高，而油珠的平面尺寸及含碳百分比相对较低，并指出了储层类型与孔喉分布对致密油赋存状态的影响——储层性质越差，油膜厚度越小。亦有学者利用高分辨率场发射扫描电镜，直接观测岩石的含油性特征。例如，王晓琦等（2015）研究了吉木萨尔凹陷二叠系芦草沟组致密储层含油样品，认为残留油会造成强烈的荷电效应，并广泛分布在有机质附近的孔隙中，少量分布在贫有机质区；支东明等（2019）对吉木萨尔芦草沟组页岩进行扫描电镜、荧光、单偏光、场发射扫描电镜分析，认为生烃作用使页岩的润湿性向油湿转化，页岩油以油膜的形式赋存在干酪根和矿物颗粒表面，且温度越高，油膜越厚并逐渐向大孔中的游离态转化。

作为数字岩心研究的重要工具，CT 技术除了能够表征岩石三维孔喉特征外，亦可以反映岩心内部流体情况，因此，诸多学者采用该方法研究原油在岩石中的微观赋存形式。例如，Wang 等（2015）利用 CT 技术将鄂尔多斯盆地延长组致密油分为薄膜状、簇状、喉道状、乳状、颗粒状和孤立状，并结合核磁共振（NMR）实验对各种赋存形式的致密油进行了定量分析；侯建等（2014）和梁斌等（2019）应用高精度 CT 扫描仪揭示了驱替过程中微观剩余油的赋存状态，随着驱替进行，剩余油分布变得更分散，原始网络状的油滴逐渐变为多孔状和孤滴状；余义常等（2018）通过微观刻蚀薄片、CT 扫描及水驱油实验相结合研究不同尺度下微观剩余油的分布特征及其赋存状态，发现剩余油主要分布在中、小孔喉内，其赋存状态分为两种，即远离孔隙中心的游离态和孔隙表面难以动用的束缚态（吸附态），随着孔隙结构变好，其束缚态剩余油比例逐渐减小，并揭示了注水开发后中小孔喉内的游离态剩余油最多，宜采用封堵大孔喉的方法提高采收率；邓亚仁等（2018）通过对鄂尔多斯长 8 段致密砂岩进行油气充注实验研究，发现原油的赋存状态与岩石孔隙结构特征有关，随着致密程度增加，原油的赋存形态从油珠状向喉道状、再向薄膜状逐渐过渡；李易霖(2017)通过对致密砂岩洗油前后的 CT 扫描及大面积拼接成像分析观测到原油以珠状、晶簇状、絮状和薄膜状四种形态存在，且受孔喉空间分布特征的控制，含油的孔径下限为 30～50nm；白振强等(2013)通过激光共聚焦技术研究了聚合物驱替过程中剩余油的轻质和重质组分的变化规律，发现聚合物驱替后，剩余油以簇状、粒间吸附状(弱水洗)、表面薄油膜状(强水洗)束缚态分布为主，且轻质组分减少，以小片状和零散状存在，而重质组分以连片状呈现在颗粒表面。

1.2.2　油气赋存空间表征

表征油气赋存空间的方法主要有核磁共振、抽提前后孔径对比、分子动力学(MD)模拟及统计分析等方法，瞄准页岩油的赋存孔径、赋存空间及其含量等。

(1)核磁共振技术：核磁共振技术测量的是岩石中含氢类流体，而对岩石骨架不甚敏感，因此，其可以用来反映孔隙中油的特征。例如，牛小兵等(2013)利用核磁共振实验研究了距离油源不同位置低渗透砂岩储层中不同尺度孔隙内原油的微观赋存特征，明确距离源岩较近的油藏微米孔至纳米孔均含油，而距离源岩较远的油藏纳米孔不含油；李海波等(2015)根据鄂尔多斯盆地致密储层密闭取样后的核磁共振实验，定量分析了致密油储层中油的赋存空间，显示原油主要分布在孔径为 100～500nm 的孔隙中；任大忠等(2015)利用核磁共振技术结合离心实验，对鄂尔多斯盆地长 8 组致密砂岩中可动流体的赋存特征进行了研究，发现绿泥石含量及成熟度对可动流体的赋存具有积极作用。

(2)抽提前后孔径对比法：前已述及，针对洗油后的页岩，N_2 吸附、压汞、小角散射、核磁共振等技术可以用来表征页岩孔径分布特征，而在岩心未洗油状态下进行上述实验所反映的孔径特征是含油条件下未被原油充填的孔隙的孔径特征，因此两种状态下表征的孔径分布曲线的差异即油赋存孔隙的孔径分布。基于这一原理，Chen G 等(2018)利用大民屯凹陷沙河街组泥页岩洗油前后的 CO_2、N_2 吸附实验的差异确定了微中孔(<25nm)赋存的残留油较少，其含油量的 80%由大孔贡献，论证了大孔对页岩油资源富集的重要性；Sun 等(2017)对比分析东营凹陷沙河街组泥页岩洗油前后小角散射实验的差异性，发现洗油后 2～10nm 的孔隙率增加，推测页岩油主要赋存在中孔(2～50nm)内；Yu 等(2017)根据张家滩页岩(R_o=1.25%～1.28%)洗油前后的 CO_2、N_2 吸附及孔隙度测定，得出 75%的残留油赋存在中孔(2～50nm)内，14%的残留油赋存在大孔(>50nm)内，而11%的残留油赋存于微孔(<2nm)内。此外，值得注意的是，该方法也容易出现洗油后泥页岩在某一孔径范围的孔体积小于未洗油样的情形，Qi 等(2019)分析认为可能是洗油过程引入的抽提溶剂溶胀于黏土矿物中导致的。

(3)统计分析法：包友书(2018)和刘惠民等(2019)基于东营凹陷泥页岩压汞测试的孔径分布曲线，统计了不同孔径范围孔体积的比例与含油饱和度的关系，发现孔径大于 5nm孔隙的孔体积与含油饱和度呈现较好的线性正相关性，推测页岩油主要赋存在孔径大于5nm 的孔隙中，并利用洗油前后岩心孔径分布曲线的差异验证了这一观点；此外，基于环境扫描电镜实验抽真空过程中溢出油的孔隙的孔径范围(8.9～20.1nm)，确定了游离油赋存的孔径下限为 10nm。类似地，李吉君等(2015)通过对松辽盆地白垩系页岩的 N_2 吸附实验所得的不同孔径范围孔隙发育情况与含油性的相关性进行统计，得出页岩油主要赋存于孔径大于 20nm 的孔隙。Sun 等(2017)观测抽真空过程中含油岩心的场发射扫描电镜照片，发现不同孔径内溢出油不同，具体表现为微小裂缝溢出的油质较轻，而较大裂缝溢出的油质较重，统计得出页岩油可动性孔径下限是 10～25nm。

(4)分子动力学模拟法。基于分子力学和分子动力学理论，分子动力学模拟技术可实现对不同体系内分子或原子的运动规律进行研究，并对其进行统计后计算分析得到体系的特征等，根据吸附质(流体)的密度/浓度分布曲线，进而反映流体的赋存特征。例如，王森等(2015)以正庚烷为研究对象，利用分子动力学模拟方法开展了有机质孔缝内正庚烷赋存状态的研究，并分析了孔缝尺寸、有机质热演化成熟度、烷烃碳链长度及其同分异构体等因素对原油赋存状态的影响，并估算了狭缝状孔隙内吸附相和游离相的比例；鉴于原油组分比较复杂，Tian 等(2018)利用烷烃、萘、十八烷酸等化合物按照一定比例配制模拟了原油混合物在高岭石不同极性表面的吸附特征，探讨了温度、压力、原油组分及矿物表面极性对页岩油吸附的影响。分子模拟法极易控制其他变量实现单一因素对页岩油赋存的影响规律研究，解决了以往实验手段应用于组分复杂、非均质性较强的页岩储层研究过程中遇到的主要控制因素不明确的问题，适用于对页岩油吸附机理的研究。但存在着模拟尺度相对较小，模拟结果目前没有相关实验予以佐证等问题。

1.2.3 不同赋存状态页岩油定量检测技术

目前定量评价泥页岩吸附油、游离油的方法主要包括常规热解及改进的热解法、不同溶剂抽提法、页岩油吸附实验法及核磁共振法等。

1)常规热解及改进的热解法

对于生油阶段的泥页岩，由于油与有机质的强吸附作用及微纳米孔隙的限制作用，部分重质油在 300℃之前无法热蒸出来进而进入裂解烃 S_2(S_2 指页岩在常规热解实验中 300～650℃检测的烃含量)中，这部分烃类在热解谱上一般显示为 S_2 前部的肩峰(shoulder peak)。因该部分烃类的沸点相对较高，国内外学者普遍认为该部分重质烃为吸附烃，利用洗油前、后泥页岩常规热解的 S_2 值之差计算烃源岩中重烃的含量(Jarvie, 2012; Han et al., 2015; Li M et al., 2018; Li et al., 2019a)。后来，随着页岩油成为研究热点，较多的研究机构逐渐改进了热解的升温程序，把 S_1 峰和 S_2 峰拆分，根据不同升温段的产物细化页岩油的组分特征，进而评价页岩油的总资源量及其潜力可动资源。因国内外页岩的成熟度及页岩油特征不同，各单位所研制的改进的热解升温程序存在差异。例如，加拿大地质调查局研发的延长缓慢升温法(extend slow heating method，ESH)(Sanei et al., 2015)，采用较低的升温速率和较宽的温度范围，以 10℃/min 的升温速率热解至 650℃。其中 150℃之前的产物(S_1-ESH)为游离烃，150～360℃的产物(FHR)为类流体相的烃，360～650℃的产物为干酪根裂解烃(含固体沥青)。法国石油局研发的 Rock-Eval® Shale Play™ 法(Romero-Sarmiento et al., 2016；Romero-Sarmiento, 2019)的升温程序是：以 100℃为起始温度，以 25℃/min 的升温速率升至 200℃并恒温 3min，其产物为 Sh0；接着以 25℃/min 的升温速率升至 350℃并恒温 3min，其产物为 Sh1；再以 25℃/min 的升温速率升至 650℃，其产物为 Sh2。其中 Sh0 为游离烃，Sh1 为吸附烃，Sh2 为裂解烃。

Wildcat 科技公司根据原油中不同碳数烃类的沸点的差异设计了 HAWK Petroleum Assessment Method^{TM}(HAWK-PAM)法(Maende，2016)，具体为：以 50℃为起始温度恒温 5min 得到 C_4～C_5 的烃类(Oil-1)，然后以 50℃/min 的升温速率升至 100℃并恒温 5min 得到 C_6～C_{10}(Oil-2)，接着以 25℃/min 的升温速率升至 180℃并恒温 5min 得到 C_{11}～C_{19}(Oil-3)，再以 25℃/min 的升温速率升至 350℃并恒温 5min 得到 C_{20}～C_{36}(Oil-4)，最后以 25℃/min 的升温速率升至 650℃得到干酪根裂解烃(K-1)。其中，Oil-1～Oil-4 被认为是游离/可动油组分。此外，Abrams 等(2017)针对页岩 TOC 和 S_1(S_1指泥页岩在常规热解实验中 300℃之前检测的烃含量)都很相似，但样品间的含油属性却存在较大差异的情况，设计了一种多步热解法(multi-step thermal extraction method, MiSTE 法)，其流程为以 200℃为起始温度(产物 P200)，以 60℃/min 的升温速率分别升至 250℃、300℃、350℃，并在每个温度点恒温 15min 分别得到产物 P250、P300、P350，并认为 P200 所占比例较高的区域为页岩油有利层段。

　　针对陆相页岩油，中国石化石油勘探开发研究院无锡石油地质研究所基于总抽提物含量、各温度段热解色谱以及实际产出原油的气相色谱特征，设计了一套分步热解实验程序，该程序具体流程为：起始温度 80℃并恒温 1min 得到产物 S_0，接着以 25℃/min 的升温速率升至 200℃并恒温 3min 得到产物 S_{1-1}，再以 25℃/min 的升温速率升至 300℃并恒温 3min 得到产物 S_{1-2a}，继而以 25℃/min 的升温速率升至 350℃并恒温 3min 得到 S_{1-2b}。从 350℃以 25℃/min 的升温速率升至 450℃并恒温 3min 得到 S_{2-1}，最后以 25℃/min 的升温速率升至 650℃并恒温 3min 得到 S_{2-2}。对于各阶段产物，S_{1-1}、S_{1-2} 被认为是游离烃(其中 S_{1-1}为可动烃)，S_{2-1} 为吸附烃，S_{2-2} 为干酪根裂解烃[本节所述方法为中国石化胜利油田勘探开发研究院的实验方法，与蒋启贵等(2016)的研究略有不同]。

　　2)不同溶剂抽提法

　　吸附油和游离油的组分不同，游离态一般以轻质组分为主，而吸附态的成分主要为较大的极性分子或杂原子化合物，因此，可以采用不同极性的有机溶剂组合+岩心处理对其进行逐步萃取和分离，分别得到吸附态和游离态的抽提物。例如，Schwark 等(1997) 和钱门辉等(2017)采用极性较弱的二氯甲烷+甲醇溶剂组合+粉碎岩心分离了游离态可溶有机质，采用极性较强的四氢呋喃+丙酮+甲醇溶剂组合萃取了岩石矿物表面吸附的非烃和沥青质组分；史基安等(2005)对油砂样品采用二氯甲烷+甲醇抽提获得了储层开放孔隙的游离烃，再进行岩心粉碎获得封闭态的游离烃，接着采用酸、碱处理等方式获得胶结物烃、束缚烃及包裹体烃等；卢龙飞等(2013)对泥质烃源岩中的黏粒级组分，采用索氏抽提、碱水解、酸水解等处理分别获得物理吸附/束缚的黏土矿物外表面或边缘的可溶有机质和化学吸附的黏土矿物层间的可溶有机质。

　　3)页岩油吸附实验法

　　因液相吸附体系比较复杂，与页岩气吸附相比，页岩油吸附的研究工作比较落后，现没有权威的实验仪器/理论予以页岩油吸附量的测定，特别是在高温高压条件下的检测。目前研究页岩吸附油能力的实验手段主要分为两种：固-液吸附法和烃蒸气吸附法。

固-液吸附法是指将吸附剂(固体颗粒)和吸附质(溶液)按照一定比例配制,在不同时间检测吸附剂质量的变化(质量法)或吸附质浓度的变化(体积法)进而来反算吸附量。在石油行业,起初该方法一般应用于污油的吸附处理,后来学者逐渐意识到储层中一些大分子化合物(非烃、沥青质)的吸附沉淀作用、储层润湿性反转及其对采收率的影响等,包括石油沥青在石英矿物表面的吸附、低渗透储层原油吸附对其渗流的控制等(鄢捷年,1998;李素梅和王铁冠,1998)。在页岩吸附油能力评价方面,张林晔等(2015)研究了东营凹陷沙河街组泥页岩矿物和干酪根的滞留油能力,发现干酪根对原油的滞留能力远大于无机矿物;Wei 等(2012)采用溶胀-离心法,测定了干酪根对不同原油组分的溶胀率,并建立了不同成熟度下干酪根对原油滞留能力的图版;Li 等(2016)采用固液吸附法研究了东营凹陷不同矿物的吸附油能力,发现黏土的矿物吸附能力最大(18mg/g),其次为石英(3 mg/g),碳酸盐矿物吸附能力最小(1.8 mg/g)。由于原油分子相对较大,一般采用固-液吸附实验评价的吸附油量是否代表原油已进入全部孔隙的表面(特别是对于纳米孔隙发育的泥页岩储层)仍受质疑。

相比于液态油而言,气态分子的扩散运动能力较强,因此,基于毛细凝聚理论,由 N_2 吸附实验衍生的一种蒸气吸附技术在固-液吸附定量评价方面取得了重要突破,可实现纳米级别孔隙吸附量的定量表征,目前已在水蒸气吸附、烃蒸气吸附方面取得了一定的进展(Li et al., 2017, 2018b; Tang et al., 2017)。该方法是在烃蒸气接近饱和蒸气压时,样品的孔隙内充满吸附态和毛细凝聚态的流体,以此类比饱和态页岩孔隙中的吸附油和游离油。Zhang 等(2017)利用烃蒸气吸附实验测定了室温条件下黏土矿物对不同烃类的吸附能力,并认为吸附量主要受黏土矿物比表面积的控制;Li 等(2017, 2018b)利用烃蒸气吸附实验测定了泥页岩对正癸烷的吸附能力,并结合页岩孔隙特征和矿物组成特征,探讨了吸附油的控制因素。但值得注意的是,前人利用分子模拟法揭示的气态烃和液态烃吸附特征与吸附量差异较大(田善思,2019),该方法可能难以真实反映页岩油的吸附量。

4)核磁共振法

前已述及,对于常规储层,核磁共振主要是对孔隙内流体的响应比较敏感,而对岩心骨架不敏感,因此常用于检测孔隙内的流体进而评价孔隙度、孔径分布、流体性质等。当孔隙内存在多种流体时,不同流体性质及其与岩石相互作用存在差异,导致不同类型流体的核磁共振弛豫机制不同。一维 T_2 谱是岩石中各种流体核磁信号的叠加响应,难以对其进行有效区分,因此,在常规储层中常采用扩散-横向弛豫法 D-T_2 法(D 为扩散系数,T_2 为横向弛豫时间)对孔隙内的油-水进行区分。但对于非常规致密泥页岩储层,受微-纳米孔喉限制,加之液态流体的扩散效应不明显,导致 D-T_2 谱区分流体效果较差(Birdwell and Washburn, 2015);泥页岩含氢组分较多,除油、水外还包括干酪根、黏土矿物结构水等信号,D-T_2 法难以对上述信号进行系统区分。针对泥页岩含氢组分的区分,目前国外学者使用较多的是核磁共振 T_1-T_2(T_1 为纵向弛豫时间)谱技术(Jiang et al.,2013; Ozen and Sigal, 2013; Washburn and Birdwell, 2013; Tinni et al., 2014; Birdwell and

Washburn，2015；Fleury and Romero-Sarmiento，2016；Singer et al.，2016；Kausik et al.，2017；Korb et al.，2018；Li et al.，2018a，2019b，2020；Khatibi et al.，2019)，但对于泥页岩中吸附态和游离态的流体组分的区分鲜有研究。由核磁共振弛豫原理可知，其 T_1 和 T_2 与流体的黏度、密度等直接相关，一般来说，流体黏度越大/组分越重，其 T_2 弛豫速率越快，T_2 分布较窄但其 T_1 却表现出较宽的范围，且在场强相对较高的核磁响应中二者差异较为明显，因此，对于吸附油这一"类固态"属性流体(王森等，2015)，其 T_1/T_2 大于游离油，这无疑为采用核磁共振技术评价不同吸附油、游离油提供了契机。这一方法的首要前提就是明确吸附油、游离油在 T_1-T_2 谱图上的分布区域。目前国外学者针对海相泥页岩建立了各含氢组分的 T_1-T_2 谱图版(Fleury and Romero-Sarmiento，2016；Kausik et al.，2017；Khatibi et al.，2019)，受核磁仪器、样品属性等影响，对于谱图的解释存在差异性，能否适用于中国富黏土、低熟的陆相页岩仍值得商榷。

1.2.4　吸附/游离油定量评价模型

与地下页岩相比，实验室内的页岩存在着烃类的损失，尽管一些学者设计了一些方法对其进行恢复，如密闭取心法(朱日房等，2015)、化学动力学生烃组分法(Wang et al.，2014；李进步等，2016)及原油体积系数法(谌卓恒等，2019)等，但不确定性较强，导致难以对其直接进行游离油量评价。鉴于此，较多学者直接对其相对稳定的吸附油组分进行研究，在定量表征吸附油量的基础上，结合总含油量计算其游离油量。

基于固-液吸附实验，一些经典的吸附模型，如朗缪尔(Langmuir)模型、弗罗因德利希(Freundlich)模型、Brunauer-Emmett-Teller(BET)模型、波拉尼(Polanyi)修正的 Dubinin-Astakhov 模型等常用于液体吸附量的估算，但这些模型是基于吸附平衡时间、溶液浓度、压力等参数与吸附量的关系(Pernyeszi et al.，1998；Daughney，2000；Dudášová et al.，2008)，对于页岩油吸附量地质评价的实用性较差。近些年，一些学者针对页岩油的吸附模型做了一些探索。例如，Li 等(2016)和 Cao 等(2017)综合考虑泥页岩中有机质和无机矿物吸附量，根据各矿物的吸附量、干酪根的吸附量的叠加，建立了吸附油量的计算模型，并对东营凹陷沙河街组和松辽盆地北部青山口组页岩油资源量进行了地质应用。但值得注意的是，该模型中有机吸附部分采用的干酪根吸附量为一定值——80mg/gTOC(Li et al.，2016)或 76mg/g TOC(Cao et al.，2017)。干酪根吸附能力受其成熟度和类型控制，成熟度越高，吸附量越低(Zhang et al.，2012)，利用一定值表征干酪根吸附能力并不合适。此外，该方法计算的为饱和吸附量，即假设各种矿物孔隙内均存在吸附油的情形，很明显，由镜下观测、含油饱和度、孔隙连通性、润湿性等数据可知，并非所有的孔隙内均有吸附油(姜在兴等，2014；王民等，2019a)，因此评价的吸附油含量偏高。通过烃蒸气吸附实验，Li 等(2017，2018b)基于吸附油、游离油密度的差异，结合页岩孔隙结构特征(包括孔径分布、孔隙形态等)建立了一种页岩油吸附量的数学评价模型，形成了页岩油吸附与游离定量评价理论框架，可用于揭示页岩油赋存微观机制的研究(李俊乾等，2019)。Cui 和 Cheng(2017)建立了一种高斯混合的数学模型来评估页岩油吸附量，尽管该模型揭示了吸附行为的影响因素，如吸附相厚度、孔隙率、孔半径等，但并未考虑页岩组成(如 TOC 含量、吸附油量的主控因素)。因此，该模型并不便于预测地下页岩储层的吸附油量。

目前评价页岩油吸附量的方法和模型尚处于初步阶段，存在诸多问题，综合考虑有机质吸附和无机矿物吸附是研究页岩油吸附量的重要方法，但不同成熟度有机质吸附能力的演化、不同矿物吸附能力及其有效吸附位的确定等问题亟须解决，以建立符合地质条件的页岩油吸附模型，这对于了解页岩油的赋存机理及资源评价具有重要意义。

1.2.5 页岩油可动性评价

目前用于页岩油可动性评价的方法如下所述。

(1) 地球化学参数法。已报道的有 $100 \times S_1/TOC > 100\text{mg/g}$ 及排烃门限处氯仿沥青"A"/TOC 或 S_1/TOC 阈值法(Jarvie, 2012; 王文广等, 2015; 薛海涛等, 2015; 黄振凯等, 2020)，其中 S_1/TOC 又称含油饱和度指数(OSI)，起初由 Pepper 和 Corvi(1995)采用该指标研究页岩吸附油能力，当开始排烃时 $100 \times S_1/TOC$ 约为 100mg/g(相应的氯仿沥青"A"/TOC 约为 200mg/g)。后来，Jarvie(2012)基于美国多个盆地页岩油产能特征，厘定了具有产能的页岩油井段其 S_1 的数值普遍大于 TOC 值，即油跨越(oil-crossover)效应，因此，广大学者采用 $100 \times S_1/TOC > 100\text{mg/g}$ 作为页岩油有利段优选的标准(王永诗等, 2013; Gürgey, 2015; 李晓光等, 2019)。很明显，这一指标及其下限是根据美国海相成熟页岩的产能统计得到的，而中美陆、海相页岩存在差异性，特别是中国陆相页岩储层具有富黏土及低熟页岩油的高密度、黏度特征，其对中国陆相页岩储层的适用性有待商榷；根据目前济阳拗陷页岩油勘探实例分析，前期重点探井如 NY1、LY1 等井试油段显示 $100 \times S_1/TOC > 100\text{mg/g}$，有些甚至高于 200mg/g(Wang et al., 2019)，但仍未获得理想产能，在一定程度上表明该方法存在局限性。此外，亦有国内学者根据研究工区排烃门限处的氯仿沥青"A"/TOC 或 S_1/TOC 确定可动油下限。例如，薛海涛等(2015)所得松辽盆地北部青山口组页岩油可动下限为 $100 \times S_1/TOC = 75\text{mg/g}$；王文广等(2015)所得东濮凹陷沙河街组页岩油可动下限为氯仿沥青"A"/TOC = 150mg/g；黄振凯等(2020)界定鄂尔多斯长 7 组页岩油可动下限为 $100 \times S_1/TOC = 70\text{mg/g}$ 等。

(2) 吸附-游离油模型法。该方法是在定量表征吸附油和游离油含量的基础上，把游离油当成可动资源。前已阐述了吸附油、游离油的各种实验方法和计算模型等，很明显，受页岩微纳米孔喉限制，并非所有的游离油都是可以流动的，即存在毛细管压力束缚流体，因此该方法评价的为最大可动油量。鉴于此，Li M 等(2019)在页岩油轻烃恢复的基础上估算了总含油量，根据热解前后 S_2 的差异确定了吸附油量，基于 Jarvie(2012)提出的 $100 \times S_1/TOC = 100\text{mg/g}$ 指标粗略地确定游离油中的束缚油含量即 TOC 值，以此估算了东营凹陷游离油中的可动油含量(Li M et al., 2019)。前已阐述了 $100 \times S_1/TOC = 100\text{mg/g}$ 这一指标对于陆相页岩不一定适用。因此，如何建立游离油和可动油之间的关系，对于进一步明确页岩油可动性具有重要意义。

(3) 核磁共振法。对于岩石中流体可动性评价，结合离心或者驱替技术、核磁共振技术不仅可以定量表征可动流体含量，也可以用于分析不同孔径内流体的可动性。其主要做法是：基于离心/驱替前、后核磁共振 T_2 谱面积的差异估算页岩油可动量，基于 T_2 谱位置的差异，结合前期 T_2 谱孔径转化系数，明确不同孔径内流体的可动量。在实际应用中，一般采用 T_2 截止值（T_2 cut off）法或谱系数法快速明确流体可动量（Chang et al., 1994；Yao et al., 2010；李海波等，2015；白松涛等，2016）。核磁共振 T_2 谱上弛豫时间大于 T_2 截止值的部分即可动流体，小于 T_2 截止值的为束缚流体。核磁共振-离心法评价的流体可动量与所采用的离心力有关，一般离心力越大，T_2 截止值越小，可动量越大。因此，较多学者针对这一现象，率先开展最佳离心时长和最佳离心力的研究，在此基础上开展离心前、后核磁共振实验，估算流体可动量（杨正明等，2009；孙军昌等，2012；代全齐等，2016）。明确离心力的选择及其与地层实际开采压差之间的耦合关系，以便用于页岩油实际采收率的评价。此外，上述核磁共振实验均是基于实验室内的岩石物理基础研究，其成果已应用于核磁共振测井垂向连续评价储层物性、含油性及可动性方面的评价，这无疑为非均质性较强的泥页岩储层的甜点优选提供了技术支撑。

（4）数值模拟法。基于分子动力学和格子玻尔兹曼（Boltzmann）模拟技术，进而描述和表征页岩中流体–岩石吸附规律及渗流特征（宁正福等，2014；姚军等，2015），但由于页岩及页岩油的组成极其复杂，目前的分子动力学和格子 Boltzmann 模拟还难以在各方面都逼近地质实际。另外，从纳观—微观尺度的模拟到地质尺度的实际应用还有一段距离需要跨越。

（5）其他方法：①弹性-溶解气驱动法。张林晔等（2014）从地层能量角度出发，综合孔隙度、含油饱和度、压缩系数、力学、气油比等各种影响因素，基于弹性驱动和溶解气驱动模型，分别评价了两种模式下页岩油可动率、总可动率及其演化剖面。综合考虑页岩垂向及横向非均质性，其模型考虑因素较为全面，评价较为精细，但模型参数较多，对于地质资料相对较少或缺乏的地区，其可用性受限。②中国石化曾研制了一种页岩可动油量实验装置（李钜源等，2015），在模拟地层温度条件下，利用流体对样品腔反复地施加压力—释放压力—收集溢出油这一循环过程，溢出油含量或测定实验前后页岩样品核磁共振信号的差异即页岩油可动资源量。③国外学者根据页岩油井单井产能和所控制的地质资源量确定页岩油可采系数。该方法在大量页岩油井产能数据统计的基础上具有较高的可信度，但目前国内条件不具备。

从目前我国页岩油勘探开发背景来看，页岩油勘探还处在"摸石头过河"的阶段，我国陆相页岩油的高效开发，必须要摸清页岩油的可动性/可动量。从页岩油赋存及地球化学角度，笔者认为以下地质认识和技术方法问题的存在制约了页岩油可动性的评价：

（1）页岩油资源规模评估的关键参数——页岩含油率的客观表征；

（2）页岩油的赋存机理及赋存相态的研究方法；

（3）不同赋存状态页岩油的定量表征技术及评价模型；

（4）页岩油可动性的影响因素及分析预测手段；

（5）页岩油地质甜点/有利区（层段）的预测方法。

针对上述问题，在国家自然科学基金优秀青年科学基金项目"非常规油气地质评价"（No. 41922015）的资助下，以我国东部典型页岩油探区——渤海湾盆地济阳拗陷沙河街组三段下/四段上亚段和松辽盆地北部青一段页岩开展了一些探索性研究工作。

第一，分析页岩的有机地球化学和无机地球化学特征，查明页岩的基础地质地球化学特征和储集特征；第二，以密闭取心和常规取心为对象，探索建立页岩原始含油率的实验检测手段、轻/重烃恢复模型和表征方法；第三，采用室内实验和分子模拟相结合的方法，从宏观和微观角度揭示页岩油的赋存形态、状态、空间、孔径及演化特征，探索页岩油相态的研究方法等；第四，在此基础上，以核磁共振 T_1-T_2 谱为主要手段，研发不同赋存状态页岩油的定量检测技术，揭示页岩油赋存的影响因素，以此建立了页岩油吸附量的地质评价模型；第五，对比分析页岩油可动性的评价方法和结果，探讨页岩油可动性的影响因素。总结上述成果，建立页岩油资源量→储量→可动量的评价方法体系和页岩油地质甜点预测方法，以松辽盆地北部和济阳拗陷作为案例进行分析，在勘探实践中效果良好。

上述研究工作是在探索我国陆相页岩油勘探中取得的一些初步认识，希望本书的出版能够为业内同行研究页岩油赋存、可动性及资源评价提供帮助和参考，为进一步促进我国陆相页岩油勘探贡献力量。

第2章 页岩有机-无机组成评价

页岩的有机地球化学、无机组成及储集空间特征是页岩油地质评价研究的基本内容，对于页岩油富集及资源评价具有重要意义。松辽盆地北部青山口组和济阳拗陷沙河街组是我国典型陆相页岩油发育层段。本章梳理页岩的有机地球化学和无机地球化学特征，查明页岩的岩相和储集空间等基础信息。

2.1 有机地球化学评价

本节通过介绍页岩有机地球化学特征的研究方法和评价指标，对比国内外主要页岩地层差异，分析页岩有机质丰度、类型、成熟度、含油性及分子组成等特征。

2.1.1 页岩有机地球化学特征

1）有机质丰度

作为页岩油气生成的物质基础，泥页岩中有机质含量直接决定了烃源岩的生烃潜力，在有机质类型及成熟度相似的情况下，有机质丰度越大，其生烃潜力越高（卢双舫和张敏，2008）。评价页岩有机质丰度的指标主要有 TOC 含量、生烃势 P_g（$P_g = S_1 + S_2$）、总烃（HC）和氯仿沥青"A"等，后两者主要为含油性的评价指标，针对富有机质页岩通常采用 TOC 含量和生烃势 P_g 指标进行评价，评价标准详见表 2-1。

表 2-1 页岩有机质丰度评价指标

	水体类型	非源岩	类型			
			差	中等	好	最好
TOC/%	淡水—咸水	<0.4	0.4~0.6	0.6~1.0	1.0~2.0	≥2.0
	咸水—超咸水	<0.2	0.2~0.4	0.4~0.6	0.6~0.8	>0.8
P_g/(mg/g)			<2	2~6	6~20	>20
HC/10^{-6}			<100	100~200	200~500	500~1000	>1000
氯仿沥青"A"/%			<0.015	0.015~0.05	0.050~0.1	0.100~0.2	>0.2

资料来源：《烃源岩地球化学评价方法》（SY/T 5735—2019）。

以渤海湾盆地济阳拗陷沙河街组和松辽盆地北部青山口组泥页岩为例，两套页岩富有机质层系都是陆相湖盆沉积环境，发育于淡水—咸水环境。其中，渤海湾盆地济阳拗陷沙河街组三段下亚段和四段上亚段泥页岩 TOC 含量介于 0.06%~13.6%，平均约为 2.82%；生烃势 P_g 介于 0.03~87.68mg/g，平均约为 16.56mg/g；而松辽盆地北部青一段泥页岩 TOC 含量介于 0.54%~5.57%，平均约为 2.27%；生烃势 P_g 介于 2.10~31.04mg/g，平均约为 11.70mg/g。对比可以发现，沙河街组泥页岩的 TOC 含量和生烃势 P_g 的范围更大，表明其有机非均质性相比青山口组泥页岩更强。不过整体而言，根据 TOC 含量和生烃势 P_g 的评价标准，渤海湾盆地济阳拗陷沙河街组和松辽盆地北部青山口组泥页岩都属于类型好——最好的烃源岩。

对比国内外主要页岩油地层的 TOC 含量可以看出，国外海相盆地地层的 TOC 含量相比国内较高，一些国外地层的 TOC 含量超出 10%。国内 TOC 含量相对最高的页岩油地层是鄂尔多斯盆地延长组长 7_3 段，TOC 含量介于 4.00%～13.81%（图 2-1）。

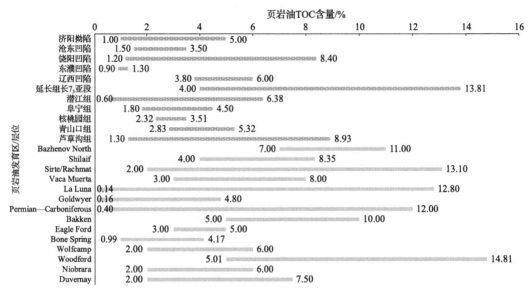

图 2-1　国内外主要页岩油发育区/层位的 TOC 含量特征

Bazhenov North-巴热诺沃北；Shilaif-希莱夫；Sirte/Rachmat-苏尔特/拉赫马特；Vaca Muerta-瓦卡穆埃尔塔；La Luna-拉卢纳；
Goldwyer-戈德维尔；Permian—Carboniferous-二叠纪—石炭纪；Bakken-巴肯；Woodford-伍德福德；Niobrara-奈厄布拉勒；
Duvernay-杜弗奈

2) 有机质类型

页岩的有机质类型决定了生烃产物的性质。由于不同类型有机质（干酪根）的化学组分和结构存在差异，其生烃模式、生烃产物性质和有机孔隙发育规模等方面都存在不同之处。一般来说，腐殖质有机质易于裂解形成芳香族化合物，而腐泥型有机质则易于生成石蜡（环烷）烃；Ⅰ型和Ⅱ₁型有机质易于生油，Ⅱ₂型和Ⅲ型有机质产物主要为气（卢双舫和张敏，2008）。伴随着有机质在演化过程中生成石油或天然气，由于密度的改变及一部分烃类的排出，干酪根会形成一部分孔隙，孔隙的发育规模受生烃类型及生烃能力的制约。前人研究表明，在干酪根生烃过程中惰质组不易裂解生烃形成孔隙，镜质组和壳质组经热裂解生烃均会形成有机孔（Loucks et al., 2012），且伴随着生烃量的增大，干酪根微孔发育规模增加。

有机质类型的判断方法主要有干酪根显微组分法、氢指数-热解峰温法（氢指数 HI=S_2/TOC×100mg/g）、元素质量比 H/C-O/C 分析法及生物标志化合物法等（卢双舫和张敏，2008）。相比较而言，岩石热解实验相对简单、易于操作，氢指数-热解峰温法应用比较普遍而且数据较多，为泥页岩有机质类型判断提供了充足的数据支撑。

以渤海湾盆地济阳拗陷沙河街组为例，根据氢指数-热解峰温法分析的不同凹陷、层段、井位泥页岩有机质类型及其分布频率图（数据为中石化胜利油田勘探开发研究院提供），可以看出：①东营和沾化凹陷沙三段下亚段和沙四段上亚段泥页岩有机质类型较为接近（图 2-2），均以 II_1 型为主（占 50%～60%），I 型和 II_2 型为辅（各占 20%左右），同时含少量的 III 型有机质（5%左右）。②不同层位有机质类型分布存在差异性，沙三段下亚段泥页岩有机质以 II_1 型（近 70%）和 I 型（约 20%）为主，而沙四段上亚段有机质类型则以 II_1 型（约 50%）和 II_2 型（约 30%）为主，且该段的 I 型有机质泥页岩主要源于 NY1 井。综合来看，沙三段下亚段有机质类型优于沙四段上亚段。③不同探井之间有机质类型略有差异。各井的泥页岩有机质类型均以 II_1 为主，其中以 FY1 井 II_1 有机质所占比例最高（75%），NY1、LY1 和 L69 井 II_1 型有机质各自占 50%左右。与其他井位相比，LY1 井 II_2 型有机质比例相对较高，约占近 50%。

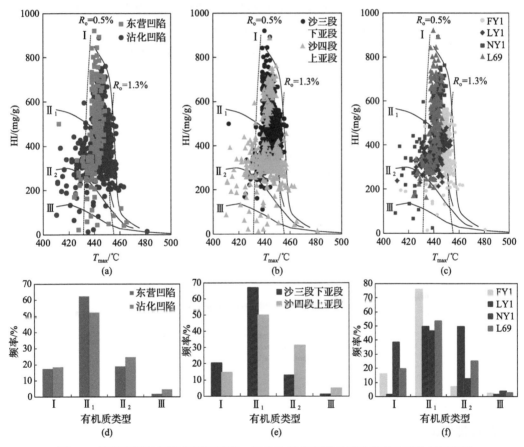

图 2-2　济阳拗陷沙河街组不同凹陷、层位和井位页岩有机质类型及其分布频率图

T_{max}-岩石热解峰温

然而松辽盆地北部青山口组的有机质类型以 I 型和 II_1 型为主（约占 80%），II_2 型为辅（约占 15%），几乎不含 III 型有机质（图 2-3）。

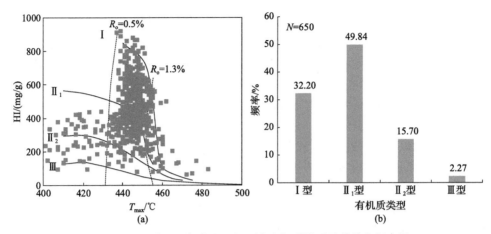

图 2-3　松辽盆地北部青山口组页岩有机质类型及其分布频率图

对比国内外主要的页岩有机质类型可以发现，国内主要的有机质类型为Ⅰ-Ⅱ型，而国外以Ⅱ型为主，包括Ⅰ-Ⅱ型和Ⅱ-Ⅲ型，只有 Eagle Ford 为Ⅰ型有机质（图 2-4）。

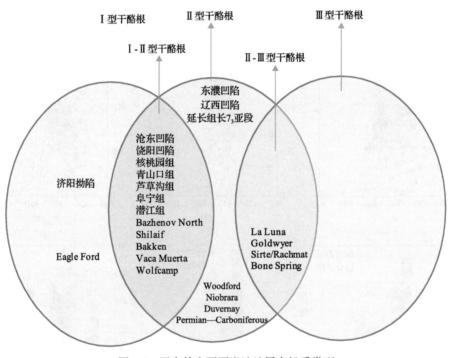

图 2-4　国内外主要页岩油地层有机质类型

3) 有机质成熟度

根据干酪根生烃理论，当泥页岩埋深达到生烃门限时，干酪根开始逐渐裂解，至成熟阶段时大量生烃。在有机质丰度及类型相似的情况下，其成熟度的高低决定了生烃的规模、生烃的类型（性质）及有机孔隙演化的规模等。具体表现为：首先，随着成熟度的增加，单位 TOC 含油量（S_1/TOC，氯仿沥青"A"/TOC）表现出先增加后降低的趋势，有机质在低熟—成熟阶段以生油为主，而高熟—过熟阶段则以生气为主(卢双舫和张敏，2008)。其次，在低熟阶段的干酪根未经历大规模生烃而导致其有机孔不发育，相比之下，成熟—高熟阶段干酪根镜下观察发现普遍发育有蜂窝状结构的有机孔(Curtis et al.，2012；Wang et al.，2015；Reed and Loucks，2015)，为页岩气的富集提供了较好的空间。最后，对于生油阶段的泥页岩来说，成熟度的高低控制着页岩油的组分、黏度/密度等，其对页岩油吸附性、可动性及其有效采出至关重要。因此，泥页岩成熟度对于页岩油资源量、赋存方式及其可动性评价具有重要意义。

目前，表征有机质成熟度的方法主要有镜质组反射率(R_o)法、岩石热解峰温(T_{max})法及生物标志化合物法等(卢双舫和张敏，2008)，R_o 是反映有机质热演化成熟度最主要的旋光性标志之一，被认为是研究干酪根热演化和成熟度的最佳参数之一。

济阳拗陷沙河街组泥页岩有机质以腐泥质组分为主，镜质组普遍偏少，因此，本次大量搜集了东营凹陷和沾化凹陷其他井位层段的测试资料，分别绘制了沾化凹陷和东营凹陷泥页岩镜质组反射率演化剖面图，如图 2-5 所示。根据实测结果，沾化凹陷沙三段下亚段泥页岩 R_o 主要介于 0.54%~0.91%，平均约为 0.77%；东营凹陷沙三段下亚段 R_o 主要介于 0.45%~0.75%(平均 0.55%)，沙四段上亚段 R_o 主要介于 0.52%~0.93%(平均 0.72%)。岩石热解峰温 T_{max} 数据显示(图 2-6)，沾化凹陷沙三段下亚段泥页岩 T_{max} 分布范围较窄，介于 424~448℃(平均 440℃)，主体分布在 435~450℃，为低熟—成熟阶段，未见高熟阶段有机质。相比之下，东营凹陷泥页岩 T_{max} 分布范围较宽，沙三段下亚段$\left(Es_3^x\right)$

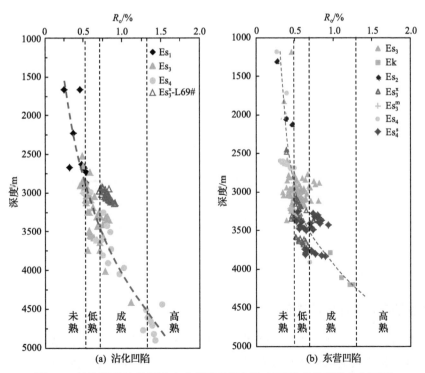

图 2-5　济阳拗陷沾化凹陷和东营凹陷沙河街组页岩成熟度演化剖面图

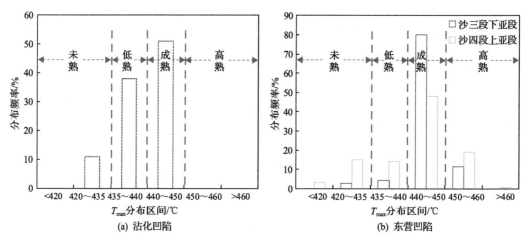

图 2-6　济阳拗陷沾化凹陷和东营凹陷页岩热解峰温 T_{max} 频率分布直方图

有机质 T_{max} 介于 431～457℃，平均约为 446℃；沙四段上亚段 $\left(\text{Es}_4^s\right)T_{max}$ 介于 384～481℃，平均约为 442℃。从 T_{max} 指标来看，东营凹陷沙三段下亚段和沙四段上亚段有机质均以成熟阶段为主。

松辽盆地北部青一段的泥页岩 R_o 值主要集中于 0.8%～1.6%，岩石热解峰温 T_{max} 数据显示，主体分布在 440～460℃，为成熟—高熟阶段。整体而言，青一段泥页岩有机质热成熟度处于生油窗范围之内，有利于页岩油的形成(图 2-7)。

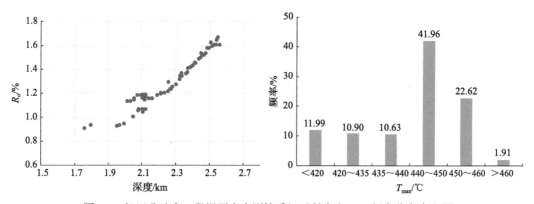

图 2-7　松辽盆地青一段泥页岩实测镜质组反射率和 T_{max} 频率分布直方图

目前，国内外除极少数地层能达到过成熟阶段外，其他地层基本均属于中低熟页岩油，其中大部分地层 R_o 小于 1.6%(图 2-8)。

2.1.2　页岩油有机地球化学特征

页岩油组成较为复杂，主要为烃类物质和少量的非烃物质。不同地区和层位的页岩油在化学组成和性质上均存在较大差异，这主要和页岩油的形成及转化的化学条件有关。从有机地球化学的角度看，页岩油的有机地球化学特征与页岩有机质密切相关，表现出

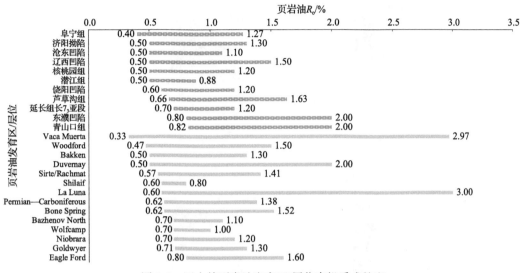

图 2-8　国内外页岩油发育区/层位有机质成熟度

一定的继承性。因此，研究页岩油的有机地球化学特征对于分析页岩油的形成、演化、运移、聚集和保存都具有重要的科学意义。

1）族组成特征

族组成是指页岩油中饱和烃、芳香烃、非烃及沥青质的组成。目前常用的族组成分离测定方法有 3 种，分别为柱层析法族组分分离测定、液相色谱法族组分分离测定和棒状薄层色谱法族组分分离测定（卢双舫和张敏，2008）。

以济阳拗陷沙三段下亚段和沙四段上亚段为例，页岩油族组成中以饱和烃为主，非烃次之，沥青质含量最少。分别对不同凹陷、层段的页岩油族组成进行对比分析，东营凹陷的含油组分明显轻于沾化凹陷［图 2-9（a）、（b）］，表现为饱和烃含量相对较高（东营凹陷为 53.23%，沾化凹陷为 41.53%），沥青质含量较低（东营凹陷为 6.39%，沾化凹陷为 12.47%）。另外，受成熟度控制，与沙四段上亚段相比，沙三段下亚段页岩油组分偏重，表现为饱和烃含量相对较低，芳香烃、非烃及沥青质含量相对较高［图 2-9（c）、（d）］。

2）页岩油分子组分特征及演化规律

研究不同成熟度页岩油组分特征需要先获取不同成熟度密闭/保压的泥页岩样品，通过开展热解气相色谱（PY-GC）实验，控制热解温度和时间使样品中的滞留烃也就是页岩油挥发出来，这部分热解产物被载气带入捕集阱中收集；捕集完成后迅速加热捕集阱，使有机化合物充分释放出来后进入色谱柱中进行分析，同时使用火焰离子化检测器（FID）进行检测；将 FID 检测到的相应电信号输入计算机进行处理，可得到所检测的烃类物质的分子组成谱图及相关数据，从而确定不同成熟度页岩油的组分特征。

以松辽盆地青一段页岩样品为例，本次实验分别取不同井的密闭保压岩心样品 6 块，对应的 R_o 依次为 1.29%、1.00%、1.23%、1.35%、1.44%和 1.51%。通过实验，不同组分烃类产物的实验结果及样品的热解气相色谱图分别如表 2-2、图 2-10 所示。

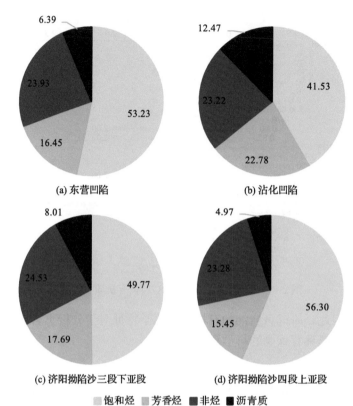

(a) 东营凹陷   (b) 沾化凹陷

(c) 济阳拗陷沙三段下亚段   (d) 济阳拗陷沙四段上亚段

■ 饱和烃 ■ 芳香烃 ■ 非烃 ■ 沥青质

图 2-9　济阳拗陷沙河街组不同凹陷、层段页岩油组分相对含量饼状图(单位: %, 质量分数)

表 2-2　松辽盆地青一段页岩样品热解气相色谱实验结果　　　　(单位: mg/g)

样品号	热解气相色谱实验结果			
	$C_1 \sim C_5$	$C_6 \sim C_{14}$	C_{14+}	总烃
A	0.56	5.44	3.11	9.11
B	2.1	6.09	2.42	10.61
C	0.5	1.78	0.82	3.1
D	2.46	3.54	0.98	6.98
E	1.65	2.99	1.22	5.86
F	3.07	4.16	2	9.23

　　实验结果表明, 样品中总烃含量介于 3.1~10.61 mg/g, 其中气态烃($C_1\sim C_5$)含量介于 0.56~3.07mg/g, 轻质原油($C_6\sim C_{14}$)和重质原油(C_{14+})含量分别介于 1.78~6.09mg/g 和0.82~3.11mg/g。当成熟度较低时, 样品中重质组分(C_{14+})的含量较高, 而成熟度较高时, 气态烃和轻质原油含量较高。不同成熟度的样品中烃类组分的变化主要和有机质的裂解生烃产物有关, 青一段泥页岩有机质类型以Ⅰ型和Ⅱ₁型为主, 生烃产物主要是重质原油, 因此当成熟度较低时, 产物以干酪根裂解为主, 页岩油中重质组分偏多; 而当

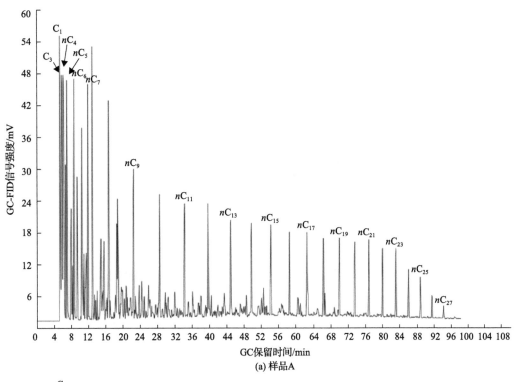

(a) 样品A

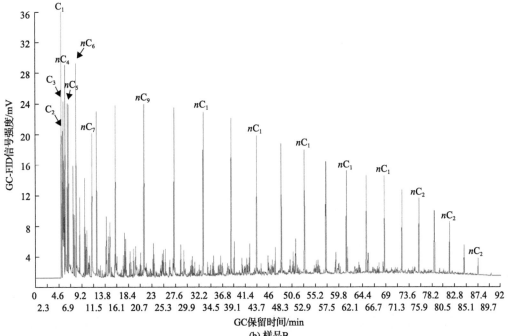

(b) 样品B

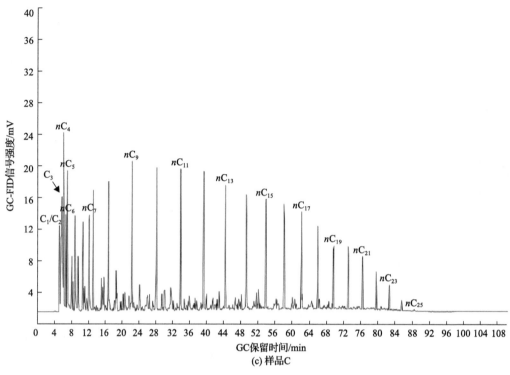

(c) 样品C

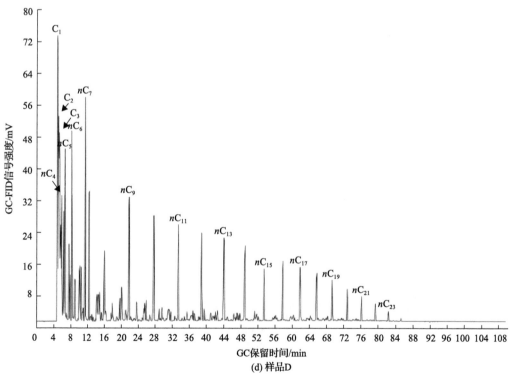

(d) 样品D

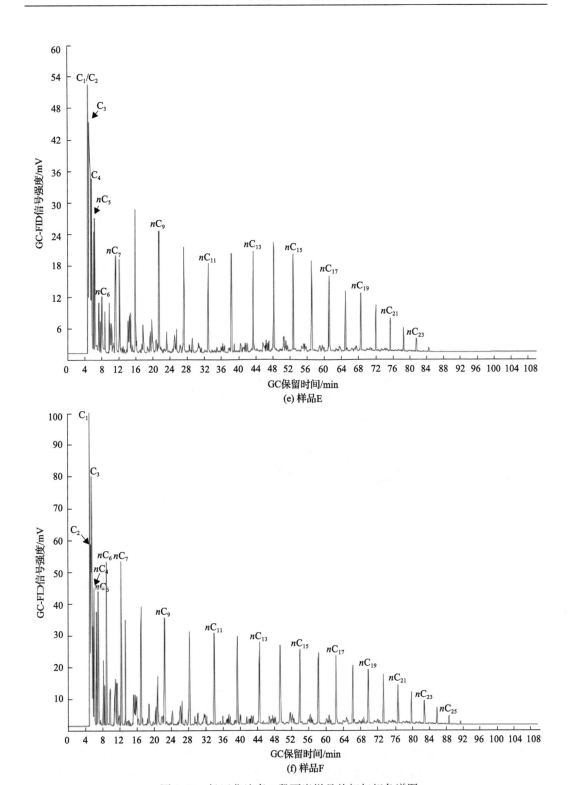

图 2-10　松辽盆地青一段页岩样品热解气相色谱图

$R_o > 1.3\%$ 时，重质组分开始裂解形成轻质组分，导致页岩油中轻质组分增多。

2.2　无机地球化学评价

无机地球化学评价是石油地质研究中必不可少的一部分，本节以松辽盆地北部青山口组页岩为例，主要介绍页岩矿物组成分析、页岩元素地球化学、页岩同位素地球化学这三方面内容。

2.2.1　页岩矿物组成分析

样品的矿物组成分析是无机地球化学分析中极其重要的一步。通常可通过透射光显微镜手段，依据矿物的光学性质及其产状初步推测其矿物性质（沉积矿物鉴定的详细描述方面内容可参考"地质调查工作方法指导手册"丛书），并观测其岩石构造特征。松辽盆地 G 凹陷青一段泥页岩常含有黏土矿物、长英质、方解石等，且纹层普遍发育（图 2-11）。

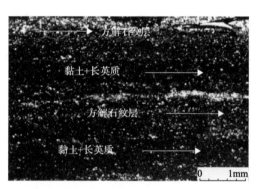

图 2-11　页岩透射光显微镜下图像特征（松辽盆地北部青山口组）

X 射线衍射（XRD）分析是简单高效鉴定、定量分析矿物组成特征的常用实验手段。松辽盆地 G 凹陷青一段页岩矿物组成主要包括黏土矿物（高岭石、绿泥石、伊利石和伊蒙混层）、石英、斜长石、钾长石、方解石、白云石、黄铁矿和菱铁矿，其中黏土矿物和石英矿物占比最大，其次是斜长石（图 2-12）。石英、碳酸盐矿物和长石通常被认为是脆性矿物，其含量越高对页岩压裂效果越好。

黏土矿物在偏光显微镜下难以鉴别，故通常采用扫描电子显微镜观察，以及采用能量色散 X 射线谱（EDS）分析，进一步确认页岩样品的矿物组成特征。高岭石在镜下呈假六方板状、半自形或其他片状晶体，集合体为鳞片状［图 2-13（a）］；埃洛石（多水高岭石）在电镜下的其晶体结构常呈卷曲管状或长棒状；蒙脱石在电镜下呈不规则的细粒状、鳞片状、鹅毛状等，轮廓不清晰；伊利石在镜下单体形态呈丝带状、条片状和羽毛状等吸附于颗粒表面或充填于粒间孔隙内，集合体形态呈蜂窝状、丝缕状和丝带状，往往在孔隙中形成搭桥式生长或构成丝缕状、发丝状网络；绿泥石在镜下单晶形态呈薄六角板状或叶片状，集合体为由叶片组成的蜂窝状、玫瑰花朵状、绒球状、针叶状和叠片状[图 2-13(b)]。

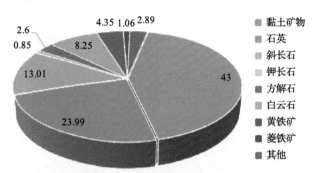

图 2-12　页岩矿物组成特征(松辽盆地北部青山口组)(单位：%，质量分数)

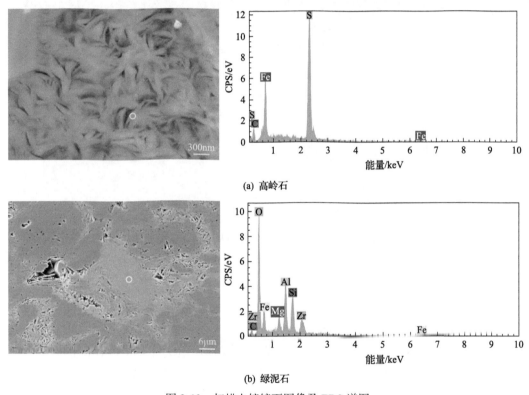

图 2-13　扫描电镜镜下图像及 EDS 谱图

　　EDS 分析不仅可以进行点分析，也可以进行面分析，通过二维的面扫描，面上每点的 EDS 强度均可用不同颜色表示，得到各元素分布特征，进一步通过元素组合可判断大致矿物成分。松辽盆地 G 凹陷青一段页岩样品在该视域下可见 C、O、Al、Si、K、Zr 元素的分布，但这并不是定量分析，整体精度不高(图 2-14)。

　　高性能微区 X 射线荧光光谱法(XRF)是通过从点到线再到面的精细扫描，测定 K、Ca、Mg、Al、Si、Fe 等多种元素的定性和定量特征，进而实现不同纹层/层组分和结构的精细识别与刻画。松辽盆地 G 凹陷青一段页岩垂向上不同纹层间特征元素类型差异明显(图2-15),通过不同元素组合含量,确定"长英质-方解石-黏土"三元纹层结构特征,纹层连续性强,可见微弱的重力流沉积现象。

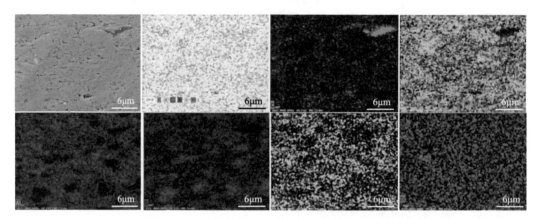

图 2-14　EDS 分析二维图像(松辽盆地北部青山口组页岩)

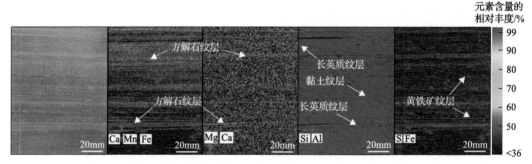

图 2-15　特征组合元素在不同纹层中的分布(松辽盆地北部青山口组页岩)

2.2.2　页岩元素地球化学

X 射线荧光光谱法是多元素分析最有效的手段之一,可定量分析的元素超过 40 种;针对微量元素和稀土元素,电感耦合等离子体原子发射光谱法(ICP-AES)、电感耦合等离子体质谱法(IPC-MS)、激光剥蚀-电感耦合等离子体质谱法(LA-ICP-MS)干扰水平低、准确度更高。基于元素测试结果的页岩元素地球化学研究通常可从以下三个方面展开。

1. 结果基础分析

通常研究会采用古太古代澳大利亚平均页岩(PAAS)、上地壳均值、球粒陨石等标准对各元素进行标准化,以对比各元素亏损富集状况。考虑到陆源输入物质和热液沉积作用对沉积物中元素含量存在稀释作用,可进一步采用元素富集因子(enrichment factors,EF)进行验证,若 $EF_{元素X} > 1$,则元素 X 相对平均页岩富集,反之则亏损(Ross and Bustin,2009),富集因子 EF 计算公式如下:

$$EF_{元素X} = (m_X/m_{Al})_{样品} / (m_X/m_{Al})_{平均页岩} \tag{2-1}$$

式中，$(m_X/m_{Al})_{样品}$ 为待测样品的质量比；$(m_X/m_{Al})_{平均页岩}$ 为平均页岩的质量比。

松辽盆地 G 凹陷青一段泥岩主量元素化合物中 SiO_2 含量最丰富，其次为 Al_2O_3，其余主量元素化合物含量次之（图 2-16）；微量元素呈现与主量元素基本一致的富集、亏损趋势，Mo、Sr、Zn 元素富集，Cu、Rb、Nb 元素亏损（图 2-17）；稀土元素配分模式表现为一致的趋势，轻稀土元素富集，重稀土元素分布较为平坦，Eu 负异常明显，Ce 异常较弱（图 2-18）。进一步计算各元素富集因子可知，EF_{Mo}、EF_{Sr}、EF_{Zn} 均大于 1，EF_{Cu}、EF_{Rb}、EF_{Nb} 均小于 1，与 PAAS 标准化后的富集程度一致。

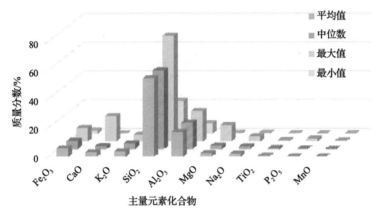

图 2-16　主量元素化合物含量分布图（松辽盆地北部青山口组页岩）

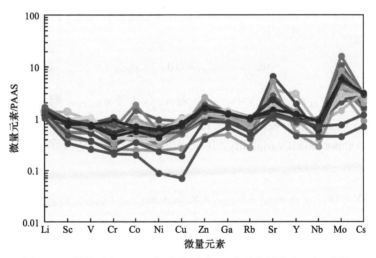

图 2-17　微量元素 PAAS 标准化图（松辽盆地北部青山口组页岩）

2. 物源源区特征分析

泥岩元素地球化学特征是揭示盆地物源和分析盆地构造背景的重要手段。这是因为一些元素在母岩风化、剥蚀、搬运、沉积和成岩过程中不易迁移，如 Th、Sc、Co、Zr、Hf、Ti、Nb 及稀土元素（REE）等，几乎能被等量转移到碎屑沉积物中。

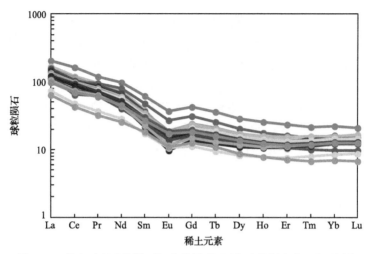

图 2-18　稀土元素球粒陨石标准化图(松辽盆地北部青山口组页岩)

1) 源区风化特征

Nesbitt 和 Young(1982)首次提出 CIA 概念，并用来判断泥质岩物源区的风化程度，计算公式如下：

$$\text{CIA} = 100 \times [w_{\text{Al}_2\text{O}_3} / (w_{\text{Al}_2\text{O}_3} + w_{\text{CaO}^*} + w_{\text{Na}_2\text{O}} + w_{\text{K}_2\text{O}})] \tag{2-2}$$

式中，w 为质量分数；w_{CaO^*} 为硅酸盐矿物中的 w_{CaO}，计算 CIA 时要剔除非硅酸盐矿物中的 w_{CaO}。w_{CaO^*} 计算公式如下：

$$w_{\text{CaO}^*} = w_{\text{CaO}} - (10/3 \times w_{\text{P}_2\text{O}_5}) \tag{2-3}$$

若 w_{CaO^*} 小于 $w_{\text{Na}_2\text{O}}$，令 $w_{\text{CaO}^*} = w_{\text{CaO}^*}$，若 w_{CaO^*} 大于 $w_{\text{Na}_2\text{O}}$，则令 $w_{\text{CaO}^*} = w_{\text{Na}_2\text{O}}$。

在运用 CIA 时需考虑再旋回作用及再风化作用的影响，Cox 等(1995)提出成分变异指数(index of compositional variability，ICV)判断物源区物质是否发生再旋回作用，计算公式如下：

$$\text{ICV} = (w_{\text{Fe}_2\text{O}_3} + w_{\text{K}_2\text{O}} + w_{\text{Na}_2\text{O}} + w_{\text{CaO}} + w_{\text{MgO}} + w_{\text{MnO}} + w_{\text{TiO}_2}) / w_{\text{Al}_2\text{O}_3} \tag{2-4}$$

若 ICV<1，代表可能经历了再旋回作用或首次沉积时经历了强烈的风化作用；若 ICV>1，代表构造活动背景下的首次沉积，应选取 ICV>1 的样品，以排除进一步风化影响。此外，运用 CIA 值时需剔除成岩期钾交代作用的影响，可采用 Panahi 等(2000)提出的 CIA$_{\text{corr}}$ 公式进行校正，CIA$_{\text{corr}}$ 处于 50~65、65~85 和 85~100 分别代表着源区低等、中等和高度风化。

Th/Sc(质量比)常被用来进行物源化学成分变化研究；Zr/Sc(质量比)在沉积过程中随锆石的富集而增大。因此，Th/Sc-Zr/Sc 图解可以反映沉积物成分变化、分选程度和重矿物富集程度(McLennan et al., 1993)。Th/U(质量比)可指示风化作用的强弱，Th/U 越高，风化作用越强，常用 Th/U-Th 图解进行源区风化程度判别(Taylor and McLennan, 1985)。

松辽盆地 G 凹陷青一段泥页岩 CIA$_{corr}$ 在 60.54～84.00，平均为 69.70，经历低等—中等程度的化学风化作用。结合 Th/Sc-Zr/Sc 和 Th/U-Th 图解，Th/Sc-Zr/Sc 图解中样品点均落在组分的 BFG 分异曲线附近，接近大陆上地壳(UCC)(图 2-19)；Th/U-Th 图解中样品点均落在 Th/U<4 区域，Th/U 为 1.06～3.79，平均为 2.59，低于上地壳 Th/U 值(3.8)(图 2-20)，表明松辽盆地 G 凹陷青一段沉积碎屑物质经历较低程度的沉积再循环，风化程度低，能较好地指示源岩组分。

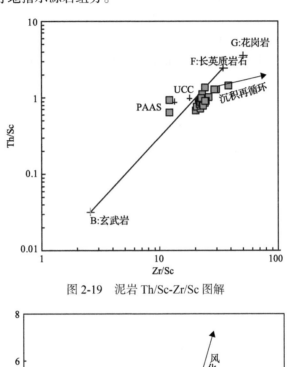

图 2-19　泥岩 Th/Sc-Zr/Sc 图解

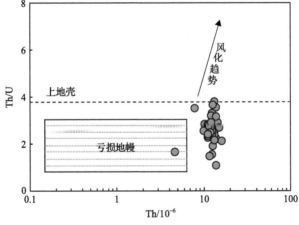

图 2-20　泥岩 Th/U-Th 图解

2) 源区母岩类型

Floyd 和 Leveridge(1987)提出的 La/Th-Hf 图解认为源自酸性岩为主的弧火山岩的沉积岩具有低 La/Th(质量比)和较高的 Hf；Floyd 等(1989)随后提出的 TiO$_2$-Ni 图解中若 Ti 含量高、TiO$_2$/Ni(质量比)高，则指示碎屑岩来源于岩浆岩，其中 Ti、Ni 含量高的指示碎屑岩来源于基性岩，Ti、Ni 含量低的指示碎屑岩来源于酸性岩；Wronkiewicz 和

Condie（1987）也提出在经历低程度再旋回沉积的情况下，Co/Th（质量比）和 La/Sc（质量比）可用来区分镁铁质—超镁铁质和长英质组分。除此以外，还有众多学者提出如 K$_2$O-Rb 图解、La/Yb（质量比）-∑REE 图解等〔其余图版详细描述内容可参考赵振华（2016）的著作〕。

　　松辽盆地 G 凹陷青一段泥页岩 La/Th-Hf 图解中部分样品落入长英质源区，少部分样品落入长英质/基性混合源区，且有古老地壳物质的加入（图 2-21）。TiO$_2$-Ni 图解中大多数样品落入长英质源区范围内，仅个别样品落入长英质与镁铁质混合源区中，可能存在少量基性岩石成分（图 2-22）。Co/Th-La/Sc 判别图解数据显示泥岩物源主要为长英质岩石，部分样品落入长英质与基性源区的混合区域（图 2-23），与前述结论相同，源区中可能含有少量基性岩石成分。

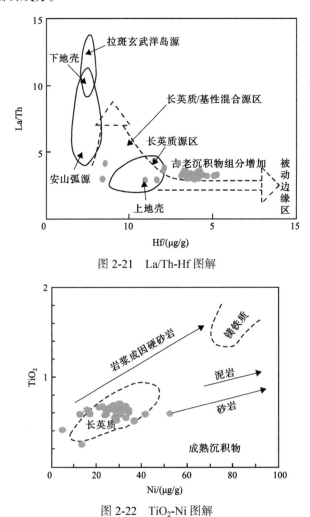

图 2-21　La/Th-Hf 图解

图 2-22　TiO$_2$-Ni 图解

3）源区构造背景

Bhatia 和 Crook（1986）提出了如 TiO$_2$-MgO+Fe$_2$O$_3$T（Fe$_2$O$_3$T 表示样品中所有铁以 Fe$_2$O$_3$

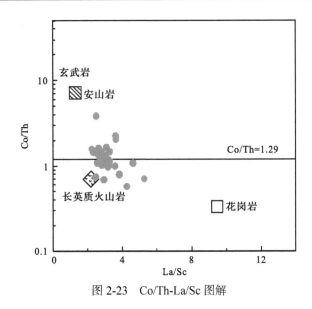

图 2-23　Co/Th-La/Sc 图解

形式存在时含量) 和 Al_2O_3/SiO_2-$MgO+Fe_2O_3T$ 图解，还有 La-Th、La-Th-Sc、Th-Zr、V-Sc、
Ti/Zr-La/Sc、La/Y-Sc/Cr、Th-Sc-Zr/10 和 Th-Co-Zr/10 等图解判断在大陆边缘和洋盆中沉
积系列的构造位置和源区特征；Murray 等(1990)表明页岩的 Al_2O_3、TiO_2、Fe_2O_3 和稀土
元素组成明显与沉积构造背景相关。除上述图版外，还有众多学者提出的其余图版详细
描述内容可参考赵振华(2016)的著作。

松辽盆地 G 凹陷青一段泥页岩样品投点结果显示，绝大部分样品落在大陆岛弧区，
Th-Co-Zr/10 图解中仅有两个样品投在了活动大洋岛弧[图 2-24(a)]；Th-Sc-Zr/10 图解中
所有样品均投在大陆岛弧[图 2-24(b)]；La-Th-Sc 图解中所有样品都投在了大陆岛弧和
活动大陆边缘的位置[图 2-24(c)]。可初步判定青一段源岩形成于大陆岛弧的构造背景中。

3. 沉积古环境特征分析

岩石成岩过程中，地球化学元素是记录保留成岩环境信息的良好载体，不同地球化
学元素的含量及比值关系正是反映沉积古环境变化的良好示踪剂。利用成熟的沉积古环
境指标重建古海洋、古湖泊环境是元素地球化学研究的主要内容，通常包括沉积古氧相、
古海洋盐度、古气候、古水源及古生产力等。

1)古氧相

沉积物中氧化还原敏感元素(redox sensitive elements，RSE)富集含量与赋存状态的
差异可用来反演水体的氧化还原状况(Ross and Bustin, 2009)。在还原环境下，V 相比 Ni
会优先富集在沉积物中，V 相比 Cr 也更有效地沉淀下来，因此元素质量比 V/Cr、V/(V+
Ni)越大，水体还原性越强；稀土元素 Ce 在一定的氧化还原条件下具有变价的性质，在
泥页岩为主的成分相对单一的沉积环境中，常采用 Ce 异常(Ce_{anom})重建古氧化还原条
件。除此之外，众多学者纷纷提出各类古氧化还原条件代用指标，如 Ni/Co、U/Th、V/Sc、
Cu/Zn 等(Jones and Manning, 1994；Kimura and Watanabe, 2001；张春明等，2012)。

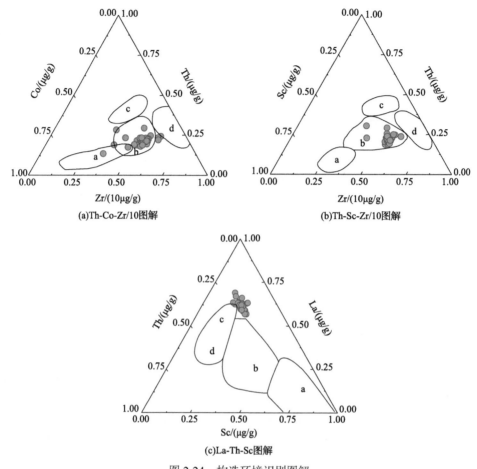

图 2-24　构造环境识别图解

a-活动大洋岛弧；b-大陆岛弧；c-活动大陆边缘；d-被动大陆边缘

2）古海洋盐度

黏土矿物中 B 的含量可指示其形成时水介质的古盐度（Couch, 1971）。Walker（1968）提出了"相当 B 法"，通过相当 B 含量的计算划分盐度区间，相当 B 含量在 $300 \times 10^{-6} \sim$ 400×10^{-6} 时为海相沉积；相当 B 含量在 $200 \times 10^{-6} \sim 300 \times 10^{-6}$ 为半咸水相沉积；相当 B 含量小于 200×10^{-6} 为淡水沉积，但该方法并未给出盐度数值。随后 Couch（1971）针对不同黏土矿物对 B 吸收强度的差异进行校正并提出"Couch 法"，考虑了多种黏土矿物的存在及其吸附能力的差异，适用的盐度范围较广。近年来一些元素对比值也被广泛作为古海洋盐度研究的指标，如 K/Na、B/Ga、Fe/Mn、Sr/Ba、Rb/K、B/Ga 等（Lewan and Maynard, 1982；邓宏文和钱凯，1993；王冠民等，2005）。

3）古气候

Fe、Mn、Cr、Ni、V、Co 等元素通常富集在潮湿气候条件下，气候条件变干旱后，蒸发作用导致 Ca、Mg、Sr、Ba、K、Na 等元素富集。依据这两类喜湿型元素和喜干型元素的比值，前人进一步构建气候指数 C 并将其广泛应用在沉积古气候恢复中（Cao et al.,

2012)，计算公式为

$$C = \sum(w_{Fe} + w_{Mn} + w_{Cr} + w_{Ni} + w_{V} + w_{Co})/ \\ \sum(w_{Ca} + w_{Mg} + w_{Sr} + w_{Ba} + w_{K} + w_{Na}) \tag{2-5}$$

式中，w 为元素质量分数。除此之外，一些元素的质量比如 Sr/Cu、Fe/Mn、Mg/Ga 等也被广泛作为古气候研究的代用指标(Getaneh, 2002；史忠生等，2003)。

4)古水深

元素会因离岸距离的远近不同，在沉积分异过程中呈现出不同的富集和分散特征，如 Fe 和 Mn 两种元素，在搬运过程中 Fe 易被氧化形成沉淀，在河口、滨岸等地富集，相比 Mn 较稳定，可长距离搬运并沉积，因此 Fe/Mn 越大，沉积水体深度越浅；Mn/Ti 也可用来判别沉积水体搬运距离的远近，Mn/Ti 越大，水体深度越深(汪凯明和罗顺社，2009)。除此之外，Zr/Al、Rb/K 也可作为指示水体深度的代用指标，Zr/Al 越小，水体越深(Das and Haake, 2003)；Rb/K 越大，水体越深(孙中良等，2020)。

5)古生产力

P、Si、Cu、Ni、Fe、Zn 几种元素能为生物生长繁殖提供必要的营养条件，Al、Ba、Mo、U 等非营养型元素在沉积过程中会伴随着有机质沉积而共同富集(Pohl et al., 2004；Ma et al., 2014)，使用时要特别注意各指标的使用条件，如 Si 仅可表征富硅水体(如富硅藻水体)的古生产力(Prokopenko et al., 2006)；在还原或弱氧化环境中，沉积物中的重晶石因为硫酸盐的细菌还原作用而发生溶解，使 Ba 发生迁移，造成生物钡(Ba_{bio})生产力指标失真(韦恒叶，2012)。

需要特别注意的是，Si 具有多种来源，其中硅藻、放射虫、海绵古针等海洋生物中的 Si 元素常被称为生物硅(Si_{bio})，仅生物硅可准确计算出沉积时期的古生产力，同样地，仅当元素 P 以生物磷(P_{bio})形式存在时，才可用其恢复古生产力，计算公式为

$$w_{P_{bio}} = w_{P_t} - w_{Al_t} \times [w_P/w_{Al}]_{PAAS} \tag{2-6}$$

式中，下角 P_t 表示沉积物中总磷；下角 Al_t 表示沉积物中总铝；$w_{Al_t} \times [w_P/w_{Al}]_{PAAS}$ 为沉积物中陆源磷含量。

松辽盆地 G 凹陷青一段整体表现为高古生产力；偏向还原环境；咸水—半咸水环境，局部呈现微咸水；干热—温湿的过渡带，局部呈现干旱，以及潮湿循环交替；深水—半深水沉积环境(图 2-25)。

2.2.3　页岩同位素地球化学

稳定同位素地球化学研究大多集中在碳、氧、硫等元素，这些元素都至少含有两种相对丰度较高的稳定同位素，有利于对它们进行准确测量，同时这些元素又是地质学与生物学体系中的主要成分，参与了大多数地球化学反应。

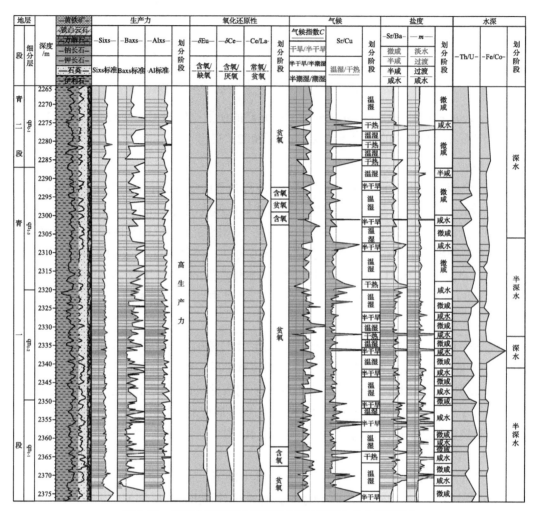

图 2-25 沉积古环境综合特征分析图(松辽盆地北部某井)

Sixs-过剩 Si; Baxs-过剩 Ba; Alxs-过剩 Al; $m=100\% \times (w_{MgO}/w_{Al_2O_3})$

1) 碳同位素

碳有两个稳定同位素 ^{12}C 和 ^{13}C,其丰度可以用 δ 表示,某一样品与被选作"标准"样品的 $^{12}C/^{13}C$ 相比的千分偏差值以 $\delta^{13}C$ 表示。$\delta^{13}C$ 的分析结果参照 PDB[PDB(Pee Dee Belemnite)是选用美国南卡罗来纳州白垩系 P-D 组拟箭石化石方解石壳的碳]标准(赵靖舟等,2016)。$\delta^{13}C$ 的表达式为

$$\delta^{13}C\,(‰)=\frac{\left(^{13}C/^{12}C\right)_{样品}-\left(^{13}C/^{12}C\right)_{标准}}{\left(^{13}C/^{12}C\right)_{标准}}\times 1000 \tag{2-7}$$

式中,$\delta^{13}C$ 为正值,表示样品相对于标准样品富集 ^{13}C,为负值则表示相对富集 ^{12}C;$^{13}C/^{12}C$ 为 ^{13}C 和 ^{12}C 的丰度比。

碳稳定同位素包括原生碳酸盐碳同位素、生物碳酸盐碳同位素和有机质碳稳定同位

素。原生碳酸盐碳同位素和生物碳酸盐碳同位素即介形虫碳同位素可反演古湖泊生产力；碳酸盐岩中碳同位素组成对环境反应敏感，不同环境中形成的碳酸盐岩，其碳同位素的组成不同，主要表现为受氧化还原条件的控制，^{13}C 的富集强度随碳原子的氧化程度增加而增强，即 $\delta^{13}C$ 的偏负程度是环境闭塞程度和还原强度的标志(刘文钧等，1988)。

2) 氧同位素

氧有 ^{16}O、^{17}O、^{18}O 三个稳定同位素，其中 ^{18}O 和 ^{16}O 的质量差异较明显，丰度值也大，一般采用 $^{18}O/^{16}O$ 来表示物质的氧同位素组成，氧同位素的国际通用标准为 SMOW 标准(即标准平均大洋水)，碳、氧同位素均可通过同位素质谱仪进行测定。

氧同位素组成主要反映介质的温度和盐度，在盐度一定的广海沉积中 $\delta^{18}O$ 与温度成反比，温度一定时，$\delta^{18}O$ 与盐度成正比，且形成年代越老，碳酸盐岩的 $\delta^{18}O$ 越小(Veizer et al.，1986)。对于湖泊沉积物自生碳酸盐 ^{18}O 来说，强烈的蒸发作用使干旱—半干旱地区的湖泊中较轻的 ^{16}O 优先逸出，从而导致湖泊水体中的 ^{18}O 富集。

此外，湖泊自生碳酸盐碳、氧同位素之间的相关性可以更好地解释气候环境变化。一般来说，碳酸盐碳、氧同位素的相关程度与湖泊的封闭性有关，碳、氧同位素的相关性强，表示湖泊的封闭性比较好，蒸发作用强(毛玲玲等，2014)。

刘庆(2017)开展了渤海湾盆地东营凹陷沙河街组烃源岩碳、氧同位素组成特征分析(图 2-26)，沙四段下亚段碳酸盐 $\delta^{13}C_{PDB}$ 介于 –8.1‰～–4.0‰，平均值为 –6.3‰，$\delta^{18}O_{PDB}$ 介于 –15.6‰～–5.7‰，平均为 –10.8‰，$\delta^{13}C_{PDB}$ 和 $\delta^{18}O_{PDB}$ 呈现较好的正相关，指示了断陷初始期盆地封闭性水文地质条件，但其碳、氧同位素又整体相对较轻，并且具有从下部向上部逐渐变重的特征，表明盐湖水体不稳定并受到不同程度的淡水影响作用。其中 HK1 井的 $^{13}C_{PDB}$ 和 $^{18}O_{PDB}$ 较 FS2 井均偏轻，HK1 井紫红色泥岩形成于较早的间歇性盐湖阶段，湖水分布非常局限，因此湖水的浓缩时间较短，其碳、氧同位素可能更多地

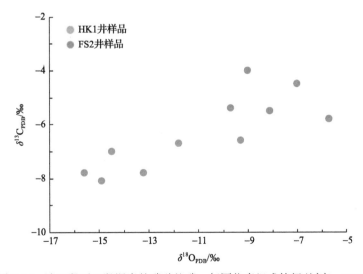

图 2-26　沙四段下亚段泥岩的碳酸盐碳、氧同位素组成特征(刘庆，2017)

反映流域内河流注入水的性质，因而碳、氧同位素相对较轻；而 FS2 井深灰色含膏泥岩沉积略晚，此时该井所处的北部深洼陷带开始形成永久性盐湖，湖水驻留时间和蒸发浓缩时间相对变长，因而碳、氧同位素组成较前者略重。

3) 硫同位素

硫有 ^{32}S、^{33}S、^{34}S、^{36}S 四个稳定同位素，通常采用质量差异较大且丰度较高的 ^{34}S 和 ^{32}S 的比值 $^{34}S/^{32}S$ 研究物质的硫同位素组成，硫同位素的国际通用标准为 CDT (Canyon Diablo Troilite，指迪亚布洛峡谷的陨硫铁) 标准。近年来，国内外学者研究表明，在形成黄铁矿的过程中，硫的地球化学循环和分馏起到了不可替代的作用 (赵靖舟等，2016)。在解释地质记录中的稳定硫同位素数据时，必须了解样品形成的沉积环境与开放海洋的联系以及随后的成岩史，我们常常用黄铁矿的硫同位素来解释地质数据。

松辽盆地 G 凹陷青一段黄铁矿硫同位素值 ($\delta^{34}S_{py}$) 介于 13.3‰～23.3‰，平均值为 18.2‰ (图 2-27)，与青一段沉积时的海洋硫酸盐的硫同位素值 (18.55‰) 相当接近，低的同位素分馏值表明青一段沉积时期发生了海侵事件，细菌硫酸盐还原作用 (BSR) 成因的黄铁矿形成于硫酸盐供应有限的封闭系统中，故当时的沉积环境为还原环境。

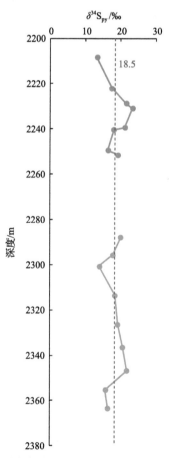

图 2-27　硫同位素垂向变化图 (松辽盆地北部青山口组)

4) 其他同位素

除了上述几种常见的稳定同位素外，还存在多种同位素被用于地质学研究中。例如，过渡金属元素铜 (Cu) 和锌 (Zn) 的同位素，参与海洋的地球生物化学循环，可以作为有力的地球化学指标，对关键地质历史时期古海洋的生产力变化和氧化还原状态进行指示 (Vance et al., 2016；John et al., 2017)；钼 (Mo) 同位素可作为氧化还原的敏感元素，用来示踪各种地质过程和演化历史，如古环境演化、成矿物质来源和海洋 Mo 的循环等 (Barling and Anbar, 2004)；铀 (U) 同位素参与海洋的地球化学循环，可指示古海洋氧化还原环境的变化等 (Andersen et al., 2015)。

2.3　页岩岩相划分

岩相作为反映岩石物理、化学性质的基本单元，对页岩油的空间分布及有利层位评价具有重要意义。本节介绍页岩岩相划分方法及命名。

2.3.1　划分方法

近年来，关于页岩岩相分类，普遍将有机质丰度、岩石构造、矿物组分作为划分依据，如将 TOC 含量作为划分页岩油气资源指标，纳入岩相划分中可以更准确区分不同页岩之间的差异性；页岩中页理定向特征异常发育，单层厚度间差异明显，极大限度地影响储层特征，因此常把岩石构造作为岩相划分的重要指标；页岩主要由黏土、长英质、碳酸盐矿物组成，不同矿物组分间占比不同可能直接影响储层差异，即通常分类时以矿物含量 50% 为界限划分岩石类型并加入岩相类型划分方案中。

TOC 含量：根据 TOC 含量与 S_1 间表现出的"三分性"，可将页岩油气资源分为富集资源 (饱和资源)、分散资源 (无效资源)、欠饱和资源 (低效资源) 并分别对应富有机质页岩 (当 TOC 含量较高时，S_1 为相对稳定的高值)、中等有机质页岩 (随 TOC 含量增大，S_1 则呈现明显的上升趋势) 和低有机质页岩 (当 TOC 含量较低时，S_1 保持稳定低值) (图 2-28)。

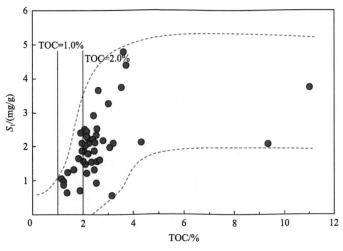

图 2-28　页岩 S_1 与 TOC 含量的关系

　　岩石构造：根据单层发育厚度，将泥页岩分为纹层状、层状和块状，其中块状构造层理不发育，单层厚度 1~10mm 为层状，单层厚度<1mm 为纹层状。其中将纹层状、层状构造的岩石命名为页岩，块状构造的岩石命名为泥岩。不同岩石构造类型特征如图 2-29~图 2-31 所示。

图 2-29　纹层状页岩构造发育特征

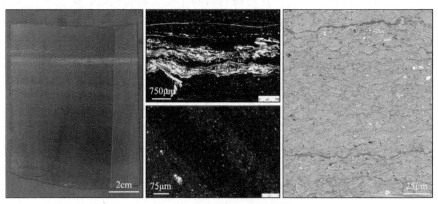

图 2-30　层状页岩构造发育特征

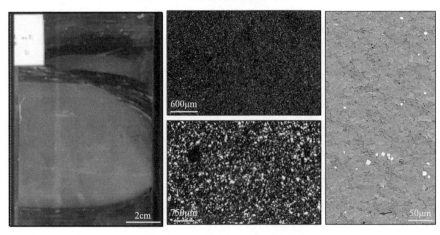

图 2-31　块状泥岩构造发育特征

矿物组分：将发育的主要矿物——黏土矿物、长英质矿物和碳酸盐矿物作为三端元并考虑将矿物含量大于 50%的部分和小于 50%的部分作为界限，区分出 4 种岩石类型：黏土质、灰质、长英质、混合质泥页岩(图 2-32)，对应的岩相划分方法如图 2-33 所示。

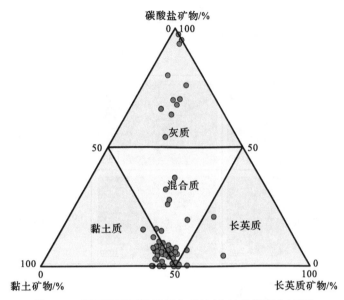

图 2-32　泥页岩岩石类型划分(松辽盆地北部青山口组)

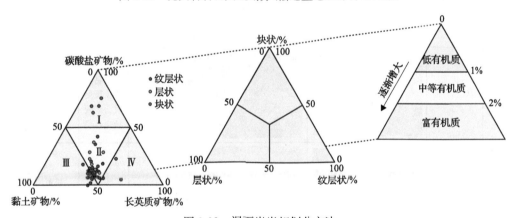

图 2-33　泥页岩岩相划分方法

Ⅰ-灰质泥页岩；Ⅱ-混合质泥页岩；Ⅲ-黏土质泥页岩；Ⅳ-长英质泥页岩

2.3.2　岩相命名

根据"有机质丰度+岩石构造+无机矿物组分"相结合的方法划分及命名泥页岩的岩相类型。以松辽盆地北部青一段页岩为例，如图 2-33 所示，通过大量自测和单井连续取心观察统计，可将泥页岩厘定出 12 种岩相类型，其中 6 种岩相类型为主要岩相类型，即富有机质纹层状黏土质页岩、富有机质层状黏土质页岩、中等有机质纹层状黏土质页岩、富有机质纹层状混合质页岩、富有机质层状混合质页岩、低有机质块状灰质泥岩(表 2-3)。

表 2-3　页岩岩相类型发育特征

序号	岩相类型	岩心观察	薄片观察	TOC/%	岩石构造	矿物组成
1	富有机质纹层状黏土质页岩	2cm	1mm	>2.0	页理发育，黏土纹层夹长英质/碳酸盐纹层	黏土矿物>50%，长英质矿物<50%，碳酸盐矿物<50%
2	富有机质层状黏土质页岩	2cm	1mm	>2.0	页理发育，黏土层夹长英质/碳酸盐层	黏土矿物>50%，长英质矿物<50%，碳酸盐矿物<50%
3	中等有机质纹层状黏土质页岩	2cm	1mm	1.0~2.0	页理发育，黏土纹层夹长英质/碳酸盐纹层	黏土矿物>50%，长英质矿物<50%，碳酸盐矿物<50%
4	富有机质纹层状混合质页岩	2cm	1mm	>2.0	页理发育，黏土质、长英质、碳酸盐纹层互层	黏土矿物<50%，长英质矿物<50%，碳酸盐矿物<50%
5	富有机质层状混合质页岩	2cm	1mm	>2.0	页理发育，黏土质、长英质、碳酸盐交互层	黏土矿物<50%，长英质矿物<50%，碳酸盐矿物<50%
6	低有机质块状灰质泥岩	2cm	1mm	<1.0	无页理，碳酸盐矿物颗粒均匀分布	黏土矿物<50%，长英质矿物<50%，碳酸盐矿物>50%

　　以济阳坳陷沙河街组页岩为例，根据有机质丰度将样品分为富有机质页岩（TOC>2%）、中等有机质页岩（TOC介于1%~2%）、低有机质页岩（TOC<1%）；通过页岩岩心及薄片观察发现，样品可以划分为纹层状（层厚<1mm）、层状（层厚>1mm）和块状（纹层不发育）；根据岩石矿物组成，样品主要为泥质灰岩、灰质泥岩、泥岩等。沙河街组主要发育富有机质纹层状泥质灰岩相、富有机质纹层状灰质泥岩相、含有机质纹层状泥质灰岩相、富有机质层状泥质灰岩相、富有机质层状灰质泥岩相和含有机质块状泥岩相（图2-34）。

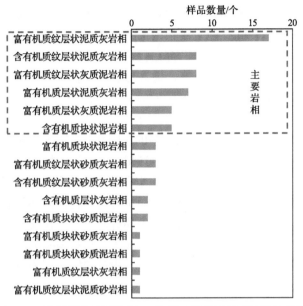

图 2-34　济阳拗陷沙河街组 67 块岩心的岩相类型统计柱状图

2.4　储集空间评价

目前对页岩微观储集空间的评价方法多样，可总结为流体侵入法和辐射成像法，流体侵入法包括气体吸附法（CO_2 和 N_2）、高压压汞、核磁共振法等；辐射成像法包括场发射扫描电镜观察、微/纳米 CT、聚焦离子束-场发射扫描电镜（FIB-FESEM）成像等。这些方法受各自原理约束，导致观察或测量孔径范围的分辨率不同。流体侵入法可通过联合多实验方法达到间接表征全孔径的目的，其中 CO_2 吸附可有效测定小于 2nm 的孔隙特征，N_2 吸附可揭示 2～200nm 的孔隙，高压压汞可用于探测大于 100nm 的孔喉特征，核磁共振技术通常能揭示纳米至微米尺度孔隙特征并从中获取孔隙度、孔径分布等信息。辐射成像法中的场发射扫描电镜对氩离子抛光后的页岩孔隙类型、形态、产状进行二维平面观察，微/纳米 CT 和 FIB-SEM 可实现页岩孔隙、裂缝、矿物等的三维重构并从中提取孔隙度、矿物含量等信息，但由于受分辨率（微米 CT 的分辨率通常为 1μm，纳米 CT 最高分辨率只有 65nm，FIB-SEM 的分辨率最高可达 10nm）的影响，现阶段常借助 FIB-SEM 进行孔隙三维刻画。

本节介绍了页岩孔隙类型与成因、孔隙结构特征、连通性特征及孔隙演化规律，其中考虑不同实验适用范围，联合 N_2 吸附、高压压汞、核磁共振、MAPS 成像、FIB-SEM 实验建立"全孔径-多尺度"融合的孔隙定量表征技术。

2.4.1　孔隙类型

Loucks 等（2012）根据海相页岩储层孔隙特征将泥页岩孔隙划分为矿物基质孔、有机孔和微裂缝/裂隙三大类。矿物基质孔主要为无机孔，根据其发育位置与矿物颗粒、晶体的接触关系细分为粒内孔和粒间孔：粒内孔是发育在矿物颗粒内部的孔隙，包括黄铁矿晶间孔、黏土矿物集合体片间孔隙、矿物内部溶蚀孔、化石腔体孔等，该类孔隙一般孤立存在，连通性相对较差；粒间孔是发育在颗粒及晶体之间的孔隙，包括刚性颗粒粒间孔、颗粒边缘孔、晶间孔等，一般相互连通并形成有效孔隙。有机孔是指发育的与有机质相关的孔隙，根据其发育位置可细分为有机质粒内孔和有机质-矿物基质孔。本节采用这一分类方案，介绍不同孔隙类型特征及成因。

（1）粒间孔：泥页岩矿物颗粒间仍见较多的粒间孔（图 2-35），包括碎屑矿物颗粒边缘孔［图 2-35（a）～（c）］、矿物颗粒粒间孔［图 2-35（d）～（g）］、颗粒边缘溶蚀孔［图 2-35（h）］、方解石晶间孔［图 2-35（i）］等。粒间孔多为原生孔隙，是矿物颗粒成岩压实堆积后颗粒间保留的孔隙空间，多见于矿物颗粒接触处及颗粒边缘，孔隙内亦见有黏土矿物集合体、有机质的充填等［图 2-35（c）、（f）、（h）］。受泥质碎片形态、接触关系及矿物抗压实能力的影响，其孔隙形态多为不规则形状，排列不规律。与粒内孔相比，泥页岩粒间孔孔径相对较大，面孔率高，可见微米级孔隙，连通性相对较好，可为页岩油的赋存、流动提供良好的储集空间及运移通道。

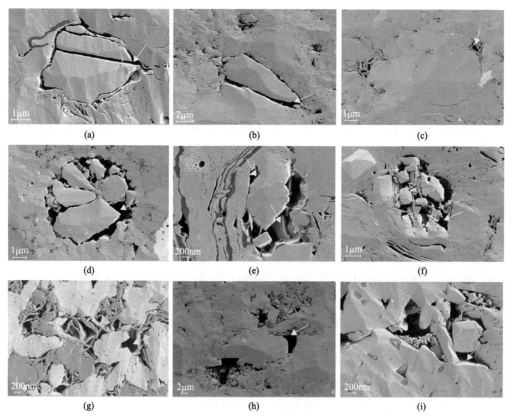

图 2-35　济阳拗陷沙河街组泥页岩粒间孔主要类型

(a) 石英颗粒边缘孔（FY1 井，3207.54m）；(b) 长石颗粒边缘孔（L67 井，3247m）；(c) 石英颗粒边缘残余粒间孔（FY1 井，3201.9m）；(d) 石英粒间孔（LY1 井，3812.3m）；(e) 碎屑矿物颗粒粒间孔（W127 井，3048m）；(f) 碎屑矿物颗粒粒间孔（LY1 井，3672.86m）；(g) 黄铁矿-黏土矿物颗粒粒间孔（NY1 井，3472.97m）；(h) 碎屑颗粒边缘溶蚀孔（XYS9 井，3382m）；(i) 方解石晶间孔（LY1 井，3690.2m）

(2)粒内孔：泥页岩普遍发育粒内孔(图 2-36)，包括黏土矿物层间孔[图 2-36(a)～(c)]、溶蚀孔[图 2-36(d)～(f)]、黄铁矿晶间孔[图 2-36(g)、(h)]及磷灰石晶间孔[图 2-36(i)]等。其中，黏土矿物层间孔通常为主要的粒内孔类型，因成分不同，其孔隙形态和孔径大小略有差异。沉积过程中，伴随着蒙脱石脱水转化成伊蒙混层和伊利石，其孔隙收缩形成大量的黏土矿物粒内孔，亦有学者将其成因归类为絮凝沉积成因。镜下常见较多的伊利石片状/层状孔、纤维状和网状孔隙，偶见少量的蠕虫状高岭石间狭缝孔[图 2-36(c)]，且前者的孔隙尺寸大于后者。成熟阶段的有机质生烃及丰富的碳酸盐矿物为溶蚀孔的形成提供了基础条件。其中，溶蚀孔以方解石溶蚀孔最为常见，此外部分样品仍见少量的长石溶蚀孔。溶蚀孔多发育在易溶矿物内部，形状以球形和椭球形居多，并在泥质灰岩、含泥灰岩、灰岩及白云质岩类的薄夹层中最常见[图 2-36(d)～(f)]。溶蚀孔的发育有效改善了泥页岩储集空间，但部分样品的溶蚀孔亦存在伊利石等黏土矿物的充填。此外，对于深湖—半深湖缺氧的还原环境下沉积的泥页岩多发育有黄铁矿，镜下显示较多的草莓状、微球状的黄铁矿晶间孔[图 2-36(g)]，其形态不规则，孔径小，

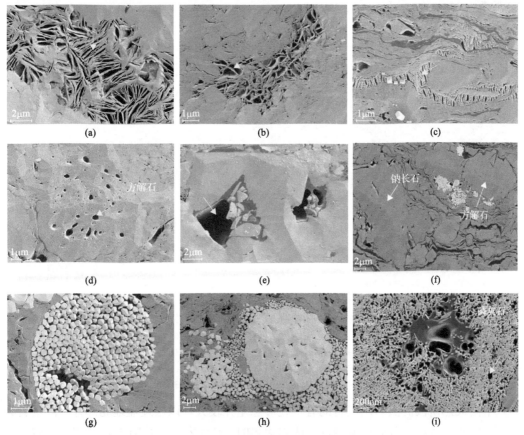

图 2-36　济阳拗陷沙河街组泥页岩粒内孔主要类型

(a)伊利石片层间狭缝孔(FY1 井，3168.3m)；(b)毛发状伊利石内网状孔(FY1 井，3201.9m)；(c)蠕虫状高岭石间狭缝孔(NY1 井，3440.5m)；(d)孤立状方解石溶蚀孔(FY1 井，3139.05m)；(e)方解石溶蚀孔(NY1 井，3424.1m)；(f)长石溶蚀孔和方解石溶蚀孔(W127 井，3048m)；(g)微球状黄铁矿晶间孔(FY1 井，3090m)；(h)球状黄铁矿颗粒粒内孔(LY1 井，3642m)；(i)磷灰石晶间孔(W127 井，3048m)

为晶体生长过程中的不紧密堆积而成，内部具有一定的连通性。

（3）有机孔：有机孔是指分布在有机质（干酪根、沥青等）内部或有机质边缘与其他基质矿物接触的孔隙，其一般作为油气生成后的第一赋存场所，对于油气的赋存及进一步运移具有重要意义。当 TOC 含量较高时，可观察到串珠状、条带状连续分布的有机质[图 2-37(a)]；经统计，有机质多分布在碎屑矿物颗粒粒间孔[图 2-37(b)～(d)、(g)]、黏土矿物层间孔[图 2-37(e)]、黄铁矿晶间孔[图 2-37(f)]及微裂缝[图 2-37(i)]中。对于有机孔，一般有机质在达到一定的成熟度演化条件后，伴随着油气的生成及排出，干酪根内部残留有机孔，此类现象一般在高过熟泥页岩中较为常见。

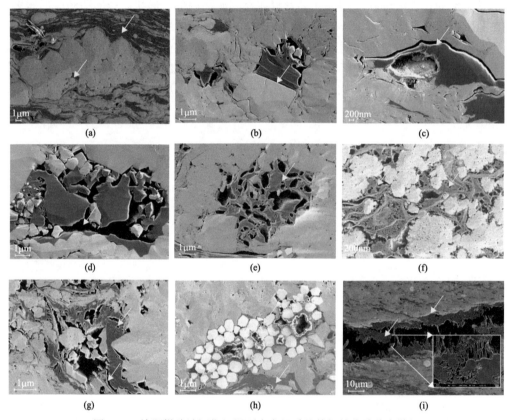

图 2-37　济阳拗陷沙河街组泥页岩有机质及其相关孔隙分布特征

(a)层状/条带状有机质(NY1 井，3302m)；(b)粒间孔中发育的有机质(FY1 井，3057.16m)；(c)粒间孔中有机质(FY1 井，3207.54m)；(d)矿物颗粒间有机质(L67 井，3247m)；(e)黏土矿物粒内的有机质(FY1 井，3201.9m)；(f)黄铁矿晶间孔中的有机质(FY1 井，3414m)；(g)碎屑矿物颗粒间有机质(LY1 井，3833.78m)；(h)黄铁矿晶间孔中条带状有机质(NY1 井，3424.41m)；(i)微裂缝中的有机质(NY1 井，3302m)

不同成熟阶段泥页岩内发育的有机孔形态差异较大。以松辽盆地北部青一段页岩为例(图 2-38)，当有机质成熟度刚进入成熟边界时，泥页岩内部孔隙不发育[图 2-38(b)～(d)]，仅见有机质与周围矿物之间的收缩缝或孔、有机质与有机质之间少量的狭缝型孔。当成熟度相对较高(R_o=0.8%～0.9%)时，观察到少许有机质内部孔隙，其形态多为球形、椭球形、弯月形、蜂窝形及狭缝形，有机质主要发育在碎屑颗粒粒间孔、黏土矿物层间孔、黄铁矿晶间孔中[图 2-38(e)]。有机孔的发育规模除了受到以往认知的成熟度控制外，还与其有机质赋存的形态、赋存的孔隙类型及排烃效率有关。很明显，因有机质塑性较强，受压实作用影响，串珠状、条带状的有机质内部有机孔不发育[图 2-38(a)]，而位于碎屑颗粒粒间孔的有机质，受刚性颗粒支撑保护作用，有机质内部孔隙较为发育，且伴随有机质收缩亦在其边缘发育有机质-基质孔隙类型的有机孔[图 2-38(b)～(d)]。此外，与有机质伴生的黄铁矿及黏土矿物的层间孔中的有机孔发育较好[图 2-38(e)和(f)]，可能与此二类矿物促进有机质生烃和分解有关。泥页岩有机孔的发育程度还与排烃作用有关，对于连通性比较好的孔裂隙，油气生成后能很快从有机质中排出而形成残余有机孔。

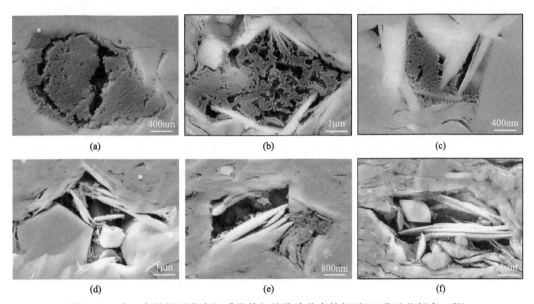

图 2-38　中—高熟泥页岩有机质及其相关孔隙分布特征(松辽盆地北部青一段)

以我国典型陆相中—高熟页岩为例，作为有机质成熟度高(R_o 约为 1.3%)的页岩，有机质或重质烃发生裂解并生成大量蜂窝状有机孔，由于有机质在大量生烃阶段易形成超压环境，在较大程度上可保持蜂窝状有机孔的形态，防止其因地层构造挤压而变形[图 2-38(a)～(c)]。随有机质成熟度越来越高(R_o 约为 1.6%)，有机质不断裂解消耗，有机孔不断扩大，直至形成零星的碳渣附着于黏土矿物表面[图 2-38(d)～(f)]。

(4)微裂缝/裂隙：裂缝的主要类型为层间缝、矿物解理缝、矿物边缘缝、有机质收缩缝等(图 2-39)，裂缝尺度一般为微米至毫米级。基于岩心宏观尺度的观察，泥页岩亦发育有构造缝、超压缝等类型。泥页岩裂缝的形成一般与微沉积构造或后期成岩等作用造成的应力变化有关。对于低孔、低渗透(基质渗透率)的泥页岩储层来说，微裂缝的发育可有效改善泥页岩中流体的渗流特征，为油气的成藏及运移提供有效储集空间和通道。此外，对于页岩油的开发，天然裂缝的发育程度及后期改造的规模不仅会直接影响泥页岩油气藏的开采效益，还决定了泥页岩油气藏的品质和产量高低。

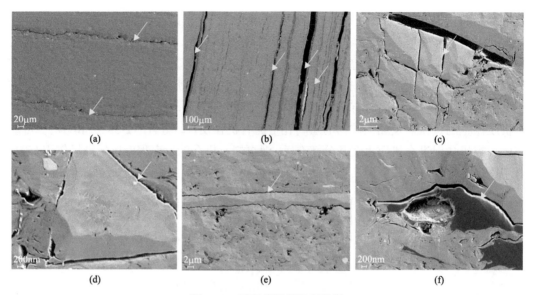

图 2-39　泥页岩裂缝发育特征

(a) 大视域下层间缝 (XYS9 井，3417m)；(b) 不同尺度的层间缝及裂缝 (W127 井，3048m)；(c) 长石矿物层间缝 (NY1 井，3373.1m)；(d) 长石颗粒边缘缝 (LY1 井，3672.86m)；(e) 方解石条带边缘缝 (NY1 井，3373.1m)；(f) 有机质边缘收缩缝 (FY1 井，3207.54m)

2.4.2　孔径分布

联合 N_2 吸附实验和高压压汞实验所得的孔径分布曲线，标定核磁共振弛豫-孔径转化系数，并利用 MAPS 成像和聚焦离子束-场发射扫描电镜对核磁共振表征的孔径结果进行验证，建立核磁共振表征泥页岩"多尺度-全孔径"的孔径分布方法；利用核磁共振表征孔径结果对比分析不同岩相泥页岩孔径分布特征及其演化等。

1. 核磁共振表征泥页岩孔径的方法

本小节所述的孔径分布曲线统一采用横轴为孔隙直径 (简称孔径，指宽度 D)，纵轴为 $dV/(d\lg D)$ 的表示方法，纵轴的物理意义为指示某一孔径时对应的孔隙数量。N_2 吸附实验和高压压汞实验所表征的孔径范围存在差异性，其中 N_2 吸附实验通常表征的是小于 200nm 的孔隙，高压压汞实验往往表征的是大孔部分的信息。因此，需要将二者进行有效结合，本小节在 60～80nm 孔径范围内优选一个连接孔径，保证连接孔径所在点处两条孔径分布曲线值大致相等或二者曲线形态相近，由此构建出泥页岩的全孔径分布曲线 $R_{\text{LTNA-MICP}}$。

核磁共振可有效揭示页岩全尺度孔隙信息，要实现全尺度孔径定量表征需要对 T_2 谱进行孔径转化。弛豫时间 (T_2) 与孔径 (D) 是一一对应的，令转换系数 $C = 2F_s\rho_2$ (F_s 为孔隙形状因子；ρ_2 为横向表面弛豫率)，可以得到弛豫时间与孔径之间的转换关系式：

$$D = CT_2 \tag{2-8}$$

以横轴为孔隙直径，纵轴为 $\mathrm{d}V/(\mathrm{dlg}D)$，绘制核磁共振 T_2 谱转化的孔径分布曲线 R_{NMR}。叠合曲线 $R_{\mathrm{LTNA\text{-}MICP}}$ 和 R_{NMR}，查找 $R_{\mathrm{LTNA\text{-}MICP}}$ 中所有孔径数据点对应的核磁共振孔径分布曲线值，并计算二者误差 Q。当 $R_{\mathrm{LTNA\text{-}MICP}}$ 和 R_{NMR} 两条曲线相似度最近即误差最小时，记录此时的 C 值，即核磁共振横向弛豫时间的孔径标定系数值。

$$Q = \frac{1}{n}\sum_{i=1}^{n}\sqrt{\left(R_{\mathrm{LTNA\text{-}MICP}\text{-}i} - R_{\mathrm{NMR}\text{-}i}\right)^2}$$
$$= \frac{1}{n}\sum_{i=1}^{n}\sqrt{\left(R_{\mathrm{LTNA\text{-}MICP}\text{-}i} - C \times T_{2i}\right)^2} \tag{2-9}$$

式中，Q 为误差值；T_{2i} 为第 i 个数据点的 T_2 值；n 为 $R_{\mathrm{LTNA\text{-}MICP}}$ 孔径分布曲线中数据点个数；$R_{\mathrm{LTNA\text{-}MICP}\text{-}i}$ 为 $R_{\mathrm{LTNA\text{-}MICP}}$ 孔径分布曲线中第 i 个数据点对应的 $R_{\mathrm{LTNA\text{-}MICP}}$ 数据；$R_{\mathrm{NMR}\text{-}i}$ 为 $R_{\mathrm{LTNA\text{-}MICP}}$ 孔径分布曲线中第 i 个数据点对应的 R_{NMR} 数据。

MAPS 和聚焦离子束-场发射扫描电镜实验可为泥页岩孔径分布评价提供最为直观的证据。通过对扫描图像中的孔隙进行定量识别提取，可获得大于 10nm 孔隙的分布特征。考虑电镜技术显示的是孔隙的二维形态，此处利用电镜成像技术评价泥页岩孔径分布时需采用某一孔径的孔隙面积的变化 $\mathrm{d}S/(\mathrm{dlg}D)$ 予以展示。

结合 MAPS 实验，对比分析利用 N_2 吸附和高压压汞实验标定的核磁共振孔径转化结果，用以验证核磁共振法的孔径标定效果。如图 2-40 所示，核磁共振、N_2 吸附及高压压汞实验孔径分布曲线纵轴采用 $\mathrm{d}V/(\mathrm{dlg}D)$，MAPS 实验的孔径分布采用 $\mathrm{d}S/(\mathrm{dlg}D)$。因各实验的测试条件及模型等的差异性，各方法评价的孔径分布曲线很难达到完全重合的效果。但就 N_2 吸附、高压压汞及核磁共振实验的结果来看：其一，就趋势而言，在 N_2 吸附及高压压汞实验有效表征的孔径段的孔径分布特征与核磁共振法表征的孔径分布基本一致；其二，就单位体积页岩某一孔径的孔隙数量 $[\mathrm{d}V/(\mathrm{dlg}D)]$ 而言，三种方法评价的结果亦近似相同（同一纵轴尺度）。此外，就 MAPS、聚集离子束场发射扫描电镜实验的孔径分布来看，尽管没有揭示 10nm 以下的孔径分布特征，但在 10nm 以上的孔径段内，

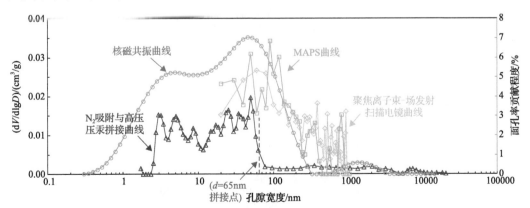

图 2-40　核磁共振法标定的孔径结果与 N_2 吸附、高压压汞、MAPS、
聚焦离子束-场发射扫描电镜实验的孔径分布对比

其与核磁共振法评价的孔径分布的变化趋势表现出较好的一致性，可直接证明核磁共振评价的孔径分布的可信性。

2. 泥页岩孔径分布特征

以济阳拗陷沙河街组页岩为例，利用上述核磁共振评价泥页岩孔径分布的方法，对不同岩相泥页岩的孔径分布进行了对比分析，各岩相泥页岩的核磁共振孔径分布如图 2-41 所示。总体来看，泥页岩孔径分布范围较宽，0.5nm～10μm 均有分布，主峰基本分布在 25～1000nm，为核磁谱的中峰位置。不同岩相泥页岩孔径分布存在差异性，总的来说，从纹层状→层状→块状岩相，泥页岩核磁谱左移，指示其孔径逐渐变小；以纹层状、层状泥页岩来说[图 2-41(a)～(e)]，其孔径分布主要呈现三峰态：前峰的孔径小于 25nm，中峰的孔径分布介于 25～1000nm，后峰的孔径大于 1000nm；前已述及，泥页岩普遍发育微裂缝/层间缝，其后峰主要代表了该类储集空间，且相比于层状页岩，纹层状页岩孔径分布显示的后峰相对较多，即纹层状岩相层间缝更为发育。就纹层状泥页岩的孔径分布来看，与富有机质岩相相比[图 2-41(c)、(d)]，含有机质岩相的孔径分布前峰小孔比例较小[图 2-41(e)]，可能是其黏土孔或有机孔不太发育的缘故。与层状、纹层状页岩相比，块状岩相泥岩的孔径分布较窄[图 2-41(f)]，主要以前峰单峰态存在，孔径较小，主要分布在 100nm 以下。

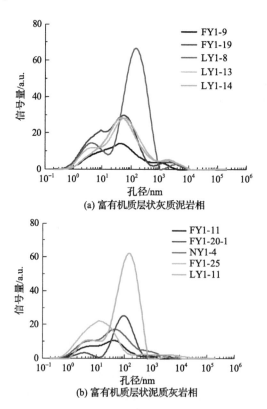

(a) 富有机质层状灰质泥岩相

(b) 富有机质层状泥质灰岩相

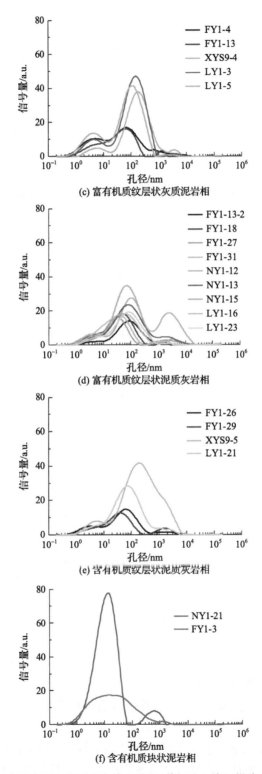

图 2-41 不同岩相泥页岩孔径分布特征(核磁共振法，济阳拗陷沙河街组页岩)

2.4.3　孔隙演化特征

以济阳拗陷沙河街组泥页岩为例，如图 2-42 所示，从宏观物性参数来看，泥页岩孔隙度和渗透率均随着深度的增加整体出现先增加后降低的趋势，其峰值处深度在 3500～3600m。从微观物性参数来看，泥页岩 BET 比表面积在埋深 3000～3600m 有略微降低趋势，微孔向小孔和大孔转化，3600m 之后 BET 比表面积开始增加；泥页岩总孔体积演化趋势和孔隙度演化趋势类似，在 3600～3700m 处达到高峰，不同孔体积变化趋势存在差异性；镜下显示，泥页岩有机孔不发育，在生烃高峰期（>3600m）及以后略见有蜂窝状或圆球状有机孔存在，页岩油含量、孔隙度、渗透率均出现降低的趋势。

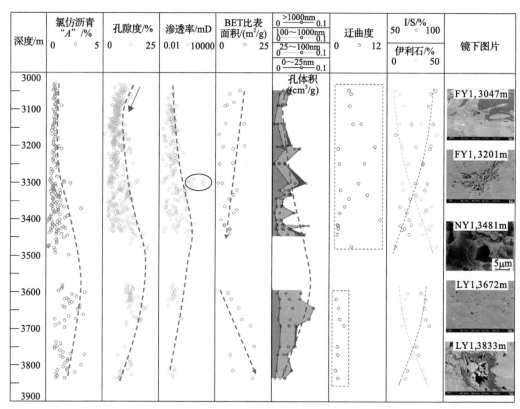

图 2-42　泥页岩孔隙结构参数的演化特征（济阳拗陷沙河街组）

$1D=0.986923\times10^{-12}m$

连通性演化特征方面，可借助聚焦离子束-场发射扫描电镜通过灰度分割法提取泥页岩中孔隙并对其进行三维刻画，其中总孔隙是为油气提供最大的储集空间，而有效连通孔隙是为油气提供最大的渗流空间，因此探究其有效孔隙部分同样具有重要意义。因此，在总孔隙中可进一步提取有效连通孔隙部分并建立连通孔隙三维球棍模型（图 2-43）。由图 2-43 可知，整体上不同成熟度页岩的孔隙连通率较好，随成熟度逐渐增大，使页岩内油气渗流能力不断达到最佳。配位数是指页岩中一个孔隙周围的配位喉道个数，配位数越大，孔隙的连通效果越好。根据孔隙分级结果，分别建立微小孔和中大孔配位数与成熟度之间的关系，发现不同孔隙尺度的配位数与成熟度呈较弱的正相关性，由此可知成熟度的增大会改善泥页岩孔隙的连通性，油气渗流能力增强。

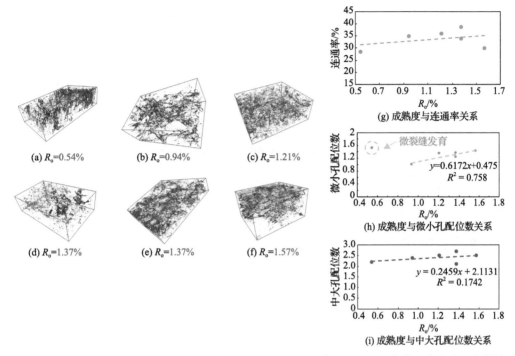

图 2-43　不同成熟度泥页岩连通孔隙三维刻画及成熟度与连通率、微小孔配位数、中大孔配位数关系
（松辽盆地北部青山口组页岩）

第3章 页岩含油率评价

我国拥有丰富的页岩油资源，但其资源潜力、储量并未落实，不同机构或学者评价的页岩油资源量差别巨大，评价模型的核心在于参数的选取及其可靠性，含油率（含油饱和度）是页岩油勘探中最基础也是最重要的参数之一。

3.1 页岩含油率评价方法

页岩含油率的表征方法主要包括热蒸发实验法、有机溶剂萃取法、核磁共振法、室内模拟法及地球物理测井技术。

3.1.1 热蒸发实验法

热蒸发表征页岩含油性的实验方法主要包括岩石热解法（含常规热解、分步热解、热解气相色谱）和干馏法。

1）热解法

常规岩石热解实验是测定页岩含油率最常用、最基础的实验，其实验原理和实验步骤可参阅《岩石热解分析》（GB/T 18602—2012）。一般将300℃之前的热解烃含量 S_1 作为页岩残留油量，但对于低熟或油窗内的泥页岩来说，因残留油与有机质之间的强吸附（adsorption）和限制（confinement）效应，部分残留油的重质组分无法在300℃之前挥发出来而误认为其为 S_2 部分，因此仅使用常规岩石热解 S_1 表征含油率会导致评价结果偏低。Jarvie（2012）曾采用同一样品，根据洗油前、后热解参数的差异计算了总含油量，即

$$总含油量 = S_1 - S_{1x} + S_2 - S_{2x} \tag{3-1}$$

式中，S_1 和 S_2 分别为泥页岩在常规热解实验中300℃之前和300～650℃检测的烃含量，mg/g；S_{1x} 和 S_{2x} 分别为洗油后泥页岩在常规热解实验中300℃之前和300～650℃检测的烃含量，mg/g。国内外关于分步热解评价页岩含油率相关介绍见本书1.2.3节。

热解气相色谱仪相较于常规热解仪器多一个气相色谱装置，使其不仅能够获取页岩含油率，还能表征页岩滞留烃分子组成。实验中将待测岩石样品粉碎后置于热解装置内，在一定的升温条件下（可与常规热解升温条件一致）使样品中的烃类快速挥发，用载气将其携带进入色谱仪。详细实验步骤可参阅《岩石热解气相色谱分析方法》（SY/T 6188—2016）。

2）干馏法

干馏法是将岩心样品置于干馏杯，通过设定温度对样品直接加热进而使其孔喉中的流体相继蒸发、冷凝，然后分别计量油、水的量进而确定流体饱和度。针对泥页岩孔喉

细小、物性差的特点，Handwerger 等(2011)改进了干馏法的实验操作流程，将样品粉碎，并在干馏前、后分别称量样品的质量，采用分阶段(3～4 个阶段)加热步骤，实验结果表明干馏法与核磁共振法所测的含水量具有良好的相关性。Rylander 等(2013)利用干馏法分析 Eagle Ford 泥页岩的游离油量，并与蒸馏萃取法[迪安-斯塔克(Dean-Stark)法]对比发现干馏法获得的游离油量低于 Dean-Stark 法，而干馏法得到的总油量(束缚油+游离油)与 Dean-Stark 法"游离油"量比较接近，说明利用 Dean-Stark 法确定的"游离油"包括了束缚油的贡献。

　　干馏法具有技术成熟、分析时间短、直接测量油水体积等优点，特别适合矿场、实验室对泥页岩含油性进行快速评价。利用干馏法确定泥页岩样的流体饱和度需几个小时，而利用 Dean-Stark 法一般需要 2 周及以上。此外，通过分别收集干馏过程中不同加热温度段的产物，可依次得到泥页岩中不同赋存状态流体的含量(图 3-1)。但需要注意的是对于含有大量干酪根及固体沥青的泥页岩而言，上述有机组分会在高温下发生裂解并包括了干酪根热降解的组分。此外，泥页岩中的黏土矿物及石膏会在高温下脱水，如伊利石晶体在 470～580℃发生脱羟基作用，进而影响实验结果。

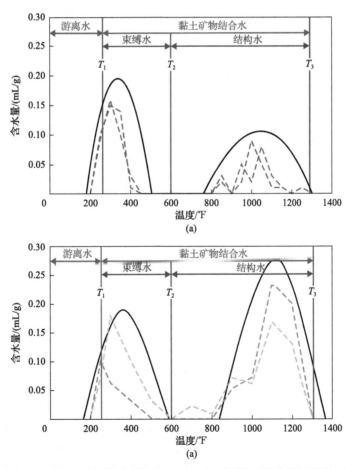

图 3-1　硅质页岩干馏分析结果图(a)及泥质页岩干馏分析结果图(b)

1℉=1℃×1.8+32；不同颜色代表不同样品(Handwerger 等，2011)；虚线表示不同样品的含水量曲线，实线是示意图

3.1.2 有机溶剂萃取法

1）蒸馏萃取法

有机溶剂蒸馏萃取法确定流体饱和度首先是通过有机溶剂蒸气把岩样中的流体蒸馏出来，计量冷凝水的体积，随后将样品洗油烘干，利用样品质量差来计算原油的质量。蒸馏萃取是目前应用最广的有机溶剂蒸馏萃取法，需要指出的是蒸馏萃取法和美国天然气研究所法（GRI 法）本质上是相同的。详细实验步骤及注意事项可参阅《岩心分析方法》（GB/T 29172—2012）5.3 节。

Luffel 和 Guidry（1992）利用建立的 GRI 法分析了泥盆纪（Devonian）页岩孔隙度和流体饱和度，即在密封的空间内通过加热甲苯（110℃）产生蒸气对碎样进行冲洗，随后烘干，进而分别获取油、水的量。用于蒸馏的有机溶剂从最初的单一有机溶剂（如甲苯、二氯甲烷、氯仿）发展到后来的混合有机溶剂（如苯+甲醇+丙酮、二氯甲烷+甲醇）。由于不同的有机溶剂其物理化学性质不同，实验中应选用合适的溶剂以实现不同研究目的，如氯仿-甲醇有机溶剂能够溶解抽提页岩中的含盐组分。付金华等（2020）对鄂尔多斯盆地城 80 区块长 7_3 段页岩油储层分别利用石油醚萃取法、二氯甲烷萃取法和岩石热解法计算可动烃含量，结果表明二氯甲烷萃取法测定的可动烃含量为 6.41mg/g，高于石油醚萃取法的 6.27mg/g 和岩石热解法的 4.57mg/g。包友书（2018）利用蒸馏萃取法抽提装置，采用甲苯溶剂抽提渤海湾盆地济阳拗陷沙三段下亚段、沙四段上亚段泥页岩中的油和水，进而确定流体饱和度。相比于干馏法及核磁共振法（一般只需几分钟至几个小时），蒸馏法所需的时间较长，尤其是对于孔喉半径小、孔喉结构复杂的泥页岩储层，碎样需要 12～20d，而标准的 2.5cm 柱样需要 20～35d，并且在实验的整个过程中，需要实验仪器保持较高的准确度。Ramirez 等（2011）利用蒸馏萃取法和核磁共振法分别对得克萨斯州海恩斯维尔（Haynesville）页岩含水饱和度进行分析，结果表明核磁共振法得到的含水量大于蒸馏萃取法，因为核磁共振法能够检测到孤立孔、微纳米角隅孔内的水。对于同一岩样，干馏法和蒸馏萃取法得到的含水量也不尽相同，整体表现为蒸馏萃取法得到的含水量要高于干馏法，分析认为过量的水可能与页岩中黏土矿物层间水/结合水有关。此外，有机溶剂蒸馏萃取法也无法将页岩中的游离油和束缚油、自由水和束缚水分开。

2）氯仿沥青"A"法

氯仿沥青"A"常被用来评价烃源岩的品质，也可以反映泥页岩含油性，实验主要步骤包括样品干燥、粉碎、抽提、浓缩和称重，详细实验步骤和注意事项可参阅《岩石中抽提物含量测定》（SY/T 5118—2021）。由于实验过程中需要对抽提物进行浓缩，导致小于 C_{15} 的烃类全部散失，评价的含油量明显变少，尤其是中—高熟页岩。

3）溶剂冲洗法[醇类萃取法、卡尔·费歇尔（Karl Fischer）滴定法]

由于蒸馏萃取法具有分析速度慢、所用试剂毒性较大等缺点，近年来在蒸馏萃取法的基础上，提出适用于低渗透、致密储层流体饱和度测定的醇类萃取法。所用的醇类试剂常为甲醇或乙醇，其基本原理是基于醇类与水无限均一混溶的性质。首先将碎块样品置于装有醇类有机溶剂的萃取罐中，其次在选定的温度下对萃取罐恒温一定时间，目的是将岩心中的水彻底萃取。该方法首先直接确定岩心中的含水量；其次将岩心洗油烘干，利用质量差得到其含油量；最后计算油、水饱和度。详细实验步骤和注意事项可参阅《岩心分析方法》(GB/T 29172—2012) 5.4 节。

萃取液中的含水量可以采用气相色谱法或 Karl Fischer 滴定法确定，Karl Fischer 滴定法具有精度高 (通常可在含水量 1% 内)、分析时间短及应用范围广等优点。Karl Fischer 滴定法利用 I_2 氧化时需要有一定的水参加反应，由于该反应为可逆反应，要使反应顺利向右进行，需要加入适量的碱性物质以中和生成的酸。目前常将 I_2、SO_2、C_5H_5N (吡啶)、CH_3OH (甲醇) 及 CH_3CH_2OH (乙醇) 配在一起作为 Karl Fischer 试剂。Karl Fischer 滴定法包括体积法或电量法 (库仑法) 两类。Handwerger 等 (2012) 对比了干馏法、Dean-Stark 法、热重分析法 (TGA) 和 Karl Fischer 滴定法在页岩含水量测定上的差异，结果表明 Karl Fischer 滴定法确定的含水量与 TGA、干馏法相当，但小于 Dean-Stark 法，主要是由于 Dean-Stark 法能够将黏土矿物中部分结构水蒸馏。笔者对同一块页岩分别开展二维核磁共振法和 Karl Fischer 滴定法含水量分析，结果表明 Karl Fischer 滴定法测定的含水量要大于二维核磁共振法 [图 3-2(a)]。谭志伟等 (2018) 开展大量萃取实验，认为相比于 Dean-Stark 法，醇类萃取法萃取程度不受样品孔隙度影响，萃取率分布在 96%~100% [图 3-2(b)]。

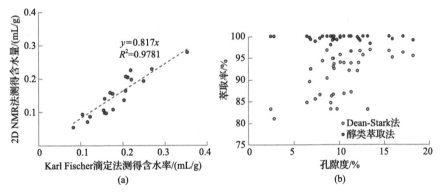

图 3-2　Karl Fischer 滴定法与二维核磁共振法页岩含水量对比(a)及醇类萃取法与 Dean-Stark 法萃取率与样品孔隙度关系(b)

3.1.3　核磁共振法

核磁共振技术在表征泥页岩流体含量、孔径分布及赋存状态等方面具有独特的优势，具有无损、分析速度快、对样品规格无要求等特点。由于不同组分 (流体+有机质) 的核磁 T_2 谱往往出现重叠，无法定量表征流体的含量，需要改进实验方案或采用特殊的数据分析方法，如向溶液中加入 Mn^{2+} 以消除含氢流体信号，或者利用重水 (D_2O) 来代替实际地层水，或者对一维核磁谱图进行分频处理。二维核磁共振技术的发展能够消除采用单一序列测试时出现的多解性问题。Kausik 等 (2016) 利用 2MHz 核磁共振仪对泥页岩开展 T_1-T_2 分析，依次确定自由态油水、无机孔内油水、有机孔内油水及黏土矿物束缚水等含量。Yang 和 Kausik(2016) 基于高场二维核磁共振，对自由水、束缚水、可动油和不可动油量进行表征。对于流体已挥发的岩心开展核磁共振实验，所确定的仅仅为残留油量，而可动性高的轻烃组分已经挥发，使评价结果不可靠，尤其是对于中—高熟页岩油储层而言。下述两种方法可以解决这一问题：一是开展井场二维核磁共振实验，即将刚取出的泥页岩岩心在井场立即开展核磁共振实验，快速评价其含油性，该方法具有较广的应用前景。二是将井场取得的岩心立即放入低温氮中进行冷冻，移至实验室开展核磁共振实验，目的就是借助核磁共振仪器的优势，对流体还未挥发（少量挥发）的岩心开展含油性评价，进而指导"甜点区"优选。利用二维核磁共振评价密闭取心页岩含油率方法将在3.3节详细介绍，利用二维核磁共振评价不同赋存状态页岩油含量将在5.1节介绍。

3.1.4 室内模拟法

室内模拟法通过对岩心（流体已经挥发）先后饱和不同的流体，还原原始状态下页岩内流体分布，进而利用相应的实验仪器（核磁共振仪、纳米 CT 仪等）确定页岩的原始流体饱和度。

对于页岩油储层样品，最为常见的便是将获取的原样（流体已挥发）直接饱和原油然后老化，或者对原样依次进行洗油→烘干→饱和水→离心→饱和油→老化进而来模拟原始状态下流体分布规律，然而这些方法存在瑕疵，如岩心在取样和放置过程中，轻烃和地层水均会不同程度挥发，而且对于流体的赋存方式，尤其是地层水的分布认识不足，缺乏依据。李硕等（2007）提出利用核磁共振三次测量法对含油饱和度进行恢复，主要实验步骤包括：①在岩心出筒后第一时间从内部取样并做第一次核磁共振测量；②用地层水或模拟地层水浸泡第一次测量后的岩样，并在浸泡状态下抽真空 2h 以上，之后做第二次测量；③用锰离子溶液浸泡岩样，做第三次测量。从 T_2 谱图上可以清楚地看到油气水的损失。实验中假设卸压引起的亏空孔隙完全是溶解气挥发、原油中的轻质组分挥发以及原油外溢造成的，这与实际情况不符，导致计算出的含油饱和度偏高［图 3-3（a）、（b）］。Ali 等（2020）利用核磁共振仪器，对有机质页岩开展不同流体环境下（地层水、原油、正十二烷）的渗吸实验，明确油湿、水湿及混合润湿孔分布特征，确定页岩原始含油饱和度［图 3-3（c）、（d）］。

3.1.5 地球物理测井技术

地球物理测井法能够获取泥页岩层段纵向上连续的原始含油饱和度值。基于电阻率-孔隙度-流体饱和度模型是最常用的含油饱和度解释方法。但由于页岩孔喉结构复杂，孔喉半径小，流体赋存状态多样，加之非均质性强，各向异性显著（矿物组分顺层/分散分布），且含有大量易导电的干酪根、黏土矿物及黄铁矿等组分，含油饱和度解释存在明显的不确定性。传统饱和度模型（阿奇公式、西门度公式、印度尼西亚公式、双水模型、Waxman-Smits 模型等）认为储层电导率仅受地层水和黏土矿物的影响，这明显与泥页岩储层不符，故已不适用于泥页岩储层。构建泥页岩岩石物理模型是进行泥页岩储层流体饱和度计算的关键。基于不同的研究目的构建了多种富有机质泥页岩岩石物理模型，如将有机质和干酪根视为基质的一部分，或将其单独分开；Passey 等（2010）认为页岩基质应包括黏土矿物，而 Kethireddy 等（2013）将黏土矿物作为岩石物理模型单独的一部分（图 3-4）。

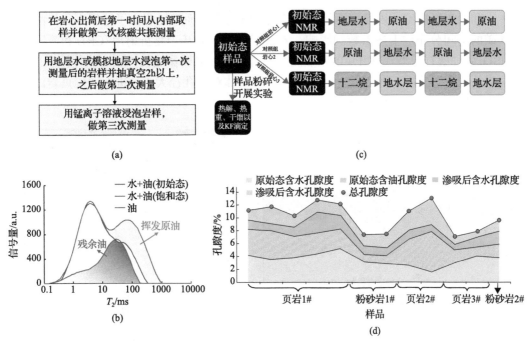

图 3-3　核磁共振法评价页岩含油量的流程及效果图

(a)基于一维核磁共振恢复页岩原始含油率实验步骤；(b)不同状态样品核磁共振谱图；(c)利用核磁共振采用渗吸法评价原始含油饱和度实验流程；(d)渗吸实验后孔隙中不同类型流体占比

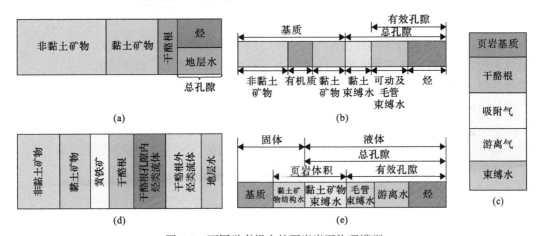

图 3-4　不同学者提出的页岩岩石物理模型

(a)Kethireddy 等(2013)；(b)Passey 等(2010)；(c)Tan 等(2015)；(d)Chen 等(2014)；(e)Habina 等(2017)

　　泥页岩储层微观结构及流体赋存方面的快速发展，推动了泥页岩岩石模拟模型相关研究。Nie 等(2020)尝试将无机孔隙与有机质分开以消除由钻井液及其他导电矿物引起的背景导电，建立富有机质湖相页岩基于有效导电孔隙的饱和度评价模型[图 3-5(a)]。近年来针对非常规储层发展起来的介电常数测井、核磁共振测井等新技术，在表征流体饱和度方面具有显著优势。例如，Chen 等(2014)将介电常数测井与电阻率测井相结合，通过数值模拟分析影响多孔介质导电性及介电常数的因素，建立适用于富有机质页岩的流体饱和度解释模型，该模型不仅考虑储层孔喉结构，而且还明确了地层水、干酪根和黄铁矿的空间分布对上述参数的影响。Zhao 等(2020a)基于复折射率(CRI)和泥质砂岩(SHSD)两种解释模型，利用介电频散测井评价了鄂尔多斯盆地长 7 页岩流体饱和度。基于核磁共振因子分析，将 T_2 谱分解，明确不同流体对应孔径大小，进而评价页岩储层质量、优选甜点［图 3-5(b)］(Jiang et al.，2015)。

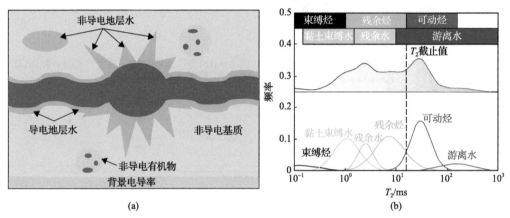

图 3-5　盐间页岩储层有效导电路径模型(a)及核磁共振因子分析示意图(b)

3.2　一种利用单次常规热解评价页岩含油率的方法

前已述及，因页岩中的残留油与有机质之间的强吸附和限制效应，部分残留油重质组分无法在 300℃之前挥发出来，仅利用 S_1 会低估页岩含油率。对于目前改进的热解实验和热解-抽提法表征页岩含油率来说，前者实验所需时间较长，更重要的是在业内没有广泛使用和普及，而后者需两次热解实验，且抽提实验所用的有机溶剂有毒，污染环境。

本书尝试提出一种利用单次常规热解实验评价泥页岩残留油量的方法，确定常规热解实验中重质油和裂解烃的温度阈值，并探讨该阈值的影响因素和预测方法，继而根据单次常规热解实验快速评价泥页岩残留烃，并与 Jarvie 和改进的岩石热解法(蒋启贵等，2016)所得结果进行对比分析。

3.2.1　原理及方法

泥页岩的常规热解谱如图 3-6 所示。对于低熟或油窗内的含油泥页岩(as-received state, AR，原始态)来说，在 300～450℃存在明显的肩峰，该过渡峰是高沸点的重质烃和不稳定的干酪根组分在低温条件下热裂解生烃的综合反映。溶剂抽提后，洗油后泥页岩(solvent-extracted state, EX，溶剂抽提态)的热解谱 S_1 峰基本消失(部分仍含有 S_1 小峰，可能由于部分死孔内洗油不彻底或指示抽提溶剂的信号)，S_2 峰信号幅度降低且峰谱右移，特别是洗油后泥页岩的过渡峰消失。抽提前、后 S_2 峰的降低反映了原始态泥页岩 S_2 峰并非全部来自干酪根，有部分来自可溶有机质，即残留油组分；另外，产出原油的组分中非烃、沥青质等极性组分的热解/裂解温度一般大于重质烃，因此，在高温热解温

度下 S_2 峰中的重质烃可能对原油有贡献。

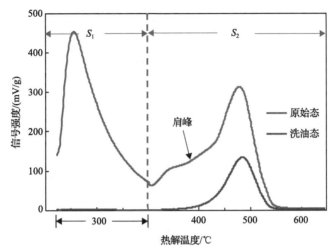

图 3-6　洗油前、后泥页岩的常规热解谱图

本节将原始泥页岩（AR）的常规热解谱分为三部分：第一部分为 S_1，代表 300℃ 之前热挥发 3min 产生的轻烃；第二部分为 S_{2oil}，代表残留油在 300℃ 之前无法热蒸出而进入 S_2 中的重质烃；第三部分为 S_{2k}，代表干酪根或固体沥青的热裂解烃类。因此，泥页岩中的总含油量为 S_1 和 S_{2oil} 之和。然而，S_{2oil} 和 S_{2k} 在 300～650℃ 的热解温度区间重叠，无法予以直接有效区分。

从理论上看，若不考虑泥页岩非均质性的影响，对于原始泥页岩和洗油后泥页岩，其单位质量干酪根裂解烃的量是相同的，即热解谱中原始泥页岩 S_{2k} 的信号强度（由氢离子火焰离子化检测器检测，质量均一化）等于其洗油后的泥页岩。与 S_{2oil} 组分相比，S_{2k} 需要更高的热解温度才能予以检测到，因此，为了快速便捷地区分二者含量，提出了温度阈值（T_{OK}）的概念（Li et al.，2019a），具体如下：

（1）从高温（650℃）到低温（300℃），分别构建原始态泥页岩和洗油后泥页岩 S_2 的累积热解谱［图 3-7（a）］；

（2）以洗油后泥页岩 S_2 的累积振幅（信号幅度）为标准，确定原始态泥页岩 S_2 累积热解谱上与此标准相近时对应的热解温度，即 S_{2oil} 和 S_{2k} 的温度阈值［图 3-7（b）］。

因此，根据原始态泥页岩热解谱，S_{2oil} 可根据 300℃～T_{OK} 的信号强度计算，类似地，S_{2k} 则根据 T_{OK}～650℃ 信号强度计算。泥页岩总含油量即热解温度在 T_{OK} 之前检测到的烃含量：

$$\begin{aligned}总含油量 &= S_1 + S_{2oil}\\ &= \mathrm{HCs}\,(T < T_{OK})\end{aligned} \tag{3-2}$$

式中，$\mathrm{HCs}\,(T < T_{OK})$ 为热解温度小于 T_{OK} 检测的烃含量。

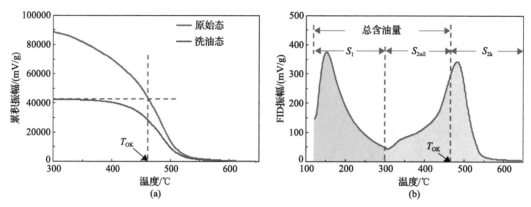

图 3-7　T_{OK} 温度阈值确定方法(a)及单次常规热解实验评价泥页岩含油量示意图(b)

3.2.2　T_{OK} 及控制因素分析

利用前述方法,确定了泥页岩常规热解中 S_{2oil} 和 S_{2k} 温度阈值 T_{OK} 介于 443～493℃,平均值为 465℃,与 Li M 等(2018)使用化学动力学法粗略估计值(465℃和 475℃)较为接近。此外,蒋启贵等(2016)研发的改进的热解程序采用 450℃作为吸附油和干酪根裂解烃的温度阈值,与之相比,本节所得的温度阈值略高,其原因在于蒋启贵等所使用的改进热解实验需要的时间较长,约 40min。

从所选岩样的垂向分布来看(约800m),泥页岩 T_{OK} 值随着深度的增加而增加(图 3-8),其原因可能为:①干酪根中的不稳定组分随着深度/成熟度的增加而降低,继而导致干酪根开始裂解所需的温度逐渐增加;②成熟度越高,泥页岩中有机孔逐渐发育,孔隙比表面积增加、孔径减小,对流体的限制作用越强,T_{OK} 越高[图 3-9(a)、(b)]。随着泥页岩样品氢指数的增加,T_{OK} 降低[图 3-9(c)]:一方面,其对应于 T_{OK} 与成熟度的关系,泥

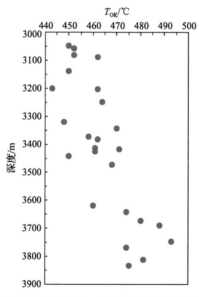

图 3-8　不同深度点泥页岩的 T_{OK} 变化趋势(济阳拗陷沙河街组页岩)

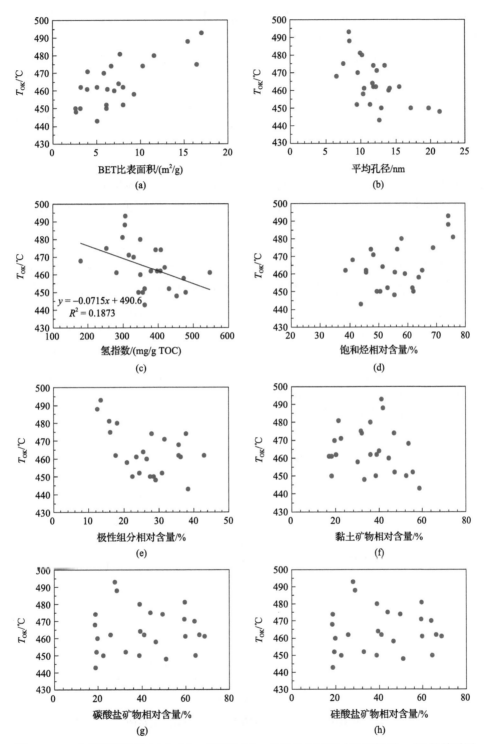

图 3-9　T_{OK} 与泥页岩物性（a）和（b）、氢指数（c）、含油性（d）和（e）及矿物（f）～（h）的关系图
（济阳拗陷沙河街组页岩）

页岩样品的氢指数一般随成熟度的增加而降低；另一方面，统计发现，Ⅰ型有机质泥页岩的 T_{OK}（平均454℃）小于Ⅱ型（平均467℃）。

有趣的是，统计发现，泥页岩 T_{OK} 与抽提物的饱和烃相对含量呈正相关，而与极性组分相对含量呈负相关［图3-9(d)、(e)］，这与预想的不一致：饱和烃轻质组分的沸点通常低于原油中的极性组分。本节认为，尽管成熟度较高的泥页岩样品产生的页岩油组分相对较轻，但其一般赋存在较大比表面积和较小孔径的孔隙内，受限作用可能更强，继而出现较高的 T_{OK}。换句话说，孔隙效应对 T_{OK} 的影响比对原油性质的影响更为显著。亦有可能是干酪根成熟度越高，其裂解所需的起始温度越高，即对应于前述关于成熟度对 T_{OK} 的控制规律的解释。此外，T_{OK} 与泥页岩各矿物含量之间的相关性较差［图3-9(f)～(h)］，表明矿物相对含量不是控制重质组分的关键因素，页岩油重质组分相对富集在有机质相关孔隙中。

相比之下，T_{OK} 与泥页岩的产烃率指数［PI，$S_1/(S_1+S_2)$］表现出较好的线性正相关性（图3-10中的红色点）。作为成熟度的指标之一，通常 PI 越大，其反映的成熟度越高，因此，二者的正相关性亦可以从前述的成熟度角度予以解释，且为预测 T_{OK} 提供了可靠的方法。为了验证利用 PI 预测 T_{OK} 的适用性，本节参考了一套源自鄂尔多斯盆地长7组成熟度相对较高的泥页岩样品（R_o 区间为0.76%～1.05%），并根据 Chen Z 等（2017）所述的动力学方法确定了该套泥页岩的 T_{OK}，其与 PI 亦表现了良好的线性关系（图3-10中的蓝色三角）。但是，鄂尔多斯盆地样品的线性方程（PI 区间为0.02～0.24）与东营凹陷（PI 区间为0.14～0.48）略有不同，这可能是两个工区样品性质的差异所致。因此，根据这两个Ⅰ区的样品，建立了 T_{OK} 的预测模型，即

$$T_{OK} = 48.67 \times \ln\left(\frac{S_1}{S_1 + S_2}\right) + 523.86 \tag{3-3}$$

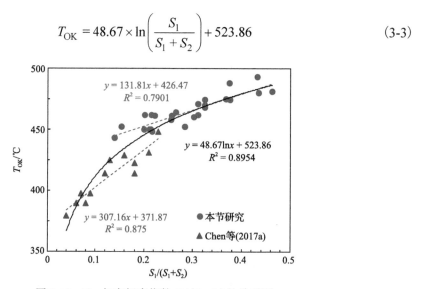

图3-10　T_{OK} 与产烃率指数 $S_1/(S_1+S_2)$ 的关系图

3.2.3　评价结果及对比

基本以上讨论，本节根据泥页岩常规热解参数 S_1 和 S_2，预测了每个样品的 T_{OK}，估

算了在热解温度 T_{OK} 之前检测的烃含量，即泥页岩残留烃量。其结果与 Jarvie 法表现出较好的一致性，相关系数为 0.983 [图 3-11(a)]。此外，本节评价结果与中国石化勘探开发研究院无锡石油地质研究所研发的改进岩石热解(Rock-Eval)法亦表现出良好的线性相关性，如图 3-11(b)所示。但值得注意的是，中国石化勘探开发研究院无锡石油地质研究所改进的岩石热解实验测试的总油量大于 Jarvie 法和本节方法获得的总油量，其原因是中国石化勘探开发研究院无锡石油地质研究所改进的岩石热解实验方法是基于抽提物的含量，其包含胶质和沥青质。有关中国石化勘探开发研究院无锡石油地质研究所改进的岩石热解实验将在 5.1.1 节详细介绍。

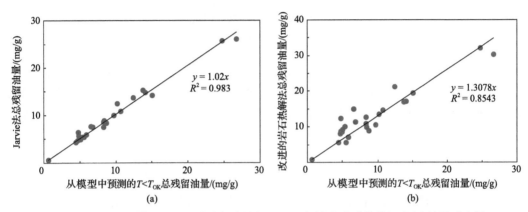

图 3-11　根据 PI 模型预测的总残留油量与 Jarvie 法(a)和改进的热解法(b)结果对比图

尽管泥页岩中的干酪根已在热解温度 T_{OK} 时发生裂解，但油中的一些重质组分需要在高于 T_{OK} 时才能蒸发或裂解。在低于 T_{OK} 的热解温度下，来自干酪根的裂解烃含量等于在高于 T_{OK} 的热解温度下蒸发或裂解的重质烃含量。因此，本节提出的 T_{OK} 的物理意义仅用于从含量上快速区分重质烃和干酪根裂解烃这两种产物。如前所述，T_{OK} 受样品的成熟度控制，通常，对于同一地层的泥页岩样品，成熟度越高，T_{OK} 越大。但是，此现象不适用于来自不同盆地的样品。T_{OK} 和 PI 之间良好的关系为使用 S_1 和 S_2 预测 T_{OK} 提供了一种新的方法。

除了使用上述 S_1 和 S_2 预测每个样品的 T_{OK} 之外，本节亦直接使用了所测样品 T_{OK} 的平均值(约 465℃)预测泥页岩总残留油量，其评价结果与 Jarvie 法所得含油量方法基本一致(图 3-12)，相关系数为 0.9548，略低于前述利用 S_1 和 S_2 预测 T_{OK} 法所得含油量与 Jarvie 法所得含油量的相关性。因此，对于同一套地层泥页岩样品，可以首先确定地层顶部和底部样品的 T_{OK} 值，以量化 T_{OK} 的范围和平均值，然后对该套地层泥页岩样品，直接利用常规热解实验温度 $<T_{OK}$ (平均值)检测的烃量即泥页岩总残留油量。

3.2.4　优势分析

与前人方法相比，本节提出的利用单次常规热解实验评价泥页岩残留油量的方法存在以下优点：①节约时间。常规的热解实验需要 20min(升温速率 25℃/min)，改进的岩石热解实验则需要近 40min，而有机溶剂萃取法则需要 8h 或者更长时间。②普适性强。

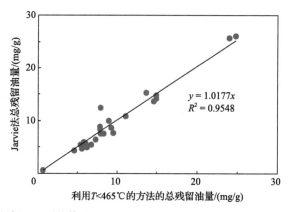

图 3-12 根据 T_{OK} 平均值法(465℃)预测的总残留油量与 Jarvie 法结果对比图

改进的岩石热解实验目前尚未推广普及,而油田中已有大量的常规热解数据可用于根据温度阈值 T_{OK} 直接计算泥页岩总残留油量。③便捷。本节方法可直接适用于原始泥页岩,不需要再进行有机溶剂萃取实验,从而无须进行更多的样品制备和分析程序。④环保,无需化学试剂。

需要说明的是,前述评价的泥页岩含油量仅为实验室内的泥页岩(as-received state)经常规热解实验测得,为泥页岩热解 S_1 的重烃校正提供了快捷的方法。在样品的存储及制备过程中,在估算泥页岩总含油量时需考虑一些轻质烃类的挥发和损失等,此部分烃类不在该方法评价范畴。泥页岩的轻烃损失校正将在 3.4.2 节介绍。

3.3 密闭取心原始页岩含油率评价

为降低实验分析之前样品内流体散失及污染,采用密闭取心的方法,并在井场对样品进行液氮冷冻处理后再运回实验室内开展测试,可还原模拟地下页岩原始含油率。受限于样品和测试仪器,目前缺少针对密闭页岩含油率不同实验结果的对比,如实验结果是否一致?哪种方法最为有效?本节目的通过对同一批密闭取心页岩样品依次开展上述二维核磁共振(T_1-T_2 NMR)、蒸馏萃取、热解气相色谱、岩石热解含油率测定实验,对比含油率结果差异并分析各方法的优缺点,优选密闭取心页岩含油率评价方法(Li et al., 2022a, 2022b)。

3.3.1 样品及处理方法

密闭取心页岩样品采自松辽盆地北部 X 井白垩系青山口组,样品埋深位于 2000~2500m,R_o 分布在 1.25%~1.35%,为顺层理快速敲击全直径样品的中心部分,得到长条形页岩样品并将其置于液氮桶中冷冻(-196℃)。密闭取心通过密封圈把岩心密封在取心筒内并注入密闭液,之后将岩心内筒装置缓慢地穿过页岩,最后将岩心取出并放入液氮中保存。密闭取心对页岩中原始流体组分的保存具有较好的效果。研究区目的层属于基质型页岩油,非夹层型页岩油。由于四种实验(二维核磁共振、蒸馏萃取、热解气相色谱、岩石热解)所需样品规格和样品量不同,为了方便对比并尽可能减小页岩非均质性对实验的影响,所有样品均取自岩心的相邻位置,其中二维核磁共振及蒸馏萃取实验样品为块状(约 20g),岩石热解和热解气相色谱实验样品为粉末(约 30mg,粉碎至 60目)(图 3-13)。

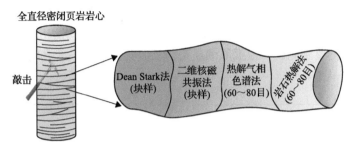

图 3-13　各实验取样位置与规格示意图

3.3.2　实验及细节

1. 核磁共振 T_1-T_2 谱

本次采用美国岩心公司 MR Core-xx 型 22MHz 核磁共振仪器,磁体强度为 0.5T,磁体温度为 35℃,检测线圈直径为 30mm,回波间隔(T_E)为 0.07ms,等待时间(T_W)为1000ms,回波个数 4000。该仪器可将信号采集死时间缩短至 15μs,从而能够检测页岩中固体有机质、纳米孔流体等短弛豫组分信号。二维核磁评价密闭取心页岩的详细过程可参考文献 Li 等(2022b)。

1)分析测试流程

包括核磁仪器校准、样品称重与解冻、二维核磁测定。

(1)核磁仪器校准:测试前对仪器进行检查并使用已知体积的水与重水混合密封标准样品(含硫酸铜<1%,编号为 1001401)校准核磁共振仪器。

(2)样品称重:从液氮桶中取出块状冷冻样品并称量,由于温度低冷凝水珠会附着在样品表面,进而增加样品质量,建议擦拭水珠后进行称量。

(3)样品解冻:将样品置于玻璃管中测试一维核磁 T_2 谱(测试时间<1min),氢质子随样品解冻在射频场中发生共振跃迁,导致一维核磁 T_2 谱测量的总信号值逐渐增加,当总信号值不再增加时可认为解冻完全,利用 Carr-Purcell-Meiboom-Gill(CPMG)序列获得T_2 谱分布。

(4)二维核磁测定:利用反转恢复 CPMG(IR-CPMG)序列对解冻后的样品进行测定,使用优化截断奇异值分解(OTSVD)反演方法进行数据处理以获取样品二维 T_1-T_2 谱图。

需要注意的是,所有样品核磁实验的参数及测试环境必须保持一致。另外,由于氢核中的质子在磁场中被激发,样品在核磁共振测量过程中会发热,密闭页岩中流体的挥发速率加快。为降低这一过程中流体的散失,测试时长应尽量缩短。通过多次探索,建议采用质量约 20g 的大块样品,同时将 NMR 测试的扫描次数设置为 8 次,反转恢复次数为 31 次，以此降低测试中流体挥发对结果的影响。上述参数下，密闭页岩核磁 T_1-T_2 谱测试时长在 5~10min，信噪比（SNR）在 200 以上。

2）核磁标线方程

NMR 信号幅度与样品中的氢含量成正比，但以往采用 MR-Core XX 仪器定量分析页岩含氢流体时，默认的方法是对油、水采用相同的核磁信号校准系数。但由于不同成熟度原油的氢指数不同，核磁响应必然存在差异。因此，本节采用产出页岩油（对应成熟度 R_o 约为 1.3%）进行核磁测试，根据原油质量与核磁共振信号强度之间的关系，建立原油的核磁转化系数（图 3-14）。

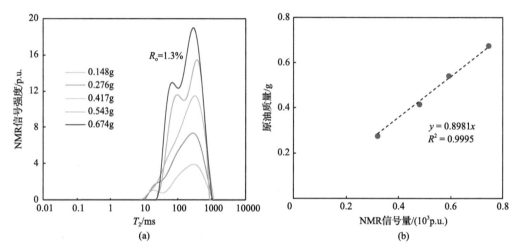

图 3-14　不同质量原油核磁 T_2 谱（a）及其信号强度与原油质量关系（R_o 约为 1.3%）（b）

在此项研究中，使用标定系数 f［图 3-14（b）中拟合方程的斜率，即 0.8981］，将二维谱的页岩油信号强度 N_{oil}（pu，1 pu = 0.01 gH）转化为质量，即可获得页岩含油量，单位是 mg 油/g 岩石，即

$$\text{Oil}_{\text{content}} = N_{\text{oil}} \times f \times 10 \tag{3-4}$$

对于水的校准，因为在页岩测试之前，已利用已知体积的水/D_2O 混合的密封标准样品校准了核磁仪器，所以水的核磁校准系数统一采用默认的 1，即

$$\text{Water}_{\text{content}} = N_{\text{water}} / 100 \tag{3-5}$$

利用二维核磁谱的水信号强度 N_{water} 即可获得含水量，单位为 mL/g 岩石。

2. 蒸馏萃取实验

本次采用甲苯为蒸馏溶剂，沸点为 110.6℃，其在沸腾时和水形成共沸物一起进入冷凝器，由于甲苯的密度小于水的密度，冷凝后的水滴会被收集在捕集器的底部。详细流程如下所述。

（1）检查仪器气密性，确定有无明显裂纹。打开冷凝管水阀后向长颈瓶中加入甲苯，甲苯体积约占长颈瓶 2/3，同时加入 0.2~0.4mL 蒸馏水润湿管壁。

(2)加热流体至沸腾，可见水分捕集器中不断有水、甲苯液滴冷凝滴落，由于存在密度差，甲苯位于水的上方，待水分捕集器中水的体积稳定。若 2h 内捕集器中水界面刻度不变，记录水的体积为 V_1，关闭电源。流体温度恢复室温，称量从液氮中取出的实验样品(20g 左右，块状)，由于样品表面温度过低，会冷凝大量水珠，待擦拭水珠后，其质量记为 m_1，随后迅速将待测样品放置于滤杯中，打开加热开关。

(3)加热过程中随时记录水分捕集器中水的体积，待其体积不再变化(一般需要 3~4d)，关闭加热开关，取出实验样品。此时，水的体积记为 V_2，样品质量为 m_2。

(4)将样品放置于装有氯仿的索氏抽提仪中进行洗油(一般需要 15~20d)，洗油后烘干(110℃)，称量样品质量，记为 m_3，结束实验。

页岩样品的含水量(mL/g 岩石)、含油量(mL/g 岩石)可由式(3-6)和式(3-7)分别计算得到，其中 $\rho_\text{水}$ 为水的密度。

$$含水量 = \frac{V_2 - V_1}{m_1} \tag{3-6}$$

$$含油量 = \frac{m_1 - (V_2 - V_1) \times \rho_\text{水} - m_3}{m_1} \times 1000 \tag{3-7}$$

3. 岩石热解

本次采用的仪器为 Rock-Eval 6，热解炉热解 300℃恒温 3min 获得 S_1。不同于常规取心样品可以批量将放样品的坩埚放入托盘的方法，对于密闭取心样品测试，每次岩石热解测试进样只放入一个放样品的坩埚，待点击分析开始进样。待测试完成后，换下一个样品重新放入坩埚测试。考虑重烃滞留需要校正，本次实验首先将样品分为两份，其中一份样品粉碎至 60~80 目，称取适量样品(30mg 左右)进行含油率分析。在仪器分析前应准确称量标样并进行不少于两次分析，保证其 S_2 值及 T_{max} 值符合仪器分析精度要求。另一份样品洗油(抽提)处理再进行上述程序的热解实验。两次实验的 S_2 差值(ΔS_2)即为重烃的滞留，故 ΔS_2 与 S_1 相加即可得页岩含油率。更多关于重烃校正的细节详见 3.4.1 节。

4. 热解气相色谱

相较于常规气相色谱仪，热解气相色谱仪多一个热解装置。将待测岩石样品粉碎后置于热解装置内，在一定的升温条件下使样品中的烃类快速挥发，再用载气将其携带进入色谱仪[34]。本次采用的色谱仪为岛津 GC-14B，色谱柱为 HP-5 petroleum 50m×0.20mm×0.5μm。主要包含四个单元：①热解单元；②捕集与热释单元；③精细组分检测单元；④分析控制单元。实验样品粒径 60~80 目，质量 30~50mg，升温条件与上述岩石热解保持一致，即热解炉初始热解温度 30℃，程序升温速率 25℃/min，热解炉热解终止温度 300℃，恒温 3min。在冷阱中(-196℃)富集 10min；切换热阱并自动控制加热释放烃类，加热温度为 310℃、控温精度 0.1℃、时间 8min。色谱分析温度条件：初始温度 30℃，恒温 3min，程序升温速率 3℃/min，升至 315℃，保留到无组分流出。以氢气为载气,柱后流速 1mL/min,分流比 1:25。

热解气相色谱法与岩石热解法评价页岩含油率类似,将抽提后得到的 ΔS_2 与 S_1 热解气相色谱相加即为热解气相色谱法含油率。

3.3.3　实验结果

1)密闭取心页岩中含氢流体核磁共振 T_1-T_2 谱特征

图 3-15 给出了 4 号和 23 号密闭岩心样品的 T_1-T_2 谱图(两样品成熟度和 TOC 含量基

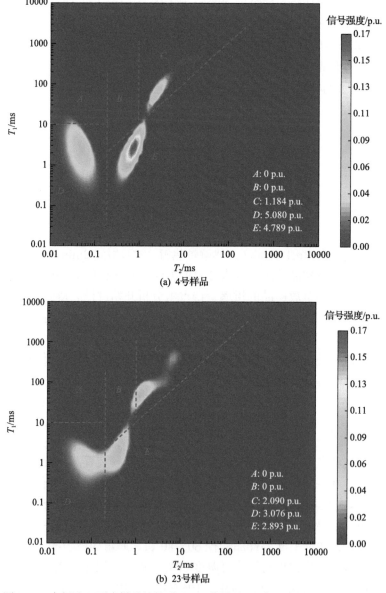

(a) 4号样品

(b) 23号样品

图 3-15　密闭取心页岩样品的核磁 T_1-T_2 谱图(松辽盆地北部青山口组样品)

4 号样品:成熟度 R_o 为 1.26%、TOC 为 2.41%、含油量为 10.67mg/g;23 号样品:成熟度 R_o 为 1.31%、TOC 为 3.07%、含油量为 19.15mg/g

本相同，含油率差异较大），泥页岩不同含氢组分在二维核磁谱中的分布位置的确定过程可参阅 5.1.2 节。根据核磁共振 T_1-T_2 谱划分方案：区域 A(T_2<0.2ms，T_1>10ms)代表固体有机物；区域 B(0.2ms<T_2<1ms，T_1/T_2>10)对应于吸附烃或重烃；区域 C(T_2>1ms，T_1/T_2>10)代表游离烃或轻烃；区域 D(T_2<0.2ms，T_1<10ms)代表吸附水和矿物羟基/结构水等组分；区域 E(T_2>0.2ms，T_1/T_2<10)代表孔隙水。固体有机质区域(区域 A)无信号显示，原因是该信号与样品有机质含量相关，此次样品的 TOC 含量普遍较低；页岩样品中的原油组分在 T_1-T_2 谱上主要分布在区域 B 和 C，样品成熟度较高、TOC 含量较低导致对应吸附烃位置的区域 B 信号量很小。区域 C 信号强弱可以反映页岩中含油率的高低，23 号样品的区域 C 信号强度高，表明其含油率大。

2）密闭取心页岩热解气相色谱特征

图 3-16 展示了 4 号和 23 号两块含油率差距较大样品的页岩色谱图，对于气态烃组分和轻烃组分，含油率较高的 23 号样品 FID 响应明显高于 4 号样品的响应。4 号样品 C_1～C_5 组分含量为 1.19mg/g，C_6～C_{14} 组分含量为 3.66mg/g，C_{14+} 组分含量为 1.95mg/g，

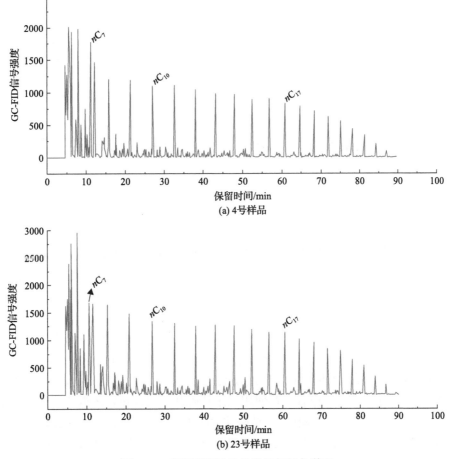

图 3-16　密闭页岩样品的热解气相色谱图

结合抽提后计算的 ΔS_2 可得含油率为 11.25mg/g。23 号样品 $C_1\sim C_5$ 组分含量为 1.55mg/g，$C_6\sim C_{14}$ 组分含量为 5.43mg/g，C_{14+} 组分含量为 3.1mg/g，含油率为 18.01mg/g。

3）含油率评价结果

图 3-17 对上述实验结果进行分析对比。蒸馏萃取法与二维核磁共振法获取的含油率结果主体分布区间较为一致，含油率的平均值较接近，分别为 14.97mg/g 和 15.00mg/g。上述两种方法的结果大于采用热解气相色谱法的含油率平均值（11.32mg/g），且远大于岩石热解法含油率平均值（8.90mg/g）。

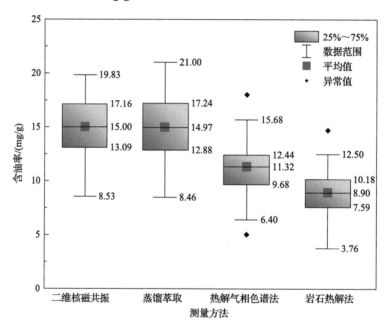

图 3-17　密闭取心页岩原始含油率不同测量方法结果的对比

3.3.4　方法对比及优选

图 3-18 给出了密闭样品采用不同测试方法得到的含油率结果。二维核磁共振法与 Dean-Stark 法测试含油率显示出较高的一致性，位于对角线两侧附近［图 3-18（a）］，其中二维核磁共振法的 24 块密闭样品的含油率介于 8.53～19.83mg/g，平均值为 15mg/g，Dean-Stark 法则介于 8.46～21.00mg/g，平均值为 14.97mg/g。Dean-Stark 法是国家标准［《岩心分析方法》（GB/T 29172—2012）］中测量流体饱和度的一种方法，可信度高。二维核磁共振法是近年来发展起来的流体组分评价技术，具备测量时间短（5～10min，而 Dean-Stark 法约一个月）、样品无损、非均质性较低（20g 样品）、大批量、可反映流体赋存及可动性特征等的优点。故此处作者推荐使用二维核磁共振法评价密闭取心页岩的含油率。

热解气相色谱法测试含油率比二维核磁共振法测试含油率低，约为其 3/4［图 3-18（b）］。热解气相色谱法评价的含油率介于 5.04～18.01mg/g，平均值为 11.32mg/g，而二维核磁共振法测得样品含油率平均值为 15mg/g。热解气相色谱法含油率评价结果偏低的主要原因是样品粉碎，热解气相色谱测试要求将块状岩石粉碎至 60～80 目，约 30mg，该过程

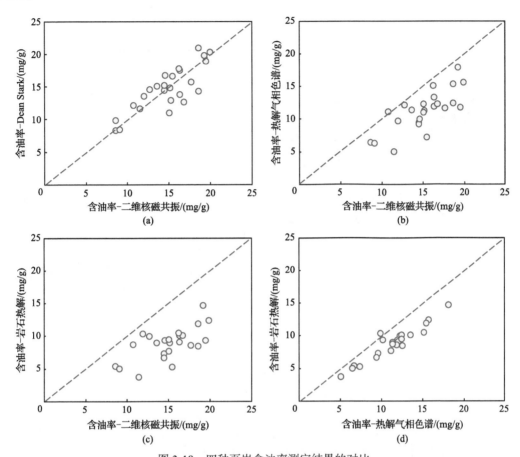

图 3-18　四种页岩含油率测定结果的对比

(a)二维核磁共振与 Dean-Stark 法；(b)二维核磁共振与热解气相色谱；(c)二维核磁共振与岩石热解；
(d)热解气相色谱与岩石热解

中大量孔隙暴露，孔隙中的小分子烃类迅速散失。样品粉碎过程导致密闭取心页岩中约 1/4 的页岩油散失。

岩石热解法评价的页岩含油率明显低于二维核磁共振法，仅约为后者的 59%[图 3-18(c)]，原因主要有两个：①与热解气相色谱法测试样品处理方式相同，粉碎处理导致小分子烃类迅速散失，测得游离烃 S_1 偏低；②受 Rock-Eval 6 仪器本身的限制，岩石热解仪器将坩埚置于空气中(图 3-19)，且坩埚处于非密封状态，等待仪器稳定后(约 5min)坩埚才被送入热解炉进行检测。5min 的等待时间加剧了小分子烃的散失，游离烃 S_1 测试结果严重偏低。为进一步确定岩石热解仪器等待时间对含油率的影响，对同一样品开展了三次不同条件的岩石热解分析(图 3-19)。可以看出，洗油后的 FID 曲线中没有明显的游离烃，说明洗油比较彻底；静置 7d 后的 FID 曲线中显示出正常的单峰型 S_1 峰，其与常规取心页岩的 S_1 峰较为一致；而密闭取心页岩粉碎后立即分析的 FID 曲线显示出"半峰型"特征，在岩石热解分析初始时刻已有大量的 FID 信号显示，表明此时已存有大量挥发的烃类组分，此类烃由密闭取心页岩脱附后(5min 等待)滞留于坩埚中，以至于峰谱未显示完全。因此，对于密闭或新鲜样品，岩石热解前的静置 5min 操作会导致高熟页岩含油率结果偏低。

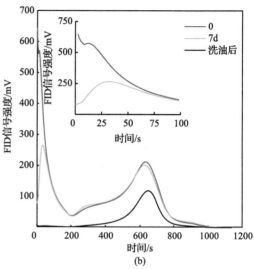

图 3-19 Rock-Eval 6 仪器内部结构实物图(a)及密闭取心页岩初始时刻、放置 7d 后及洗油后的岩石热解谱图对比(b)

岩石热解法含油率评价结果约为热解气相色谱法评价结果的 79%[图 3-18(d)]。热解气相色谱实验中样品在样品槽中加热挥发后直接进入冷/热阱,经载气吹扫后检测组分含量,并无岩石热解分析中的等待过程,故热解气相色谱测试结果普遍高于岩石热解。两者的对比也说明了等待时间对小分子烃损失的影响,因此评价页岩含油率时,特别是高熟页岩,需要及时进行测试分析,以减少样品运输及处理过程中的烃类散失。

相较于岩石热解法和热解气相色谱法,二维核磁共振法和 Dean-Stark 法不仅能够获取页岩的含油率,还可测定页岩含水量。二维核磁共振法和 Dean-Stark 法测得的含水量分布在对角线的两侧,但其含水量测试精度低于含油率(图 3-20)。若以 Dean-Stark 法分析的含水量为基准,在不考虑样品非均质性影响的情况下,分析认为二维核磁共振法在

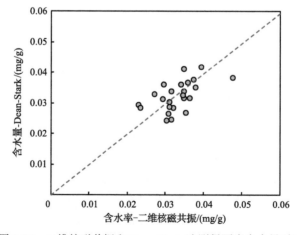

图 3-20 二维核磁共振和 Dean-Stark 法测得页岩含水量对比

密闭取心页岩含水量分析时产生误差可能有三个原因：①测试前，密闭取心的页岩样品一直处于液氮冷冻的状态，核磁共振测试时，页岩孔隙水可能尚未完全解冻，而低温对水的核磁共振信号影响（如屏蔽）较大，对原油核磁共振信号却几乎没有影响（Xiong et al.，2020）；②部分页岩样品的核磁共振 T_1-T_2 谱图中水的分布区与羟基水分布区的界限不明显，统一采用 0.2ms 作为孔隙水的 T_2 下限可能导致含水量分析结果存在偏差；③相较于赋存在大孔中的油，赋存在小孔中的水的弛豫速率较快，核磁共振测试目前仍具有挑战性与不确定性（Li et al.，2022b）。

综上，不同测试方法的结果存在一定差异，对含油率测定影响最大的是样品的规格，即块样或者粉碎样，二维核磁共振和 Dean-Stark 法均采用 20g 左右的块样，两者的结果比较一致，明显高于粉碎样品（60～80 目，30mg）的岩石热解和热解气相色谱实验结果。此外，岩石热解仪器的本身限制（5min 的等待时间）也会导致测试结果偏低。从测试结果的可信度、代表性、时间要求等综合考虑，对于密闭取心页岩，二维核磁共振法是最优的页岩含油率测定方法（Li et al.，2022b）。

3.4　S_1 的轻、重烃校正及恢复

页岩中滞留烃（含油率）应包含三部分：①实测 S_1；②热解分析前已经损失的小分子烃类；③进入 S_2 中的先前生成的液态烃 ΔS_2（图 3-21）。所以，明确页岩原始含油率需要对常规取心的 S_1 进行轻烃和重烃校正。

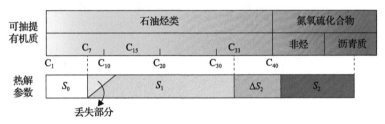

图 3-21　岩石热解参数与可抽提有机质之间的关系（Bordenave，1993）
S_0 为 90℃之前的挥发物含量

S_1 的重烃校正系数为

$$K_{hh} = \frac{\left(S_1 - S_1'\right) + \left(S_2 - S_2'\right)}{S_1} \tag{3-8}$$

页岩油的轻烃校正系数为

$$K_{lh} = \frac{S_{1轻损}}{S_{1轻损} + S_{1实测} \cdot K_{hh}} \tag{3-9}$$

式（3-8）和式（3-9）中，S_1、S_2 为未抽提泥页岩样品热解参数；S_1'、S_2' 为抽提后泥页岩样品的热解参数；$S_{1轻损}$ 为轻烃损失量。

3.4.1 重烃校正

通过抽提(洗油)与未抽提样品的热解实验对比可以有效地进行重烃校正,如抽提前后页岩热解参数的差异对比法、前述的一种利用单次常规热解实验的方法(3.2 节)、抽提前后页岩有机质生烃动力学参数法等。王安乔和郑保明(1987)通过对生油岩氯仿沥青"A"的热解分析发现,氯仿沥青"A"中的烃类相当一部分进入 S_2 中,说明实测 S_1 值偏小,校正系数为 1.82[图 3-22(a)];Jarvie(2012)研究表明 ΔS_2 可达热解烃 S_1 量的 2~3倍[图 3-22(b)];Han 等(2015)通过巴尼特(Barnett)页岩抽提前后热解实验,发现抽提后页岩样品的 S_2' 明显低于抽提前页岩样品的 $S_2(S_2'=0.8551×S_2-1.7179)$。谌卓恒等(2019)对抽提前后的页岩进行热解生烃动力学分析,获取了重质烃热释与干酪根热裂解动力学参数,实现了 ΔS_2 定量评价。

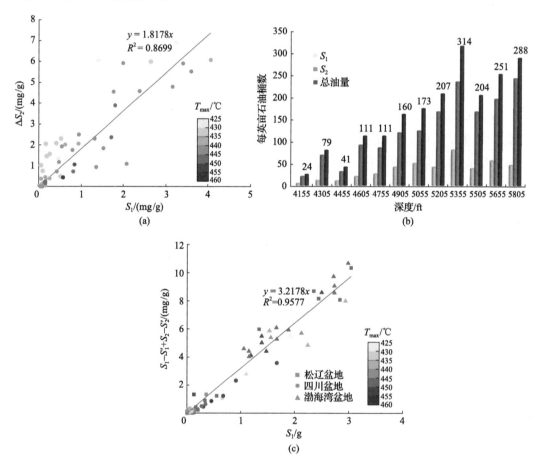

图 3-22　基于抽提前后页岩热解实验对比的重烃校正系数评价结果
(a)中国东部湖相页岩 ΔS_2 与 S_1 关系;(b)S_1、S_2 中吸附油以及总含油量对比;(c)中国东部湖相页岩残留烃$(S_1-S_1'+S_2-S_2')$与 S_1 关系;1ft=3.048×10⁻¹m;1 英亩(acre)=0.404686hm²;1 石油桶(bbl)=0.158987m³

本节选取了松辽盆地、渤海湾盆地、四川盆地百余块湖相沉积泥页岩开展洗油前后热解实验,有机质类型主要为Ⅱ₁和Ⅱ₂,含有Ⅰ型及少量Ⅲ型。考虑作为页岩油源岩的有效性，选取 T_{max} 大于 425℃、TOC 大于 0.4%的样品（共 72 块），结果表明滞留烃（S_1–$S_1'+S_2–S_2'$）与 S_1 呈现出很好的线性相关[图 3-22(c)]，发现 ΔS_2 是 S_1 的 2.22 倍，同时与 T_{max} 并未呈现出相关性。尽管该比例不受成熟度的控制，但并不意味着滞留烃量不受成熟度影响。通过对前人报道的我国东部湖相沉积盆地多种类型有机质泥页岩热解数据的分析[图 3-22(a)]，可以看出 ΔS_2 约为 S_1 的 1.8 倍，略低于本次结果。Jarvie(2012)认为滞留油($S_1–S_1'+S_2–S_2'$)是 S_1 的 2～3 倍，实际上从 Jarvie 图中可以分析得出 ΔS_2 应该是 S_1 的 3 倍左右。从目前的实验结果来看，不同类型有机质在成熟阶段 S_1 的重烃校正系数在 2～3 比较可靠。

重烃的吸附与有机质含量有关，如在富有机质页岩中约 10%的干酪根吸附烃，而蒙特雷(Monterey)页岩中可溶有机质的 50%被干酪根吸附(Jarvie, 2014)。从吸附溶解的角度考虑，干酪根吸附烃量应当由油的组成、干酪根吸附和溶解能力决定，然而当干酪根处于大量生气阶段时，天然气和原油在干酪根中的竞争吸附可能会使得重烃吸附量急剧下降。

3.4.2　轻烃校正

受样品保存条件、粉碎、Rock-Eval 6 实验仪器进样等待时间（约 5min）的影响，实验室测得的 S_1 往往是小分子烃类损失后的结果，要远低于地层真实情况。页岩轻烃损失包括两部分：①从地下取到地表过程中温压改变导致小分子烃类释放；②在岩心库、实验室存放，实验前处理（如粉碎），进样等待等过程中小分子烃类的挥发。Jarvie(2014)发现页岩油轻烃(可到 C_{10})的损失在很大程度上取决于有机质丰度、岩相、油的性质、样品粉碎与否、储存及保存方法，损失量达 35%（校正系数为 1.33），高的情况校正系数甚至可达 5.0。页岩油轻质烃损失评价方法如下所述。

1. 前人方法概述

1) 气相色谱分析法

通过页岩热蒸发 GC 谱和同源原油的 GC 谱中烃类含量的差异，进行轻烃损失校正，校正后原始烃量=S_1×(产出油 GC/岩石抽提物 GC)(Jarvie, 2012)。对比 Bakken 产出页岩油和页岩中抽提油 GC 谱发现，小分子烃类(C_{15-}烃类)大部分损失(Jarvie, 2014)。宋国奇等(2013)通过分析济阳拗陷岩性油气藏中原油 GC 谱，假定饱和烃中 C_{14-}全部损失，进而对原油同层系近深度处的页岩氯仿沥青"A"轻质烃损失进行校正，校正系数随成熟度的增加而增加，页岩有机质成熟度 R_o 分别为 0.5%、0.7%、0.9%、1.1%和 1.3%时其对应的校正系数分别为 1.09、1.16、1.30、1.41 和 1.52。事实上，页岩抽提蒸发过程中抽提物中的 C_{15-}基本上都会损失(Han et al., 2015)，并非只有饱和烃损失，芳香烃也会损失殆尽，故宋国奇等得到的轻烃校正系数偏小。

Michael 等(2013)研究认为 C_{15-}基本都会损失，发现轻烃损失量主要与原油的重度(API 度)有关，损失量随 API 度的增加而增加，提出了用原油 API 度与 C_{15-}含量的关系来估算轻烃损失(API=0.412×C_{15-}+20.799)，当 API 度为 50 时，其 C_{15-}损失最大可达 70%。

Şen 和 Kozlu(2020)利用此方法对土耳其东南部阿拉伯板块的 Gulf Kevan 1、TPDoğan 1、TP Soğuktepe 1–TP K. Migo 2 and TPG. Hazro 2–TP-Arco Abdülaziz 1 井的 C_{15} 损失计算结果分别为 10.1%、22.33%、58.70%和 70.8%。

2)热解实验对比法(密闭冷冻取心法)

李玉桓等(1993)对含中质油岩样在室温条件下不同放置时间的热解结果分析表明，轻烃损失量随存放条件的变化而变化，放置时间越长其损失量越大。张林晔(2012)通过对比冷冻密封保存与室温条件下放置不同时间样品的热解 S_1 发现，约有一半的 S_1 在岩心静置及分析过程中损失。朱日房等(2015)取渤海湾盆地东营凹陷湖相页岩样品，利用现场取出后立即新鲜冷冻保存的样品与常温保存 30d 之后的样品进行了对比分析，通过热解分析的数据(S_1+S_2)得出了不同演化阶段页岩油的轻烃损失恢复系数或校正系数 K_{S1} (图 3-23)，可以看出，当 $R_o<0.7\%$ 时，轻烃损失量较小，校正系数在 0.1 附近，当 $R_o>0.7\%$ 时，轻烃校正系数开始出现明显上升。

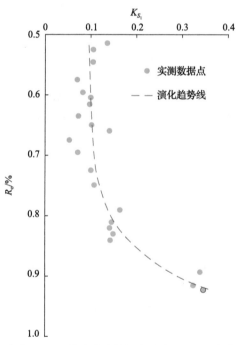

图 3-23　轻烃校正系数随热演化程度变化图(朱日房等，2015)

K_{S_1}-轻烃损失恢复系数或校正系数

3)原油体积系数法 FVF

谌卓恒等(2019)认为在油和凝析油窗，岩心取到地表过程中轻质烃从油中的释放是发生损失的主要机理，根据不同温压条件下的相态平衡原理提出了采用溶解气的气油比或者地层体积因子(formation volume factor, FVF)来近似页岩油储层中的轻烃损失。

$$S_{1LS} = S_1 \, FVF \, \frac{\rho_{oilR}}{\rho_{oilS}} \tag{3-10}$$

式中，S_1 为热解参数，代表样品中残余游离烃量，mg HC/g 岩石；ρ_{oilS} 和 ρ_{oilR} 为地表和储层条件下的原油密度，kg/m³；FVF 为地层体积因子(无量纲)。

然而，在对样品采集过程中的轻烃损失量(S_{1LS})进行校正时，利用热解参数 S_1 计算时并未考虑样品分析准备期间的烃损失量(S_{1LP})，使得 S_{1LS} 的校正值偏小。Chen 等 (2020) 进一步建立了考虑 S_{1LP} 的页岩油资源评价方法，并与地球化学参数进行了对比。

4) 物质平衡法

Chen J 等 (2018) 通过物质平衡法(损失烃量=原始生烃量-排烃量-实测残留生烃潜量)，并假定超过排烃门限深度后所生的烃全部排出，评价了吉木萨尔凹陷芦草沟组页岩油轻烃损失，结果显示 $S_{1LS}/(S_1+S_{1LS})$ 在 11%～89%，并发现相似成熟度情况下，不同样品间的 S_{1LS}/TOC 变化不大，说明了 TOC 对 S_{1LS} 的控制作用。并认为实验室定量评价轻烃损失既不能同时考虑所有轻烃损失的影响因素，也不能模仿取样过程中地表和地下储层条件的差异，因此认为物质平衡法评价损失烃量是一种比较有效的办法。然而该方法在计算排烃效率、生烃转化率时受数据选取、人为划定包络线等因素的影响。

5) 经验法

Cooles 等 (1986) 认为轻烃大部分损失掉了，轻烃占总油量 35%(C_{14-}/C_{5+})；Hunt 等 (1980) 认为原油中约有 30%的轻烃。Noble (1997) 通过不同 API 度原油挥发实验建立了 C_{12} 组分含量与 API 度的关系，对抽提的可溶有机质含量进行恢复，进而结合有机质吸附油含量与 TOC 含量的关系，计算了 Eagle Ford 页岩的含油饱和度，发现在生油窗范围内，页岩含油饱和度在 15%～70%，并且认为取样过程原位压力、温度和组分发生变化，含油饱和度会缩减，含油饱和度的校正系数在 1.1～1.5。未熟样品的含油饱和度小于 10%，而在生油窗阶段该值较高，可达 80%，在高熟阶段含油饱和度又逐渐降低。

2. 组分生烃动力学法

不难理解，轻烃的损失量与轻烃含量有关，含量越高，损失量越大。而轻烃含量与有机质类型和成熟度有关，Ⅱ型有机质比Ⅰ型有机质易于生气，生成的轻烃含量越高，损失量越大；成熟度越大，有机质裂解程度就越强，轻质烃含量越高，相应的损失量也越大。因此，轻烃的补偿校正系数(K_{lh})受成熟度和有机质类型双重控制。针对组分生烃动力学能反映有机质生烃(气态烃、液态烃)过程这一特点，我们采用组分生烃动力学模拟方法建立有机质类型和成熟度双重影响的轻烃补偿校正系数图版，优点是可以模拟多种不同地质情况时的轻烃补偿校正系数。

建立的组分生烃动力学方案如图 3-24 示，有机质初次裂解各产物的含量(a, b, c, d)及二次裂解过程中的各产物含量(e, f, g, h)受母质类型和成熟度的控制。我们采用 Woodford 页岩初次裂解动力学参数及 PetroMod 软件中提供的 C_{10}、C_{15+}、C_1～C_5 二次裂解动力学参数[图 3-25(b)]，模拟计算Ⅰ、Ⅱ型有机质热降解过程中的轻烃补偿校正系数，具体结果见图 3-25(c)、(d)。有机质类型与产物含量(a, b, c, d)有关，实际上热解产物是干酪根官能团的反映。因此，可以通过产物含量反映有机质类型[图 3-25(a)]，可以大致认为Ⅰ、Ⅱ、Ⅲ型有机质初次裂解时气态烃含量分别为 15%、50%、70%。目前对于有

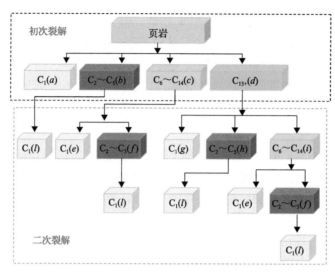

图 3-24　泥页岩有机质裂解生烃各组分示意图

配比		1	2	3	4	5	6	7	8	9
		\multicolumn{6}{c}{I 型}						\multicolumn{3}{c}{II 型}		
初次裂解	$C_1(a)$	0.05	0.05	0.05	0.05	0.05	0.05	0.2	0.2	0.2
	$C_2\sim C_5(b)$	0.1	0.1	0.1	0.1	0.1	0.1	0.3	0.3	0.3
	$C_6\sim C_{14}(c)$	0.1	0.2	0.3	0.3	0.3	0.3	0.1	0.2	0.3
	$C_{15+}(d)$	0.75	0.65	0.55	0.55	0.55	0.55	0.4	0.3	0.2
$C_6\sim C_{14}$-裂解	$C_1(e)$	0.7	0.7	0.7	0.3	0.3	0.7	0.7	0.7	0.7
	$C_2\sim C_5(f)$	0.3	0.3	0.3	0.7	0.7	0.3	0.3	0.3	0.3
C_{15+}-裂解	$C_1(g)$	0.6	0.6	0.6	0.6	0.1	0.1	0.6	0.6	0.6
	$C_2\sim C_5(h)$	0.3	0.3	0.3	0.3	0.2	0.2	0.3	0.3	0.3
	$C_6\sim C_{14}(l)$	0.1	0.1	0.1	0.1	0.7	0.7	0.1	0.1	0.1

(a) 动力学方案(图中数据表示生成各组分的含量占比)

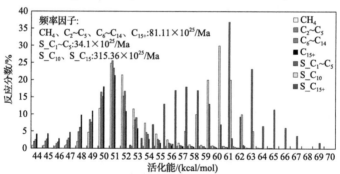

(b) 初次裂解及二次裂解动力学参数(S表示二次裂解)

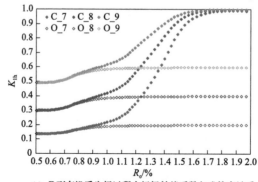

(c) II 型有机质生烃过程中轻烃补偿系数与成熟度关系

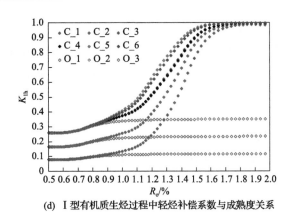

(d) Ⅰ型有机质生烃过程中轻烃补偿系数与成熟度关系

图 3-25　轻烃补偿系数恢复方案及结果

1cal=4.1868J；R_o 依据 EasyR_o 模型模拟得到，模拟温度范围为 50～300℃，升温速率 3℃/Ma；(c)和(d)中 C 代表密闭体系，O 代表开放体系；1～9 表示 9 种方案的编号

机质初次裂解中轻烃的含量和二次裂解过程中各组分的含量研究极少，本节假定多个组分含量，模拟出对应的轻烃补偿校正系数曲线。模拟结果显示，K_{lh} 受成熟度控制，R_o 为 0.9%之前，开放体系和密闭体系情况下轻烃补偿校正系数基本一样，R_o 高于 0.9%之后，开放体系情况下 K_{lh} 不再增加，是泥页岩排烃，体系中轻烃含量不再增加所致。而密闭体系情况下 K_{lh} 随成熟度增加快速增大，在 R_o 为 1.7%时 K_{lh} 达到最大，原因是液态烃的大量裂解(二次裂解)导致轻烃含量快速增加。此外，K_{lh} 受初次裂解及二次裂解过程中轻烃含量(c 和 i，其中 c 表示初次裂解，i 表示二次裂解)的控制，其中初次裂解过程中 c 值的高低决定了 K_{lh} 在 R_o 为 0.9%之前的高低，i 则决定了 K_{lh} 在二次裂解过程中的高低(R_o 为 0.9%以后)。

考虑泥页岩中矿物、干酪根对原油极性大分子的吸附作用，滞留烃比排出烃中更加富集极性大分子，滞留烃中的轻烃含量低于排出烃中的轻烃含量。同时，轻烃不一定完全损失，因此，上述模型给出的应为滞留烃中轻烃补偿校正系数的最大值。

3.4.3　应用实例

1)利用组分生烃动力学法恢复轻烃案例

以渤南洼陷沙三段下亚段泥页岩为例，简述组分生烃动力学法进行 S_1 轻烃恢复的应用过程。靶区泥页岩 TOC 含量高，分布范围为 1.0%～9.3%，平均值 3.1%；HI 平均值为 496mgHC/gTOC；氯仿沥青"A"为 0.22%～3.03%，平均值为 1.07%；残留烃 S_1(未恢复)为 0.03～13.12mg/g 岩石，平均值为 2.14mg/g 岩石。有机质类型主要为 Ⅰ-Ⅱ$_1$ 型，R_o 分布范围为 0.52%～0.92%，处于成熟生油阶段(宋国奇等，2013)。

考虑其有机质类型、成熟度范围和有机质初次裂解过程中各组分所占比例(依据热解气相色谱实验确定)，估计轻烃补偿校正系数 K_{lh} 在 15%～25%[图 3-25(d)中 C_2 线]，重烃校正系数 K_{hh} 为 3.2。

由此计算得到残留烃(S_1)的轻烃损失量为$(0.56～1.07)×S_{1实测}$，原始 S_1 量为$(3.72～4.27)×S_{1实测}$。前人对密闭取心进行分析认为沙三段下亚段泥页岩 S_1 轻烃损失量约为 $S_{1实测}$

值的一半(张林晔, 2012), 低于本节研究结果(56%~107%)。本节研究偏高的原因在于轻烃损失校正模型中假定轻烃全部损失和排烃与滞留烃中具有相同的轻烃含量。采用生烃动力学的方法是假定原油不存在差异排出, 即排出的原油和滞留在页岩中的原油具有相同的组成成分, 如饱和烃、芳香烃、非烃+沥青质含量。然而实际在烃源岩内部原油的微观运移是存在分异的, 如 Han 等(2015)对 Marathon 1 Mesquite well 井 Barnett 页岩进行分析时发现, 第二段硅质页岩中抽提油的脂肪族含量(62%)要高于第三段黏土岩(44%), 并认为第二段页岩油包括了运移过来的油, 而第三段页岩油主要是原地滞留的结果。尽管如此, 本节研究方法和图版对于页岩油资源评价仍有重要参考价值。

2)利用密闭取心法恢复轻烃案例

选取松辽盆地 G 凹陷不同成熟度的页岩样品, 设计开展较长时间(大于 45d)放置后的热解实验, 以获取页岩残留含油率(即常规取心含油率)(S_{1AR})。通过二维核磁共振法获得的页岩原始含油率(评价方法见 3.3 节)与长时间放置后热解 S_{1AR} 的比值, 确定样品(R_o 为 1.3%)的页岩油含量恢复系数, 恢复系数约为 4.91[图 3-26(a)]。二维核磁共振法结果包括了吸附油和游离油, 如果考虑游离油为潜在可动油, 仅需对游离油进行轻烃校正。对此, 采用二维核磁共振法实验结果减去洗油前后 S_2 差值(ΔS_2), 可建立 R_o 为 1.3%样品 S_1 的轻烃恢复系数, 约为 3.24[图 3-26(b)]。

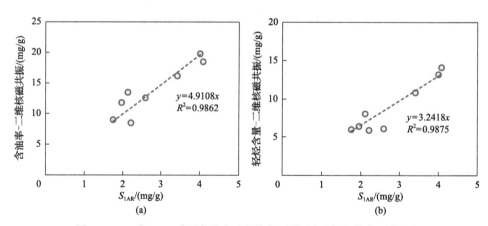

图 3-26　R_o 为 1.3%时页岩总含油量恢复系数(a)及轻烃恢复系数(b)

恢复系数即为图中斜率

本节通过对研究区目的层不同成熟度的密闭样品(6 口井共计 30 个页岩样品)开展上述实验分析, 建立不同成熟度页岩样品的恢复系数图版(图 3-27), 图版中每个成熟度采用的是多个样品的实验结果平均值, 保证了实验的可靠性。随着成熟度的增加, 对于常规取心页岩检测的 S_1, 若要恢复其原始的含油量, 总含油率恢复系数最高接近 8, 轻烃的恢复系数最高可达 6。由前面分析可知, 页岩油组分, 特别是气态烃和轻质烃组分的占比是恢复系数重要的影响因素, 而气态烃和轻质烃组分的占比取决于有机质的类型和热演化程度。值得讨论的是本节评价结果发现恢复系数并非随着成熟度增加而一直增加, 在成熟度约 1.5%时, 恢复系数不增反降, 推测原因可能为: ①当页岩成熟度继续增大时,生成的原油组分气态烃占比高，排烃效率增大，但排出的烃类以气态烃为主，致使滞留烃组分偏重，导致恢复系数下降；②对应井的密闭效果不好（推测）。上述推测原因还需后期补充数据进一步论证。本节所用页岩为半深湖—深湖沉积，有机质类型以Ⅰ型为主，考虑密闭取心资料较少，本节建立的图版可供类似沉积环境和有机质类型发育区在进行页岩含油率评价时参考。

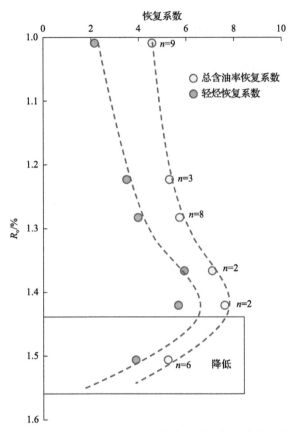

图 3-27　不同成熟度页岩总含油量恢复系数及轻烃恢复系数图版

第4章　页岩油赋存特征评价

页岩油的赋存机理/特征是页岩油与泥页岩/基质相互耦合作用(力)的体现,并受温度和压力等外界条件的控制,其赋存机理的研究内容包括页岩油主要赋存在什么类型的孔隙中、多大孔径、以何种状态赋存、赋存的孔径下限、不同赋存状态页岩油的比例/含量是多少,以及受哪些因素控制等问题。本章综合室内实验和分子模拟技术,从宏观和微观角度分析页岩油的赋存机制,并进一步探索陆相页岩纳米孔流体赋存相态特征。

4.1　页岩油赋存状态与赋存空间

4.1.1　评价原理及实验流程

对于常规储层孔隙内原油的观测,常规方法主要采用普通薄片下的荧光特征来反映残留油的分布。因分辨率限制,该方法已无法满足对泥页岩微纳米孔隙内页岩油的赋存状态的观察。目前,对致密泥页岩储层孔隙内页岩油的赋存状态的直接观测存在以下难点:①泥页岩储层微纳米孔隙发育,其微观孔隙结构的致密性和复杂性导致孔隙内页岩油的分布更加隐蔽和分散;②泥页岩样品经岩心室和实验室长期放置后,孔隙内流体(特别是大孔隙内流体)损失严重,需从微小孔隙内寻找残留油的分布。

场发射扫描电镜具有超高的分辨率,能进行各种固态样品表面形貌的二次电子像反射电子像观察及图像处理。其与高性能 X 射线能谱仪联用时,可对样品表层微区点线面元素进行定性、半定量及定量分析。其在储层致密、纳米孔发育的非常规领域已成为主流的图像学研究技术。利用高分辨率场发射扫描电镜可以观察样品的页岩油赋存特征,其优势是可以获得纳米尺度孔隙内残留油分布。实验开始前,将样品(密闭取心/常规取心)制备成 1cm×1cm×0.2cm 的立方体并对其进行氩离子抛光及镀膜处理,为避免镀碳影响后续观察特选取镀金处理。对密闭取心样品进行观察时,要求快速完成该准备过程,样品准备过程结束后开始镜下观察,实验仪器为 ZEISS Crossbeam 550 场发射扫描电镜及EDAX 能谱联机。实验操作环境为 20℃,湿度为 40%,低电压、低电流条件下直接观测页岩油的赋存状态,详细实验过程参考石油与天然气行业标准《岩石样品扫描电子显微镜分析方法》(SY/T 5162—2021)。

此外,近些年在地学领域引入了一种环境扫描电镜实验技术,其无须对样品进行复杂的预处理,除了可以按常规方法观察材料的形貌和结构外,还可以在高放大倍数电镜下观察含水、油的样品及非导电样品。环境扫描电镜与常规/场发射扫描电镜原理相同,其不同之处是二者的样品室不同。环境扫描电镜利用独特的多级真空系统,在不同(预设)温度、压力条件下可动态地观测样品的孔隙、矿物及流体的特征。本节选取不同含油量的岩心(参考热解或氯仿沥青"A"数据),敲取新鲜面后迅速置于样品腔内,直接利用

Quanta 200 场发射环境扫描电镜及 EDAX 能谱仪联机，采用低真空模式直接观测新鲜面不同孔隙内或表面的页岩油赋存状态，实验操作环境为 20℃，湿度为 40%。

本次以常规取心页岩样品（残余态）及少量密闭取心页岩（原始态）样品作为研究对象，利用高分辨率场发射扫描电镜和环境扫描电镜技术，观察页岩油赋存空间，直观揭示并阐述两种状态下的页岩油赋存空间特征，明确流体在页岩储层孔隙空间内的赋存特征。

4.1.2　残余态页岩油赋存空间

1）环境扫描电镜结果

环境扫描电镜实验结果显示，泥页岩中残留的页岩油主要以油珠状和油膜状存在。对于选取的页岩油含量相对较高的样品，实验之前敲开新鲜面后，有明显的油迹残留（可闻到油气味），镜下显示样品的新鲜表面有近似圆球状和椭球状的油珠存在，油珠的尺寸相对较大，直径可达 10～20μm［图 4-1(a)］；在泥页岩较大的石英粒内孔隙内（约 5μm）亦见有残留油分布，单个孔隙内并非完全充填页岩油，原油以粘连状赋存在矿物颗粒间，孔隙的部分表面见有薄膜状油层而孔隙中心无游离态原油显示，可能是游离态油的挥发散失或者原始孔隙不是充满原油的；对于充满原油的孔隙，其壁面薄膜状原油（吸附态）和孔隙中心原油（游离态）无明显界限而混成一体赋存于孔隙中，在二次电子照片下由孔隙壁面至孔隙中心原油的颜色逐渐变暗［图 4-1(b)］。因岩心放置或制样、观测等过程中油气的损失，环境扫描电镜下油珠状原油较为少见，而较为常见的为薄膜状原油。薄膜状原油分布形状不规则，分布面积相对较大，常以浸染状铺于样品的新鲜面或赋存于黏土矿物（伊蒙混层）相关孔隙中［图 4-1(c)、(d)］；此外，对于有机孔中的残留油来说，因荷电效应，在有机孔周边多见有薄膜状原油，且当页岩含油量较高时，该类现象在氩

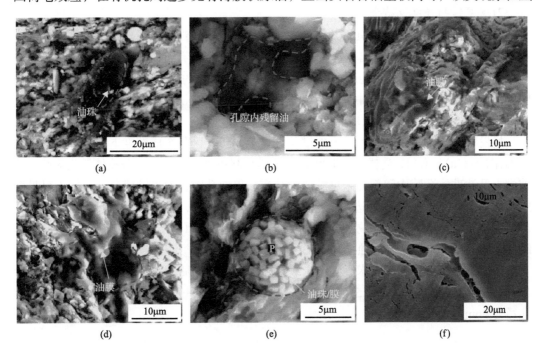

(a)	(b)	(c)
(d)	(e)	(f)

图 4-1　济阳拗陷沙河街组泥页岩新鲜壁面及孔隙内页岩油的赋存状态
I/S-伊蒙混层

离子抛光-场发射扫描电镜下经常出现[白色裙边，图 4-1(i)]。黄铁矿晶间孔、微裂缝中亦分布有残留油，其形态多以粘连状油膜存在，当残留油量较高时，可观察到孔裂隙中心的游离态原油[图 4-1(e)、(f)]。

　　值得注意的是，因泥页岩生排烃条件、孔隙连通性、矿物壁面润湿性等多种因素控制，泥页岩并非所有孔隙中均含有页岩油，即并非所有孔隙中都有吸附油或游离油。此现象常见于无机矿物孔隙中，如本节环境扫描电镜下显示的部分黏土矿物相关孔、钠长石溶孔等均没有油气显示[图 4-1(g)、(h)]。泥页岩中的干酪根是生油的主要母质来源，当干酪根达到一定热演化阶段后开始生烃，生成的烃类在满足自身有机孔隙的容留和干酪根骨架的溶胀后，进而排驱到泥页岩无机矿物孔隙中。一般来说，与有机质伴生的黏土矿物和黄铁矿等相关孔隙会成为页岩油的优先聚集场所，而一些相对孤立的孔隙，或者受供烃能力制约、距有机质赋存位置较远的孔隙等则没有原油充注。

　　2) 场发射扫描电镜结果

　　对济阳拗陷沙河街组泥页岩开展场发射扫描电镜实验观察，发现不少样品的孔缝中有页岩油析出(图 4-2)，析出位置有有机质孔、黏土矿物-有机质粒间孔、微裂缝、黄铁矿晶间孔边缘等。统计发现，最小析出油的孔隙孔径尺寸约为 50nm，即场发射扫描电镜实验(真空)条件下页岩样品中油的可动下限(孔径约为 50nm)高于前面得出的可动油下限(孔径为 30nm)，原因可能是更小尺寸孔隙的析油现象不明显，肉眼难以观察到。

　　场发射扫描电镜镜下观察结合能谱验证显示，研究区各个成熟度下页岩样品孔隙均含油[图 4-3(a)~(f)]，受样品长时间放置及样品制备过程导致的部分流体散失影响，孔隙内未见油珠，孔隙中间部分未见游离油分布，仅在孔隙壁面见油膜分布。镜下可见薄膜状原油附着于有机质孔隙边缘处[图 4-3(b)、(e)、(f)]，油膜亦附着于黄铁矿晶间孔[图 4-3(g)、(k)]、黏土矿物如伊利石边缘[图 4-3(h)、(j)]、碳酸盐矿物如白云石边缘[图 4-3(i)]及碳酸盐岩溶蚀孔[图 4-3(j)]内部。

　　由镜下观察可知，从微米级到纳米级孔隙尺度下均见油膜[图 4-3(a)、(b)、(k)]，如 D-2 样品残留油在 130.3~570.2nm 孔径中均有分布，且镜下可观察到最小残留油赋存孔径为 9nm。

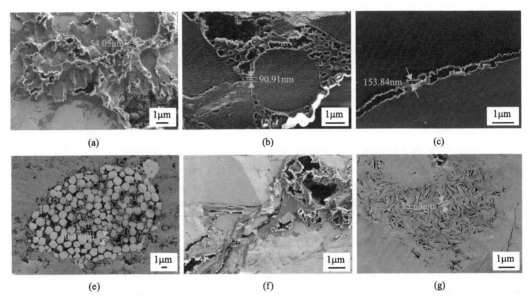

图 4-2　济阳拗陷沙河街组页岩中析出油特征(孔隙边缘亮色裙边为析出油)

(a)无机孔隙边缘析出油(FY1 井，3249.13m)；(b)蜂窝状有机质孔隙边缘析出油(NY1 井，3302.00m)；(c)有机质内部裂缝边缘析出油(LY1 井，3618.20m)；(e)黄铁矿晶间孔内析出油(XYS9 井，3382.00m)；(f)有机质孔边缘析出油(NY1 井，3424.41m)；(g)黏土矿物间孔边缘析出油(XYS9 井，3382.00m)

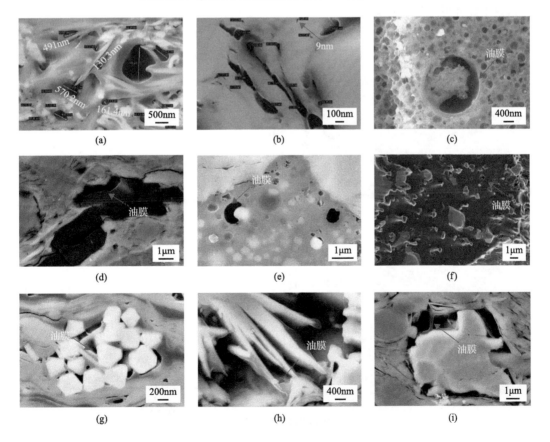

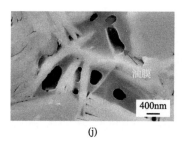  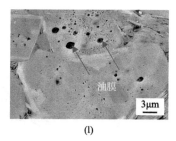

(j)　　　　　　　　　　(k)　　　　　　　　　　(l)

图 4-3　残余态页岩油赋存空间特征(松辽盆地北部青山口组)

(a)D-2 样品，R_o=0.79%; (b)D-4 样品，R_o=0.83%; (c)K-10 样品，R_o=0.91%; (d)E1-3 样品，R_o=1.05%; (e)F-4 样品，R_o=1.26%; (f)A2-4 样品，R_o=1.32%; (g)C-4-2 样品，R_o=1.01%; (h)、(i)J-8 样品，R_o=1.12%; (j)E1-1 样品，R_o=1.13%; (k)E1-5 样品，R_o=1.15%; (l)A1-8 样品，R_o=1.57%

4.1.3　原始态页岩油赋存空间

观察密闭取心样品时需尽量避免流体大量散失，要求其制样及观察过程快速进行。以松辽盆地北部青山口组三块不同成熟度下的页岩样品为例，对原始态页岩油赋存空间情况进行研究(图 4-4)。结果显示，原始状态页岩样品孔隙中均存在大量油珠，其以近圆球及椭球状形式存在，且大部分以游离态赋存在孔隙中心[图 4-4(a)]。并且当 R_o=1.56% 时，观测样品的油珠含量相较于较低熟时有所降低[图 4-4(c)]，这与该成熟度下样品早已结束生烃并发生裂解有关。

以济阳拗陷沙河街组页岩为例，页岩油的赋存形式有游离态、吸附态和溶解态，其中溶解态和吸附态在分步热解实验中无法区分，因此在定量分析过程中并没有分而论之。

 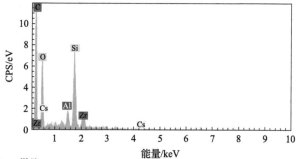

(a) C-4-2样品，R_o=1.01%

 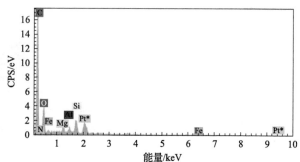

(b) I-6样品，R_o=1.29%

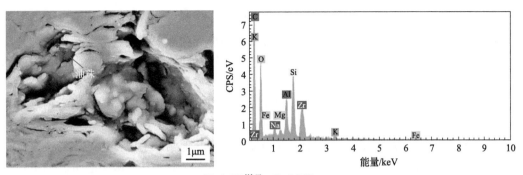

(c) A-403样品, R_o=1.56%

图 4-4 原始状态下页岩油赋存空间及能谱(松辽盆地北部青山口组页岩)

CPS/eV 表示每秒计数/电子伏特

结合 35 块样品 FESEM 照片(399 张)中孔隙、裂缝和页岩油发育特征,初步揭示了页岩油的微观赋存模式(图 4-5)。在统计过程中发现,济阳坳陷处于生油阶段的页岩中所有类

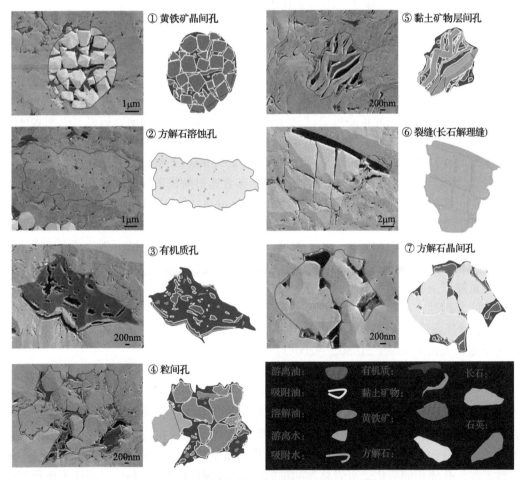

图 4-5 济阳坳陷沙河街组页岩油微观赋存模式

型孔隙中均可以发现页岩油的迹象，但并不是所有孔隙都发育页岩油，如溶蚀孔隙、方解石晶间孔、黏土矿物层间孔、粒间孔，可以看到部分孔隙中充油、部分孔隙无油迹。统计过程中还发现当莓球状黄铁矿集合体与外界有较好的连通通道时就会发生页岩油的富集。

图 4-5 描述的是原始地层状态下不同孔隙中页岩油的赋存模式。由于岩心钻取时，会伴随着压力的释放，且后续在岩心库的静放及实验分析过程可导致大量可动油/轻质烃的损失/释放（发育有机孔），故采用场发射扫描电镜和其他测试手段获得的均为残留页岩油的信息。游离态页岩油主要存在于尺度大于 5nm 的各类孔隙中，吸附态页岩油主要吸附在有机质孔表面，溶解态页岩油赋存在有机质/沥青中。吸附水主要存在于黏土矿物表面和部分无机孔表面，游离水主要在尺度较大的黏土层间孔、裂缝和部分无机孔当中。在漫长的地质时期，当孔隙中充满油时，表面润湿性也可反转，由亲水变为亲油，如部分本应该是亲水表面的黏土矿物层间孔和方解石晶间孔表现出油湿特点。

4.2　页岩油赋存孔径及演化

4.2.1　评价原理及实验流程

通过对岩心进行洗油、烘干处理将页岩中的残余流体去除，使页岩孔隙得以暴露进而通过氮气吸附反映样品孔径分布特征。同样地，在未洗油、烘干情况下，除被残余流体填充的剩余孔隙孔径分布亦可通过氮气吸附进行表征。则洗油前、后氮气吸附表征的孔径分布差异即可代表残留油的孔径分布（图 4-6）。压汞法原理与此类似。

实验流程：将页岩样品粉碎至粒径为 178~250μm（60~80 目），放置在烘箱中进行烘干脱水处理，烘箱温度为 60℃、时长 6h（该参数通过随机选取两块样品进行烘干脱水实验确定，实验结果显示在温度为 60℃、时长为 6h 时样品质量稳定）。取 3g 左右干燥后样品置于样品管中，在 Micromeritrics VacPrep 061 型脱气站中脱气 10h 以去除杂质气体，之后将样品管置于 Micromeritics ASAP 2460 吸附仪中开始测试。测试结束后样品经二氯甲烷和丙酮溶剂（体积比 3:1）进行洗油（5d）处理，结束后置于烘箱在 60℃下烘干 6h，并重复以上脱气、测试步骤。为避免实验参数与实验条件不同导致的结果差异，保证实验的合理性，本节要求洗油前后实验参数与条件保持一致。详细实验分析流程参考国家标准《压汞法和气体吸附法测定固体材料孔径分布和孔隙度 第 2 部分：气体吸附法分析介孔和大孔》（GB/T 21650.2—2008）。

4.2.2　赋存孔隙与含油性关系

以济阳拗陷沙河街组页岩为例，洗油前后泥页岩孔隙结构参数的变化主要受页岩油含量的控制（此处页岩油含量由热解实验获得），如图 4-7 所示。总的来说，页岩油总含油量越高，洗油前后泥页岩孔体积和比表面积的增量越高；但从增量值与总含油量的相关性来看，孔体积的变化受页岩总含油量的控制比较明显[图 4-7(a)]，而比表面积变化的影响因素却比较复杂[图 4-7(b)]。具体而言，洗油前后泥页岩孔体积增量主要受游离

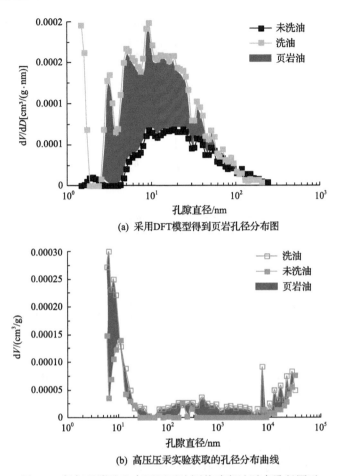

(a) 采用DFT模型得到页岩孔径分布图

(b) 高压压汞实验获取的孔径分布曲线

图 4-6　氮气吸附法和高压压汞法评价残留油赋存孔径图示

油的控制，如图 4-7(c) 所示，二者表现为较好的线性正相关性；从线性系数来看，当游离油含量为 0 时，仍有微小的孔体积增量(0.0041cm³/g)，该部分增量应当由吸附油贡献，结合研究区泥页岩样品的平均比表面积 7.47 m²/g，可粗略计算壁面页岩油的吸附厚度约为 0.482nm(假设狭缝状孔隙)，此值近似为分子模拟法所得页岩油的第一吸附层厚度0.442nm(分子动力学模拟详见 4.3 节)。

　　理论上来说，洗油前后泥页岩比表面积的增量应受吸附油量的控制。但本节实验结果比表面积的增量与吸附油量并未表现出较好的线性关系，如图 4-7(d) 所示。从分子模拟结果来看，单位表面积的有机质/矿物的吸附油量为 1.0～1.4mg/m²，即当泥页岩所有的孔隙壁面均含有吸附油时(饱和吸附)，可近似认为泥页岩总吸附油量是其比表面积的1.0～1.4 倍。但图 4-7(d) 显示，仍有较多的点偏离吸附油能力 1.2mg/m²(1.0～1.4mg/m²取中值)这条趋势线，其原因在于该部分样品成熟度较高，页岩油组分偏轻，导致吸附量偏低；而在趋势线另一侧，有一个明显异常点(蓝色圈内)，其饱和烃组分仅为 22.93%，油质较重，吸附量偏高。

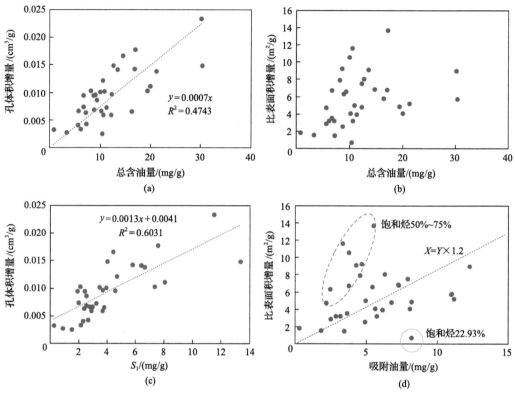

图 4-7　洗油前后页岩孔隙参数增量与含油量关系(济阳坳陷沙河街组页岩)

此外,从洗油前后泥页岩孔体积增量与不同赋存状态页岩油的含量的关系来看,岩石热解法结果显示[图 4-8(a)],单位孔体积中页岩油总含油量约为 1205mg,即泥页岩中残留态页岩油的密度约为 $1.205\text{g}/\text{cm}^3$,对比分析氯仿抽提法折算的残留油密度 $1.0003\text{g}/\text{cm}^3$[图 4-8(b)],均高于研究区页岩油产出的密度($0.879\text{g}/\text{cm}^3$)。其原因可以从两个方面解释:其一,氯仿抽提法和岩石热解法获得的泥页岩含油量中均包含干酪根骨

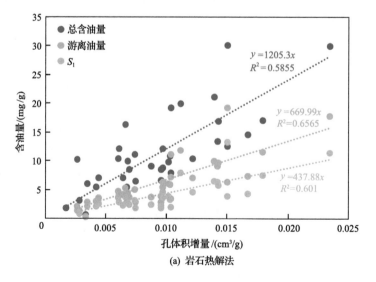

(a) 岩石热解法

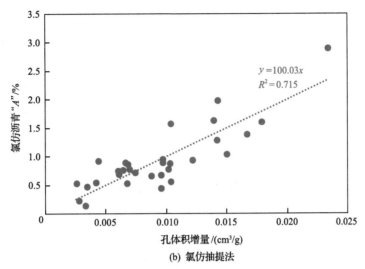

图 4-8　洗油前后泥页岩孔体积增量与不同赋存状态页岩油含量的关系图(济阳拗陷沙河街组页岩)

架溶胀吸收的油，而该部分油对孔体积增量的贡献可以忽略；其二，图 4-8 中所测的为泥页岩长期放置后的残留油量，其轻质组分已有较多的散失，导致组分相对变重。

从分步热解法所测的游离油量与洗油前后孔体积增量的关系来看[图 4-8(a)]，二者的线性系数为 670，即当认为孔体积增量全由游离油贡献时，单位体积的孔体积内的游离油量为 670mg，即泥页岩中残留态游离油的密度约为 $0.67g/cm^3$。一般认为产出的页岩油主要为游离油的贡献，而根据岩石热解法折算的游离油密度明显低于页岩油产出的密度，其原因主要为洗油前后孔体积增量中亦有吸附油的贡献。

4.2.3　页岩油赋存孔径特征及演化

从 N_2 吸附和高压压汞实验表征的孔径分布来看，与未洗油泥页岩孔径分布相比，在相同孔径条件下，洗油后泥页岩孔体积均增加，且两种曲线的差异主要体现在 100nm 以下的孔隙范围[图 4-9(a)]。在 2.4 节已提及，N_2 吸附实验和高压压汞实验在相对压力/进汞压力较高段对孔径的表征均存在较大的误差，而且对于高压压汞实验来说，在高压条件下也易导致未洗油泥页岩中残留的页岩油在不同孔隙中发生位移。因此，参考前人研究成果(李卓等，2017)，与孔径表征方法相同，本节以 65nm 为界，小于 65nm 的孔隙采用 N_2 吸附实验，大于 65nm 的孔隙采用高压压汞实验。根据洗油前后泥页岩孔径分布曲线的差异，综合 N_2 吸附和高压压汞的孔径分布联合构建页岩油赋存的孔径分布曲线[图 4-9(c)]。此外，亦可以根据前述核磁共振表征泥页岩孔径的方法(转换系数 $C \approx 20$)，根据洗油前后泥页岩的核磁共振孔径分布特征[图 4-9(b)]，利用核磁共振技术表征页岩油赋存的孔径分布曲线。

洗油前后 N_2 吸附和高压压汞联合表征的页岩油赋存的孔径分布曲线显示，页岩油赋存的孔径范围较宽，1～10000nm 均有分布，其主峰分布在 100nm 以下的孔隙内，局部大孔中亦见有少量的页岩油；N_2 吸附和高压压汞法表征的页岩油赋存孔径分布曲线与核磁共振法在主峰分布的趋势上基本一致[图 4-9(c)]，较大孔隙的页岩油在核磁共振法表征结果上没有显示，其可能是受泥页岩非均质性的影响；核磁共振法表征的页岩油赋存的孔径下限可达 0.3～0.5nm，近似为单一的烷烃类流体的分子直径(表 4-1)，仅做参考。结合前述泥页岩不同类型孔隙的划分方法(卢双舫等，2018)，泥页岩中残留油主要赋存在 25nm 以下的孔隙内，占 50%～60%，其次赋存在 25～100nm 孔隙内，占 30%～40%，大于 100nm 孔隙内页岩油含量相对较少，不足 10%[图 4-9(d)]。

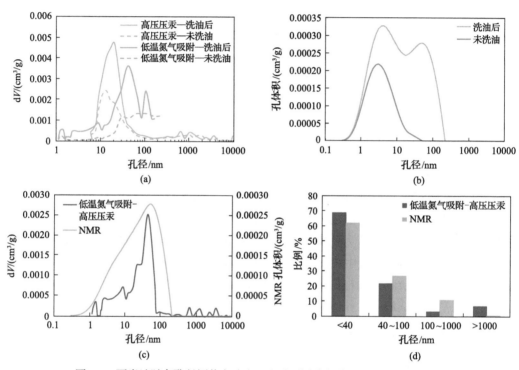

图 4-9　页岩油赋存孔径评价方法(a～c)及不同孔径范围页岩油比例图(d)

表 4-1　页岩油气流体分子大小统计　　　　　　　　(单位：nm)

页岩油组分	分子直径	页岩气组分	分子直径
正构烷烃	0.48	甲烷	0.38
环烷烃	0.54	乙烷	0.44
杂环结构	1～3	丙烷	0.51
沥青	5～10	异丁烷	0.53
		正戊烷	0.58
		正己烷	0.59

依据上述方法，对不同岩相、不同成熟度的泥页岩中页岩油的赋存孔径进行对比分析，结果如图 4-10 所示。洗油前后对比法显示的泥页岩中残留的页岩油孔径分布较宽，页岩油在各类岩相泥页岩中 1～10000nm 的孔隙中均有分布，但主体以 100nm 以下的孔

隙为主,其原因可以从两个方面解释:其一,就孔隙发育规模而言,济阳拗陷泥页岩孔隙类型以微孔(<25nm)和小孔为主(25～100nm)(图 2-41),孔隙的发育程度直接决定了页岩油的富集场所;其二,因测试对象为经岩心库和实验室放置许久的泥页岩,与微小孔相比,其中孔(25～1000nm)和大孔(>1000nm)中页岩油的损失率相对较大,导致中孔和大孔的残留油含量相对较小。

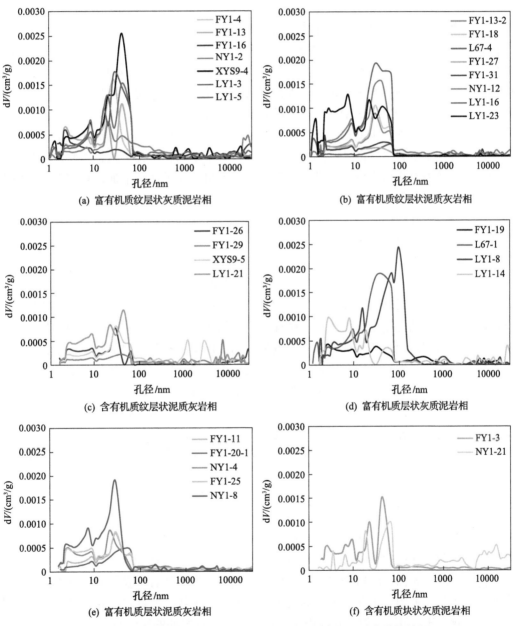

图 4-10 济阳拗陷沙河街组不同岩相页岩油赋存孔径分布曲线特征

不同岩相页岩油赋存孔径特征存在差异性,表现为纹层状→层状→块状,中—大孔隙赋存的页岩油的含量逐渐变小；相同构造条件下[图 4-10(a)和(b)、(d)和(e)]，灰质泥岩相的页岩油无论是在微—小孔(<100nm)还是中—大孔(>100nm)内，其页岩油赋存量均大于泥质灰岩相。此外，对于相似岩性且相同构造类型[图 4-10(b)、(c)]，富有机质岩相微、小孔赋存的页岩油含量明显高于含有机质岩相。因此，页岩油的赋存孔径特征直接受其页岩油含量与其孔隙的控制，页岩油含量越高，大孔隙越发育，其赋存于较大孔径的油含量越多。

济阳拗陷沙河街组页岩油赋存孔径的演化剖面如图 4-11 所示。因各岩相所测的样品点较少，图中显示的各岩相的演化规律并不明显，因此，此处不予区分岩相研究页岩油赋存孔径的演化趋势。从不同类型孔隙赋存的页岩油含量来看[图 4-11(a)～(d)]，微孔页岩油含量随着成熟度增加整体呈增加的趋势，小孔和大孔变化不明显，而中孔页岩油含量随着成熟度增加出现先增加后降低的趋势，其峰值处所在埋深与页岩油生油高峰对应。随着成熟度增加，干酪根生成的烃类在满足自身容留后排驱到无机孔隙中。研究区泥页岩有机孔不发育，其微孔(比表面积)主要由黏土矿物相关孔贡献，因此，随着成熟度增加，伴随着有机质生成的烃类的不断充注，无机孔含量逐渐增加，且在微孔中赋存的残留油能够有效保存而未散失，因此，微孔中的页岩油含量随成熟度的增加而增加。而赋存于中、大孔内的页岩油在生油高峰期后出现降低的趋势，其可能是深部生成的油气较轻，中、大孔页岩油的散失较严重导致；另外，中孔页岩油含量随成熟度呈先增加后降低的趋势，进一步证明了前述的页岩油的赋存孔径特征直接受其孔隙控制。

从不同类型孔隙赋存的页岩油的比率来看[图 4-11(e)、(f)]，微孔页岩油赋存的页岩油的比率先降低后增加，而中、大孔中页岩油的比率则表现为先增加后降低的趋势，小孔赋存的页岩油比率变化不明显。微孔页岩油的比率演化趋势有以下两种：其一，与泥页岩比表面积演化趋势类似，随着深度的增加，伊蒙混层脱水向伊利石转化，微孔向小孔和大孔转化，泥页岩微孔体积降低，比表面积降低，导致页岩油赋存于微孔的比例降低；其二，在生烃高峰期时，页岩含油率增加，且可能以中—大孔隙的充注为主，继而导致微孔页岩含油比率相对降低。生油高峰后，有机孔逐渐开始发育并以微孔存在，干酪根生成的烃类亦会优先富集于有机孔内，导致页岩油赋存于小孔的比例逐渐增加。相比之下，赋存于中—大孔的比例先增加后降低，其演化趋势及原因与其对应孔径条件下页岩油含量的演化类似。

4.2.4 不同赋存状态页岩油赋存孔径下限

前已述及，页岩油在孔隙中的赋存状态主要有吸附态和游离态两种，但二者没有明显的相态界限，在微观纳米尺度很难通过扫描电镜技术予以直观地观测和界定。对于不同赋存状态的页岩油，严格来说，当孔径大于饱和吸附厚度后，吸附油、游离油及可动油等的分布与孔隙的大小并无绝对的关系，即上述三种状态的页岩油既可以赋存于小孔中亦可以赋存于大孔中。但就孔隙内不同赋存状态的页岩油的比例而言，随着孔径减小，其可动油和游离油比例降低，而吸附油比例增加，因此，可采用一种孔径截止值的办法来粗略估计不同赋存状态页岩油的孔径范围。

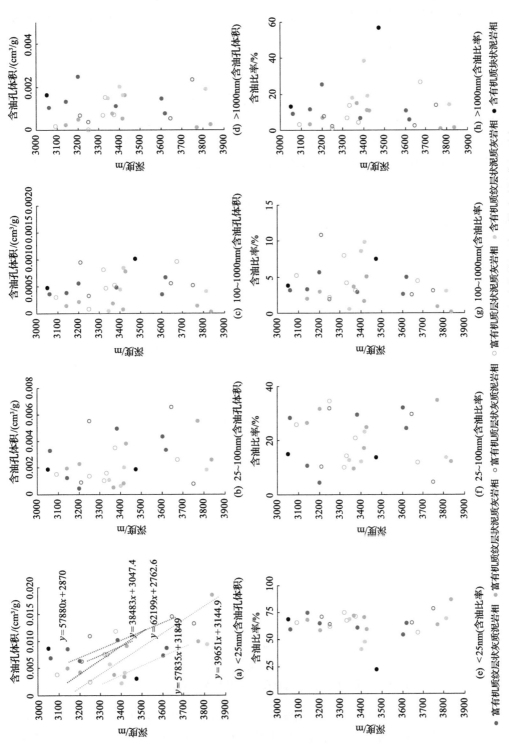

图 4-11　不同孔径范围内页岩油含量(a~d)及含油比率(e~h)的演化特征(济阳拗陷沙河街组页岩)

根据前述构建的页岩油赋存的孔径分布曲线，可统计不同孔径范围孔隙内的页岩油含量(图 4-9)；根据分步热解实验，可定量分析不同温度段页岩油含量用以估算吸附油、游离油和可动油含量(热解方法详见 5.1.1 节)。岩石热解实验中可动油所需热解温度较低，其一般赋存于孔径较大的孔隙中；与可动油相比，游离油所需的温度较高，其赋存的孔径范围主体小于可动油的孔隙；与可动油和游离油相比，吸附油所需的热解温度最高，其赋存的孔隙孔径最小。基于这一认识，本节采用一种统计方法，综合洗油前后泥页岩孔径分布特征和泥页岩含油性(吸附量、游离量、可动量等，由地球化学方法评价获得)特征来推测不同赋存状态页岩油的赋存孔径的下限值，其具体流程如下所述。

(1)根据洗油前后泥页岩孔径分布特征构建页岩油赋存孔径曲线，由大孔至小孔，构建页岩油赋存的累积孔径分布曲线；

(2)由大孔至小孔，设定某一孔径 d 值，统计大于该孔径的孔隙内的页岩油量 $f(d)$ (图 4-12)，并将其与游离量、可动量等做对比分析。

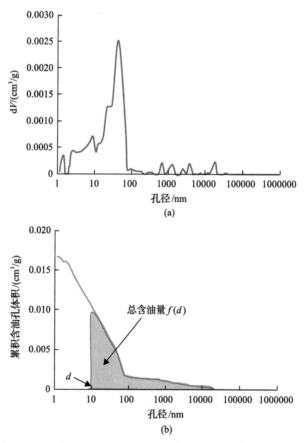

图 4-12　不同孔径的孔隙内赋存的页岩油含量估算方法示意图

因此，当孔径大于 d_1 时，其孔隙内赋存的页岩油量 $f(d)$ 接近可动油量时，即可动油赋存的孔径下限为 d_1；游离油、S_1 等以此类推。但对于吸附油来说，前已述及，岩石热解法表征的吸附油量中既包含油吸附部分又有来自干酪根溶胀部分，后者与孔隙的尺寸无关，因此，本节对吸附油赋存的孔径界限不做研究。

　　根据不同孔径范围的孔隙内含油量与岩石热解法所得含油量（游离量、可动量、S_1 等）做交会图，统计二者的线性系数（斜率）及相关性系数（R^2）（图 4-13）。当斜率接近 1 且相关性系数最大时，孔隙内页岩油量即与热解法一致，即可根据热解法的结果确定该孔隙范围内的页岩油的赋存状态。图 4-13 为游离油、可动油和 S_1 等参数对应的不同孔径条件下的页岩油含量及其相关性的统计结果。很明显，对于以纵轴为热解含油量，横轴为孔体积折算的含油量绘制的散点图，随着孔径下限 d 的升高，d 至 10000nm 孔隙范围

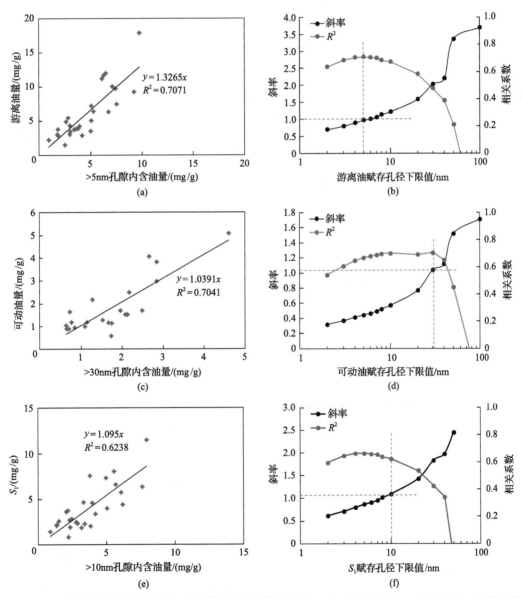

图 4-13　不同孔径范围内含油量与岩石热解含油量游离油（a、b）、可动油量（c、d）及 S_1（e、f）交会图
（济阳拗陷沙河街组页岩）

内的页岩油量降低，散点图的斜率逐渐增加，而散点的相关性系数则表现为先增加后降低的趋势[图 4-13(b)、(d)、(f)]。当斜率接近 1 且相关性系数(R^2)最大时，确定了游离油的赋存孔径下限为 5nm，可动油的赋存孔径下限为 30nm，S_1 的赋存孔径下限为 10nm。

值得注意的是，根据孔体积折算的含油量与热解法含油量的相关系数 R^2 均小于 0.8，这表明泥页岩孔径并非影响页岩油富集及其赋存状态的唯一参数，页岩油的密度、黏度及其所处的温度、压力环境等均可能影响页岩油的赋存场所。此外，鉴于样品的非均质性及其孔径测试方法的局限性，本节由洗油前后泥页岩孔径对比分析所得的不同赋存状态页岩油的赋存孔径下限值仅为参考值。

4.2.5　密闭取心页岩原始流体赋存特征

利用密闭取心页岩的核磁 T_1-T_2 谱可有效刻画页岩原始流体赋存孔径特征，但核磁共振得到的是弛豫时间，需要进行孔径转化，而确定表面弛豫率 ρ_2 是解决问题的关键。表面弛豫率反映的是孔隙流体与孔隙表面的相互作用力的大小。以往很多学者使用单一弛豫率解决问题，并未对油、水的表面弛豫率进行区分，而不同流体的表面弛豫率是有差异的。

当页岩饱和单一流体时，表面弛豫率 ρ_2 可由 T_2、孔体积 V 及孔表面积 S 获得

$$\rho_2 = \frac{V}{T_2 \times S} \tag{4-1}$$

式中，孔表面积 S 可由洗油后页岩样品的 N_2 吸附实验确定；孔体积 V 由饱和流体法确定；T_2 则采用赋存流体的几何平均值 $T_{2,LM}$ 确定，其计算公式如下：

$$\lg T_{2,LM} = \frac{\Sigma f_i \lg T_{2i}}{\Sigma f_i} \tag{4-2}$$

式中，T_{2i} 为弛豫时间；f_i 为 T_{2i} 时的核磁信号强度；下角 i 表示第 i 个数据点。

为明确流体几何平均值 $T_{2,LM}$，选取松辽盆地北部青一段 6 块密闭取心页岩，对页岩洗油后分别进行饱和油、水处理并测试 T_2 谱。结果显示(表 4-2)，油的 $T_{2,LM}$ 介于 0.22~1.21ms，平均值约为 0.55ms；水的 $T_{2,LM}$ 介于 0.23~0.46ms，平均值约为 0.37ms。油的 $T_{2,LM}$ 约为水的 1.49 倍。

表 4-2　页岩饱和油、水的 $T_{2,LM}$ 计算结果

样品	油/ms	水/ms	比值
A-1	0.35	0.32	1.09
A-109	0.68	0.23	2.96
A-189	1.21	0.46	2.63
A-281	0.43	0.43	1.00
A309	0.22	0.40	0.55
A-373	0.41	0.40	1.03
平均值	0.55	0.37	1.49

　　进一步确定页岩样品宏观表面弛豫率。油的平均表面弛豫率为 3.81nm/ms，核磁孔径转化系数约为 15；水的平均表面弛豫率为 5.61nm/ms，核磁孔径转换系数为 23。

　　在确定转换系数的基础上，对 14 块密闭取心样品的核磁 T_1-T_2 谱中油、水信号进行分离提取并重新构建一维油、水 T_2 信号，如图 4-14 所示。

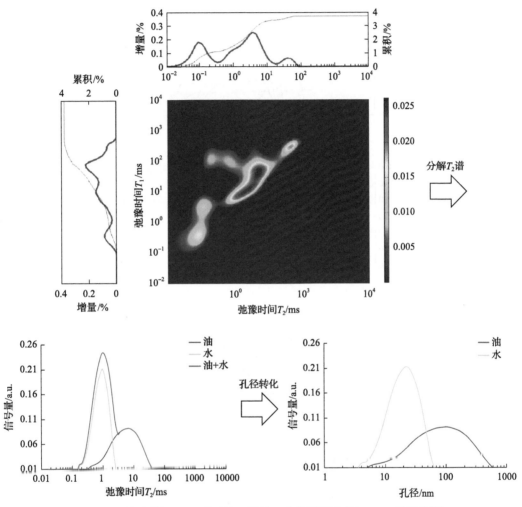

图 4-14　核磁共振 T_1-T_2 谱重构一维油、水信号图示（以 A-189 样品为例）

　　最后，刻画页岩样品原始流体赋存孔径分布曲线（图 4-15）。结果显示，原始状态下页岩油赋存孔径范围介于 2～1000nm，分布孔径范围较宽。其中，分布在 10nm 以下孔径中的页岩油平均占比为 7.41%，介于 10～50nm 及 50～150nm 中的页岩油平均占比分别约为 50.14% 和 31.97%，而大于 150nm 以上孔径中的页岩油平均占比约 10.48%。原始状态下页岩油主要分布在 10～150nm 孔径范围内。

　　相比之下，原始状态下页岩中水的分布孔径范围较窄，基本分布在 50nm 以下孔径中（图 4-16），受其本身流体性质影响，其分布范围小于页岩油分布范围。

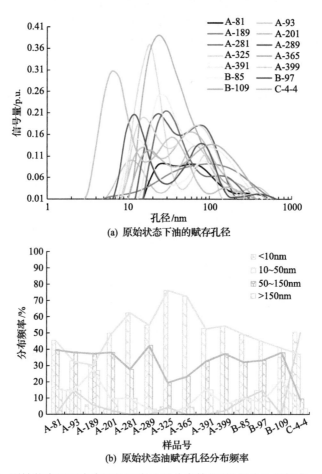

(a) 原始状态下油的赋存孔径

(b) 原始状态油赋存孔径分布频率

图 4-15　原始状态下页岩中油的赋存孔径分布特征(松辽盆地北部青一段页岩)

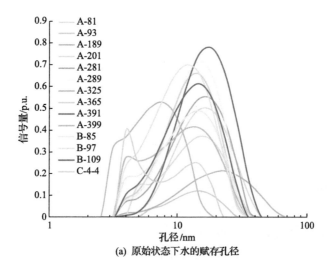

(a) 原始状态下水的赋存孔径

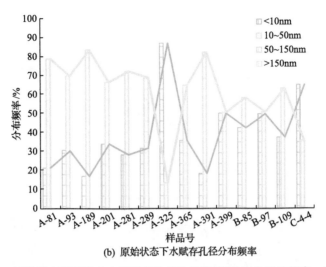

(b) 原始状态下水赋存孔径分布频率

图 4-16　原始状态下页岩中水的赋存孔径分布特征(松辽盆地北部青一段页岩)

4.3　页岩油微观赋存的分子动力学模拟

近些年，随着计算机科学的迅猛发展，分子动力学模拟技术已成为机理研究、产品设计等方面的有效手段，配合实验分析，可从微观尺度解释实验现象的内在机制。作为一种理论研究方法，分子动力学模拟技术已逐渐应用于页岩油气领域。在页岩油赋存机理研究方面，与实验分析测试相比，分子动力学模拟技术具有如下优势：①泥页岩孔径小，页岩油主要赋存在纳米级孔隙中，实验分析难以从纳米尺度上揭示其吸附行为，如吸附厚度、层数等；②泥页岩组成及页岩油组成复杂，不同矿物、有机质与不同组分页岩油之间的吸附特征存在差异性，利用分子动力学模拟技术可便捷地控制其他变量，研究单因素的影响规律；③页岩油地质条件为高温、高压态，分子模拟比室内实验更容易实现控制这一外界条件。

分子动力学模拟技术的基本原理是以体系内的分子或原子为基本研究对象，将整个系统当作具有一定特征的分子集合，根据经验势函数求取粒子受力并根据牛顿运动方程得到轨迹，以统计体系的结构和性质，得到体系的微观状态和宏观特性。本节采用分子动力学模拟页岩油在有机质狭缝孔中的赋存特征，揭示页岩油的微观赋存机理/特征。分子动力学模拟技术采用 Material Studio 软件的 Forcite 模块和 GROMACS 软件包共同完成。

4.3.1　模型构建

石墨烯结构源自 Material Studio 软件中的 graphite 文件，沿(001)切面，晶胞尺寸为 $2.951nm \times 2.556nm$，单侧壁面由三层石墨烯组成，每层间距 0.335nm。

除石墨烯外，参考 Ungerer 等(2015)根据实验手段提出的 Ⅱ-C 型干酪根分子(对应高熟倾油型有机质)，采用 15 个干酪根分子进行了一系列正则系综(NVT)、等温等压系综(NPT)下的升温降温、升压降压的退火处理后，获取真实密度的干酪根基质分子。进一步建立干酪根狭缝孔模型(图 4-17)。

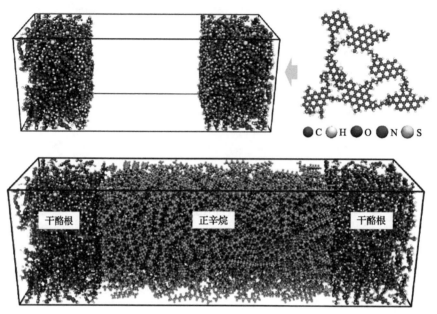

图 4-17　Ⅱ型干酪根狭缝孔中正辛烷赋存模拟的初始模型

页岩油组分包含饱和烃、芳香烃、非烃和沥青质,采用正构烷烃(C_6、C_{12}、C_{18})代表饱和烃,萘($C_{10}H_8$)代表芳香烃,正十八酸[$CH_3(CH_2)_{16}COOH$]分子代表页岩油中的极性组分(胶质和沥青质)。根据已知的每种页岩油组分的密度,结合已设定的狭缝孔壁面的面积,计算预加入的流体的分子数,构建不同尺寸的流体盒子。将流体盒子嵌入对应孔径的狭缝孔中,即完成了纳米尺度下页岩油吸附的分子模型的准备工作。

4.3.2　页岩油赋存的微观机制

1)石墨烯狭缝孔

图 4-18 为 NVT(298K)系综下正十二烷流体在 6nm 石墨烯狭缝孔中的吸附平衡态快照及流体密度分布曲线特征。从流体密度曲线特征来看[图 4-18(b)],狭缝孔内正十二烷密度分布曲线沿狭缝中心($Z=0$)呈对称态,流体分布不均匀,特别地,在狭缝孔壁面附近的密度以波动状呈现约 4 个波峰/谷,该部分流体与孔隙壁面的作用力相对较强,为吸附态流体;随着远离壁面,孔隙中心的流体受壁面作用力减弱,流体分布较为均匀,密度基本不变,那么该部分流体即为游离态。由狭缝孔中间($Z=-1\sim1nm$)的流体密度的算术平均值得到的游离态的正十二烷流体密度约为 0.73g/cm³,近似于相同温度状态下自由态正十二烷流体的密度(0.745g/cm³),验证了模拟结果的可靠性。从吸附态流体密度分布来看,在靠近壁面处出现 4 个吸附峰,即石墨烯狭缝孔内正十二烷流体表现为 4 层吸附(单侧壁面),每层的吸附厚度约 0.442nm;第一吸附层密度约 1.22g/cm³,为游离态流体密度的 1.67 倍,表现出"类固态"的特征(王森等,2015);随着远离壁面,流体受壁面的作用力逐渐减弱,对密度的影响也越来越小,各吸附层密度逐渐降低。

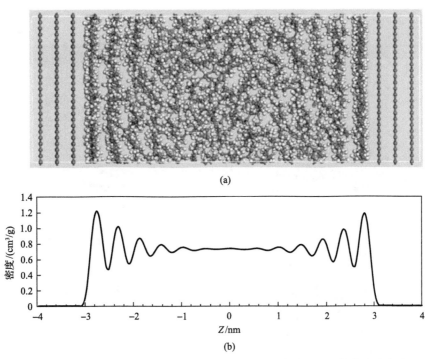

图 4-18　石墨烯狭缝孔内页岩油(正十二烷)吸附平衡态快照及流体密度分布曲线

从吸附平衡时的模拟快照来看[图 4-18(a)],吸附态的正十二烷流体在狭缝表面沿正十二烷的分子长链方向成排分布,每个吸附层的厚度(0.442nm)近似于正十二烷分子的碳链宽度(约 0.48m),即吸附层厚度与烷烃分子的宽度有关;吸附态流体在第一、第二以及第三吸附层成排现象明显,远离壁面作用力减弱,第四吸附层在模拟快照中排列现象不明显,与孔隙中心的游离态流体的混杂分布不易区分。各吸附层之间由于较强的排斥力,其余的分子很难再占据吸附峰处附近的区域,继而吸附层之间的分子较少,在密度曲线上表现为波谷的特征。

以上仅就 6nm 的石墨烯狭缝孔模拟的有机孔对正十二烷流体的吸附特征进行了介绍,用以揭示页岩油在纳米级孔隙中赋存的微观特征。其他类型孔隙、不同尺寸孔隙、不同组分流体、不同温压等条件下的页岩油吸附模拟结果将在 5.2 节介绍,继而对比论证页岩油吸附的控制因素。

2) Ⅱ-C 型干酪根狭缝孔

图 4-19 展示了常温常压条件下(298.15K、1bar[①])正辛烷分子在 6nm 缝宽干酪根狭缝孔中赋存模拟的最后一帧快照及沿 Z 方向的质量密度曲线分布。干酪根的结构复杂及内部存在微小基质孔隙,导致其在 Z 方向的密度值沿着 1.1g/cm³ 左右震荡,干酪根壁复杂的拓扑结构给结果带来了更多的不稳定性。C_8H_{18} 除分布在孔缝中,在基质区域也存在一定起伏,表明一部分 C_8H_{18} 通过基质间隙进入了骨架中,即干酪根吸收溶胀油特征。此

① 1bar=10⁵Pa。

现象不同于前述利用石墨烯模拟的结果。

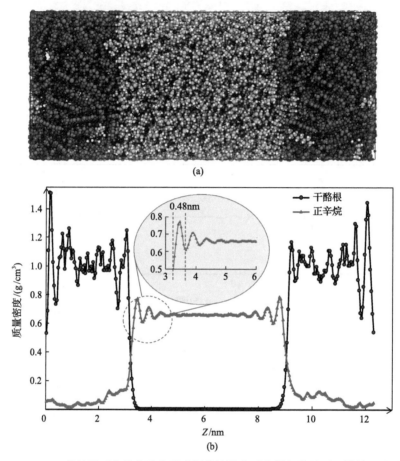

图 4-19　298.15K、1bar 条件下正辛烷分子在干酪根狭缝孔中赋存模拟的最后一帧快照及沿 Z 方向的质量密度曲线分布

　　分布在孔缝中的流体分子也呈现出不均匀的特点，靠近壁面附近相对较为集中，而在孔缝中间较体相化：在靠近两侧壁面的富集区分别呈现出三个吸附峰，第一层吸附厚度大约为 0.48nm，峰值密度约为 $0.78g/cm^3$，总吸附厚度大约为 3.6nm，而孔缝中的游离态密度约为 $0.68g/cm^3$，与体相正辛烷溶液的密度（约 $0.7g/cm^3$）吻合较好。结合二维数密度轮廓图（图 4-20）可以清晰地发现，干酪根骨架区域也吸收了一部分流体，表面形成了三层明显的高密度区域，且越靠近壁面密度值越高，表明干酪根与流体的相互作用越强，同时这也对应于吸附峰值向孔缝中间的依次递减。

　　为了进一步揭示正构烷烃的吸附特征，图 4-21 清晰地展示了第一吸附层区域分子的排布状态，其中一部分与石墨烯表面一样平行吸附在壁面，这是吸附区密度高的直接原因；而另一部分则倾斜地吸附在壁面，这是因为：①干酪根壁复杂的拓扑结构导致非均匀吸附；②即使构建了平滑的初始壁面，但在经过分子热运动后在一定程度上仍会变得参差不齐（此时壁面微幅度的粗糙造成的统计误差非常小，可以忽略不计），从而进一步导致了流体分子的吸附状态发生了变化，这在一定程度上抑制了第一层高密度，因此第一层吸附峰值密度仅为 0.78g/cm^3，异于石墨烯表面的"类固体层"（密度＞1.3g/cm^3）。

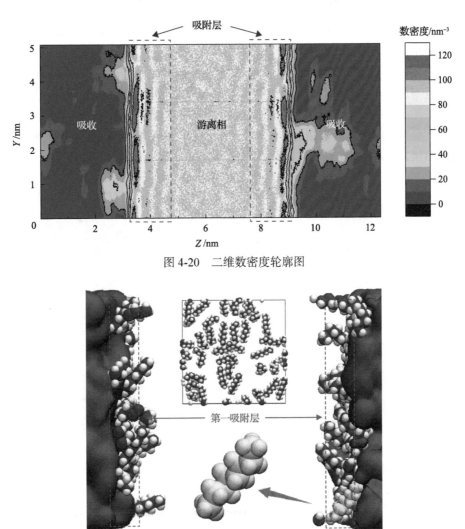

图 4-20　二维数密度轮廓图

图 4-21　第一吸附层区域分子排布状态

4.4　页岩油赋存相态特征

　　油气藏流体相态特征研究在油气田勘探及开发过程中起着举足轻重的作用，直接为油气藏类型的确定、储量计算、油藏工程和采油工艺优选、开发方案编制等提供理论与技术支持。伴随着页岩油气的规模开发，页岩储层流体相态特征受到人们的广泛关注。页岩储层孔隙类型多样，发育粒间孔、粒内孔、溶蚀孔和晶间孔，中高熟页岩还可见大量有机孔，不同类型孔隙均为油气提供储集空间。由于页岩储层发育大量纳米级孔隙（＜200nm），加之有机—无机相互作用复杂，流体赋存特征与常规储层差异明显，主要表现为吸附作用对孔隙内流体物性的影响已不能忽略。

4.4.1 受限流体与吸附作用

受限流体(confined fluid)是指赋存于纳米孔(<200nm)内的流体,其分子平均自由程与孔隙大小相当,进而影响流体分子的热运动,导致纳米孔内流体相态特征与体相流体(bulk fluid)不同。如图4-22所示,常规储层孔隙尺度以微米级为主,孔壁-流体之间的相互作用范围远小于孔隙半径,因此孔壁-流体之间的相互作用可以忽略,并且矿物组分对流体相态几乎没有影响。在对常规油藏进行模拟时,储层基质被认为是均质的,具有相同的属性参数。然而,页岩储层中发育大量纳米级孔隙,孔隙半径与孔壁-流体之间的作用范围相当,导致孔壁-流体之间相互作用不能被忽略(Liu et al.,2019)。

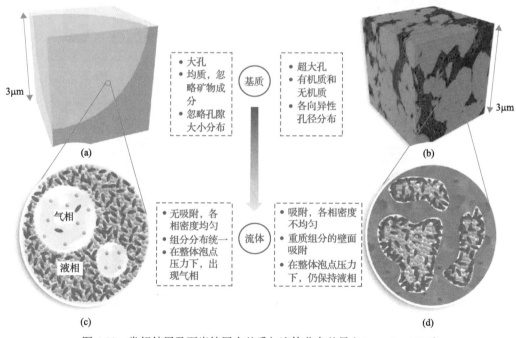

图 4-22　常规储层及页岩储层内基质与流体分布差异(Liu et al.,2019)

孔壁与流体分子之间相互作用的直接结果就是油气分子的吸附现象,也就是说,纳米孔内流体密度是不均一的。同时,页岩储层中无机矿物与有机质的物理属性不同会导致不同的孔壁-流体相互作用,进一步加剧了流体分布的非均质性。此外,纳米孔孔体积很小,会限制分子的热运动。上述这些因素综合导致纳米孔内流体相态与体相差异明显。这些差异主要包括流体饱和压力及临界性质的改变、密度不均一分布、毛细管压力增加、界面张力降低及流体黏度降低等。

纳米孔内流体性质的改变主要归因于吸附作用,其通过改变有效摩尔体积、毛细管压力及临界性质进而影响流体相态特征。流体吸附被视为一个平衡的分离相,包含与自由流体接触的吸附剂和界面层,其中,界面层由位于固体表面力场的部分流体和固体表面层组成。如图4-23所示,纳米孔内流体可以此划分为孔壁-流体分子相互作用区和流体分子相互作用区。

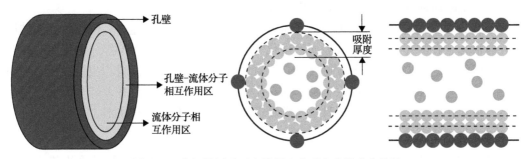

图 4-23　常规储层及页岩储层内基质与流体分布差异

4.4.2　受限流体相态评价方法

受限流体相态评价方法包括实验法、分子模拟法、状态方程(EOS)法和数值模拟法，详细论述可查阅 Liu 和 Zhang 于 2019 年发表的综述文章"A review of phase behavior simulation of hydrocarbons in confined space: Implications for shale oil and shale gas"。此处，对文中提到的实验法、分子模拟法、状态方程法、数值模拟法四种方法进行简要概述。

1. 实验法

实验法是研究纳米孔内受限流体性质、相态变化最直接的方法。但对于纳米孔而言，直接观察非常困难，导致实验种类受限。目前已有报道的实验法包括吸附-解吸法、差示扫描量热法(DSC)、扩散实验法和纳米芯片法。

1) 吸附-解吸法

吸附是纳米孔中分子不均一分布的宏观表现。如图 4-24 所示，当发生气-液两相转换时，吸附等温线或等体积线会出现突变，吸附量急剧增加的位置代表发生了毛细管冷凝，通常伴有吸附-脱附滞后现象。随着温度(或压力)的增加，毛细管冷凝压力(或温度)也增加，回滞环变窄。垂直段和回滞环的消失被认为是确定孔隙流体临界压力 $P_{c,p}$(或孔

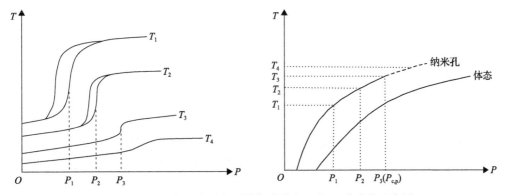

图 4-24　吸附-解吸实验得到的气液共存压力-温度曲线示意图

T-温度；P-压力

隙临界温度 $T_{c,p}$) 的标志。据此,可以通过吸附-解吸实验分析页岩中受限流体的相行为。目前,对受限流体的吸附研究主要集中在轻烃组分。

该方法为研究纳米孔中烃类的饱和压力和临界点提供了直接途径。但由于页岩储层在孔隙形态、孔隙连通性、孔壁表面物理化学等方面的特殊性,不同组分的受限流体表现出不同的吸附能力,需单独分析。此外,页岩中受限烃类的吸附行为也会受到页岩组分的影响,如干酪根溶胀造成人工纳米材料实验结果与真实页岩存在差异。因此,在研究页岩纳米孔中烃类的相态特征时,还需要进一步改进实验方法和技术。

2) 差示扫描量热法

差示扫描量热法是通过测量升温/降温过程中物质放热或吸热转换速率来确定热力学性质的实验技术,被广泛应用于比热容、相变潜热等热力学参数的测量和相图的绘制。近年来,DSC 方法被应用于纳米材料受限烃类流体泡点温度的研究。例如,Luo 等(2016)对孔径分别为 4.3nm 和 38.1nm 的多孔玻璃珠分别饱和正辛烷和正癸烷,并进行 DSC 实验。如图 4-25 所示,在 38.1nm 的多孔玻璃珠中,受限流体的泡点温度略低于体相状态下的温度,而在 4.3nm 的多孔玻璃珠中出现了两个峰,一个比体相状态温度低,另一个比体相状态温度高。研究表明,受限流体的泡点温度低于体相状态,而吸附烃的泡点温度高于体相状态(图 4-25)。

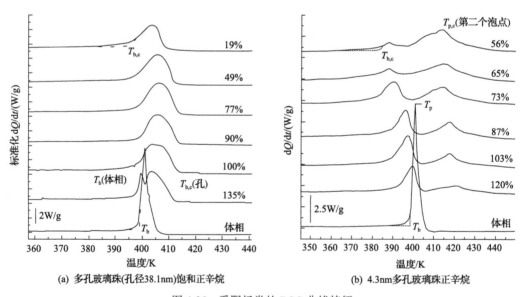

图 4-25 受限烃类的 DSC 曲线特征

dQ/dt-热量差值;T_b-体相泡点温度;$T_{b,c}$-受限流体泡点温度;T_p-体相最大峰温;$T_{p,c}$-受限流体第二个吸热峰的最大峰温

在 DSC 实验中,确定泡点温度是通过最大斜率点的切线与基线外推的交点,这取决于 DSC 曲线的形状和斜率。该方法的准确性取决于相变速率。然而,相变速率受多种因素影响,难以控制和测量,尤其是当出现两峰相连时。因此,泡点温度的测定方法有待进一步探索。

3) 扩散实验法

一般情况下，流体扩散系数随温度的升高而增大，且遵循阿仑尼乌斯 (Arrhenius) 定律。当流体温度略高于流体临界温度时，流体变为超临界流体，扩散系数会急剧增大，这与 Arrhenius 定律是不相符 (图 4-26)。上述现象可以作为判识临界点的标志。Zeigermann 等 (2009) 通过设计扩散实验探讨正戊烷在 Vycor 多孔玻璃 (孔隙直径 $\bar{r}_p$=6nm) 和 ERM FD121 多孔玻璃 (孔隙直径 $\bar{r}_p$=15nm) 中的临界点。结果发现 Vycor 多孔玻璃和 ERM FD121 多孔玻璃的临界温度约为 438K 和 458K，均低于体相状态临界温度 470K。这说明：①受限条件下流体临界温度低于体相状态；②小孔中的流体临界温度更低。

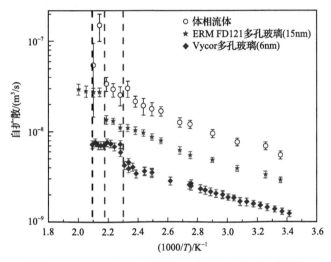

图 4-26　正戊烷体相与受限态流体扩散系数随温度变化

4) 纳米芯片法

近年来，研究人员利用经蚀刻的纳米通道芯片来模拟页岩储层中的纳米孔，并通过高分辨率成像技术观察流体相变过程。纳米通道的深度通常在几纳米到几百纳米之间。通过流体饱和纳米通道，缓慢改变系统的温度或压力，可实现对流体相变现象的直接观察。Parsa 等 (2015) 为了探究丙烷的饱和压力的变化，将注入泵与纳米流动控制芯片连接以改变压力，芯片的深度分别为 30nm、50nm 和 500nm。研究表明，丙烷在 500nm 纳米通道芯片中的饱和压力几乎等于标准体相状态的饱和压力；而在 30nm 和 50nm 纳米通道芯片中，丙烷在体相状态饱和压力下出现气泡或液滴。

由于该方法目前处于起步阶段，加之大部分实验是在人工多孔材料中进行的，而不是真实页岩岩心。如前所述，人工多孔材料与真实页岩岩心在表面化学性质和孔径分布上存在差异。因此，有必要进行更多的实验，特别是在真实页岩岩心中进行实验，以验证页岩中受限烃类的相态特征。

2. 分子模拟法

虽然实验法为纳米孔内受限流体相态特征研究提供了直接证据，但是实验可控的温度和压力较低，加之流体类型单一（主要是轻烃），这与实际页岩油藏不符。此外，实验既费时成本又高。分子模拟是研究分子或分子系统位置和动量分布的一种数值模拟方法，可实现高温高压条件下的模拟研究，包括分子力学（MM）、分子动力学模拟和蒙特卡罗（MC）模拟。前人利用分子模拟进行了广泛研究，并证实了纳米孔中流体临界性质（温度、压力和密度）、泡点、露点和界面张力随孔径的变化规律。

1）分子动力学模拟法

分子动力学模拟是研究多系统分子平衡和非平衡性质的常用技术。有关模拟程序和计算的更多详细信息可参阅 Berendsen 等（1995）发表的"GROMacs：Arnessage-Passing Parallel molecular dynamics implemenation"一文。分子动力学模拟往往用于揭示新现象以及验证理论模型。

近年来，研究人员将分子动力学模拟引入页岩气和页岩油的研究中。王森等（2015）研究了受限条件下戊烷、庚烷及其混合物在狭缝纳米孔中的吸附行为，发现孔壁表面具有多个吸附层，层数取决于孔隙大小和流体成分，在孔壁表面形成一个类"固体"烃类分子层（图 4-27）。同时，孔壁更易吸附重烃。Welch 和 Piri（2015）在研究受限体系下乙

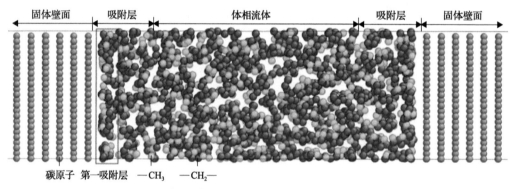

(a) 正庚烷在宽度为7.8 nm 的有机质孔缝内的赋存状态

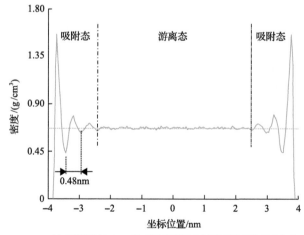

(b) 正庚烷在7.8 nm 的有机质孔缝内达到平衡后的密度分布

图 4-27　分子模拟技术用于研究纳米孔流体相态特征（王森等，2015）

烷-庚烷混合物时发现了类似的现象。

　　然而，分子动力学模拟存在以下局限性：①计算成本难以承受矿场尺度的研究，甚至岩心尺度的研究；②时间步长受能量守恒要求的约束，因此小到纳秒量级；③存在"李雅普诺夫(Lyapunov)不稳定性"，即结果对初始条件(分子的初始位置和速度)很敏感，在设置初始条件时要特别谨慎，确保系统收敛到平衡态。这些不足限制了利用分子动力学模拟研究真实页岩中受限流体的性质。

　　2)蒙特卡罗模拟法

　　蒙特卡罗方法可生成大量的随机测试，并计算这些测试的总体平均值。对于页岩储层中受限流体的相态特征，常用的研究方法有巨正则蒙特卡罗模拟(GCMC)和吉布斯系综蒙特卡罗模拟(GEMC)。巨正则蒙特卡罗模拟是一种只使用一个系统盒的模拟方法，没有发生体积移动。吉布斯系综蒙特卡罗模拟是为了模拟纯物质及混合物系统在散装情况下的相平衡而开发的。

　　将标准盒子法与蒙特卡罗模拟相结合，可进行标准吉布斯系综蒙特卡罗模拟和标准巨正则蒙特卡罗模拟，为研究不稳定和亚稳态流体系统提供了一种可行的方法。Jiang 等(2004)研究了碳纳米管受限下正构烷烃(乙烷、丙烷和正丁烷)和丙烷的相变。结果表明纳米孔内流体临界温度比体相状态小，临界密度比体相状态大的结论。Jin B 等(2017)利用标准巨正则蒙特卡罗模拟方法研究了孔径分布对受限条件下流体相态的影响。结果表明：小孔隙流体比大孔隙流体先凝结，相图的位移随着小孔隙比例的增大而增大。因此，页岩油气藏的孔隙大小分布在模拟相态特征中也起着重要的作用。

　　3. 状态方程法

　　状态方程在油藏模拟中起着重要的作用。相行为取决于每个相流体成分。相平衡计算过程包括相稳定试验和闪蒸计算两大部分。由于储层纳米孔内流体的相态特征与体相状态有很大的差异，有必要对状态方程的表达形式及使用方法进行改进，以便将现有的计算模型应用于页岩储层。

　　1)工程密度泛函理论法

　　密度泛函理论(DFT)的创立最初是利用电子密度泛函来确定多电子体系的性质。Ebner 等(1976)提出了用流体分子密度泛函代替电子密度泛函的工程密度泛函方法来描述多分子非均质流体系统。从此，工程密度泛函理论成为研究结构及非均匀流体热力学性质的重要理论方法。

　　与分子模拟相似，工程密度泛函不需要预先假设吸附层数。此外，工程离散傅里叶变换的计算成本较低，可以提供相对满意的流体密度结果。因此，在一系列等压/等温线计算中，当流体密度剖面显示出一个突然的跳跃或下降时，可以确定相变温度/压力。但是，需要半经验公式和数据拟合来获得关键性质，如果半经验公式在受限条件下是不合适的，这种结果可能是无效的。此外，由于有限体积效应和外部势模型(如流体-孔壁相互作用模型)假设的有效性，工程密度泛函的准确性在很大程度上依赖于状态方程式的选择。

2) 简化局部密度法

简化局部密度法(SLD)可用来描述狭缝状纳米孔内的吸附现象和非均一密度分布。相比密度泛函理论和分子模拟节省了计算成本，SLD 为流体分子与壁面分子之间的相互作用提供了一种可行的研究方法。通过简化的流体-孔壁化学势函数 $\mu_{fw}(z)$ 反映流体-孔壁相互作用。但是，该方法假设页岩储层为具有一定宽度的均一狭缝孔。也就是说没有考虑孔径分布。因此，将 SLD 扩展到圆柱形孔隙需要进行适当的修正。此外，该方法的准确性在很大程度上取决于流体-孔壁分子势模型及其参数的选择。目前研究通常采用活性炭模型，这种处理忽略了不同孔隙结构势参数变化。此外，应用 SLD 研究重组分流体相行为的准确性、科学性还需要实验数据进行进一步验证。

3) 添加控制参数法

受限流体的两个显著特征就是临界点的偏移和毛细管压力的重要影响。为了预测受限流体的相态特征，根据上述两因素来修正经典的状态方程，即在逸度方程中加入毛细管压力或修改状态方程的关键参数。

(1) 毛细管压力。

在常规模拟中，对于相平衡的计算，认为气体压力等于原油压力，即忽略了不同相之间的毛细管压力。然而，对于页岩储层而言，受限效应显著，因此毛细管压力过高，不容忽视。

毛细管压力对相态的影响结果是降低泡点压力(图 4-28)。早期研究表明，露点压力随毛细管压力的增加而增加。最近的研究则认为，露点上部分压力确实增大，而下部分压力减小。被抑制的泡点压力延缓了原油的蒸发，因此，与不受毛细管压力影响的原油相比，原油中含有更丰富的轻质组分。因此，油的密度和黏度降低，流动能力增加。在临界点处，毛细管压力减小，因此毛细管压力方法不能解释纳米孔内流体临界点的变化。为了弥补这一劣势，毛细管压力法经常与临界偏移方程相结合来描述纳米孔的相行为。

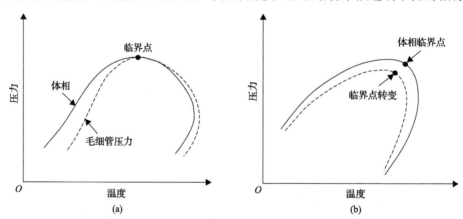

图 4-28　无毛细管压力(实线)和有毛细管压力(虚线)的 $P\text{-}T$ 图对比(a)；无临界点位移和
有临界点位移的 $P\text{-}T$ 图对比(b)

(2) 临界点的偏移。

研究表明，临界温度的变化会随着狭缝孔宽度的变化而改变。Zarragoicoechea 和

Kuz(2004)基于伦纳德-琼斯势(Lennard-Jones)受限流体的范德瓦尔斯平均场模型计算出的亥姆霍兹自由能,提出了临界温度和临界压力偏移方程为

$$\frac{T_c - T_{c,p}}{T_c} = 0.9409 \frac{\delta_{LJ}}{r_p} - 0.2415 \left(\frac{\delta_{LJ}}{r_p} \right)^2 \tag{4-3}$$

$$\frac{P_c - P_{c,p}}{P_c} = 0.9409 \frac{\delta_{LJ}}{r_p} - 0.2415 \left(\frac{\delta_{LJ}}{r_p} \right)^2 \tag{4-4}$$

式中,T_c 为体相临界温度;$T_{c,p}$ 为受限态临界温度;P_c 为体相临界压力;$P_{c,p}$ 为受限态临界压力;δ_{LJ} 为 Lennard-Jones 参数;r_p 为孔隙半径。上述偏移方程表明,受限条件下孔隙内流体临界温度和临界压力均降低。Jin 等(2013)基于对分子模拟结果进行修订,建立另一种单组分下临界温度和临界压力的偏移方程,其将流体临界温度和临界压力表示为 δ_{LJ} 和 r_p 的函数:

$$T_{c,p} = T_c \left[0.985 - 0.3593 \left(\frac{r_p}{\delta_{LJ}} \right)^{-1.241} \right] \tag{4-5}$$

$$P_{c,p} = P_c \left[1 - 1.0519 \left(\frac{r_p}{\delta_{LJ}} \right)^{-0.775} \right] \tag{4-6}$$

基于 Singh S K 和 Singh J K(2011)的模拟数据,Alharthy 等(2013)推导出了小于 3nm 孔隙的另一组关键偏移方程:

$$\frac{T_c - T_{c,p}}{T_c} = 1.0983 e^{-1.858 r_p} \tag{4-7}$$

$$\frac{P_c - P_{c,p}}{P_c} = 0.8194 r_p + 1.2142 \tag{4-8}$$

4)改进的状态方程

纳米孔体系物理性质和相平衡需要使用精确的改进型状态方程来表示。这些改进源于微观相互作用力的变化,以及受限条件下孔隙体积及流体-孔壁相互作用所导致的分子行为。普遍认为应从状态方程最简单的表达式——范德瓦尔斯公式开始,然后扩展到更接近真实情况的数理公式,如彭-罗宾森(Peng-Robinson)方程和索阿韦-雷德利希-邝(Soave-Redlish-Kwong)方程。其中应包括考虑孔壁-流体相互作用、考虑有限孔隙体积、考虑流体-孔壁相互作用和有限孔隙体积。

4. 数值模拟法

利用室内实验和分子模拟研究孔隙大小对流体相态的影响所采用的分别是均匀孔隙

和孔隙范围变化小的材料或类狭缝单孔隙模型。研究的结论对单个孔隙是有效的。通过修改状态方程进而考虑宏观尺度上受限空间和孔壁-流体相互作用被认为是最有前景的。然而,上述所有的改进状态方程都有其不足之处。目前,还没有一种商用模拟软件能够准确、高效地预测页岩中受限流体的相态特征。研究者尝试采用临界偏移、毛细管压力理论、吸附模型或者将它们结合起来进行大尺度模拟。

目前的模拟器都假设各模块会快速达到平衡,所有闪蒸计算都是在平衡条件下进行的,这对大多数常规油藏都是有效的。但页岩储层中大量发育的纳米孔限制了模块内流体的流动能力,导致不同部位的压力差异很大。在不同的压力下,液相和气相中的流体成分是不同的。不同状态下分子之间通过相互接触和碰撞以达到压力和化学平衡。而流动能力受限会使分子的运动速率变慢,从而使整个模块的化学势和压力达到平衡所需的时间变长。因此,瞬时平衡的假设在页岩储层中可能是无效的,这对传统闪蒸计算在页岩油气中的应用提出了挑战。

4.4.3　陆相页岩油相态特征

以松辽盆地北部青一段页岩油为例,采用改进状态方程法初步分析陆相页岩油受限条件下的相态特征。

1. 页岩油组分确定

页岩油的组分信息是开展相态研究的基础,也是最为关键的一步。油田现场样品的质量极大地影响着高压物性分析的准确性。测试样品如能代表井底流体的真实情况,则相应分析将有效反映储层流体的性质。研究区泥页岩有机质成熟度主体处于 1.0%~1.6%,页岩油中的轻烃组分占比高,常规取心后轻烃大量挥发,加之未获取油罐气组分信息,导致组分特征获取困难。

基于研究层段保压/密闭取心样品,开展 PY-GC 实验,获取页岩油组分特征。在进行 PY-GC 实验时,样品需进行粉碎,该过程会导致组分散失,加之取样、运输过程中部分组分逸散,使页岩中的轻烃,尤其是 C_1~C_5 含量不同程度降低,而轻烃含量对于页岩油的相态有着十分重要的影响。因此,十分有必要对页岩油中的轻烃进行恢复。

利用幂指数拟合原油组分进而确定页岩油轻烃含量,被广泛应用于中—高熟页岩油轻质组分恢复研究(Kissin, 1987)。页岩油中正构烷烃的摩尔含量遵循幂指数分布,即

$$MC(n) = WC(n)/MW(n) = Ae^{a \cdot n} \tag{4-9}$$

式中,$MC(n)$ 为原油中正构烷烃摩尔含量;$WC(n)$ 为正构烷烃质量占比;$MW(n)$ 为分子质量;a 为分布系数;A 为归一化系数。

以 X1 井 2226.6m 泥页岩样品为例,简单介绍轻烃恢复方法。该层段虽为密闭取心,但效果较差。图 4-29 为该样品 PY-GC 谱图(300℃,3min),依据各组分的谱峰面积,可得到原油中不同碳数正构烷烃质量(表 4-3)。

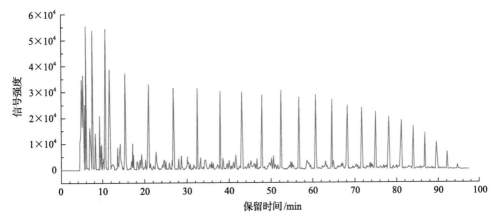

图 4-29　密闭取心泥页岩 PY-GC 谱图

表 4-3　泥页岩 PY-GC 组分特征（未进行轻烃恢复）　　　（单位：mg/g）

组分	各组分含烃量	组分	各组分含烃量
C_1	0.051	C_{15}	0.477
C_2	0.106	C_{16}	0.399
C_3	0.206	C_{17}	0.389
C_4	0.256	C_{18}	0.377
C_5	0.249	C_{19}	0.359
C_6	0.307	C_{20}	0.305
C_7	0.517	C_{21}	0.313
C_8	0.603	C_{22}	0.257
C_9	0.505	C_{23}	0.221
C_{10}	0.493	C_{24}	0.177
C_{11}	0.461	C_{25}	0.152
C_{12}	0.480	C_{26}	0.110
C_{13}	0.489	C_{27}	0.073
C_{14}	0.442	C_{28}	0.027

采用式(4-9)对页岩油 C_{7+} 组分进行幂指数拟合（图 4-30），确定轻烃（$C_1 \sim C_7$）组分的摩尔占比，进而可明确轻烃散失量，最终得到页岩油原始组分信息（表 4-4）。

表 4-4　泥页岩 PY-GC 组分特征（已进行轻烃恢复）　　　（单位：mg/g）

组分	各组分含烃量	组分	各组分含烃量
C_1	0.317	C_7	0.732
C_2	0.504	C_8	0.707
C_3	0.626	C_9	0.672
C_4	0.699	C_{10}	0.632
C_5	0.735	C_{11}	0.588
C_6	0.743	C_{12}	0.543

组分	各组分含烃量	组分	各组分含烃量
C_{13}	0.498	C_{21}	0.212
C_{14}	0.454	C_{22}	0.188
C_{15}	0.411	C_{23}	0.167
C_{16}	0.371	C_{24}	0.147
C_{17}	0.334	C_{25}	0.130
C_{18}	0.299	C_{26}	0.114
C_{19}	0.268	C_{27}	0.101
C_{20}	0.239	C_{28}	0.088

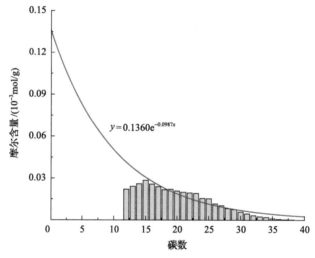

图 4-30 页岩油轻质组分拟合图

2. 受限条件流体相态特征

在确定原油原始组分信息的基础上，考虑吸附作用对流体有效摩尔体积、毛细管压力及临界性质的影响，利用改进状态方程，获取 G1 流体在毛细管压力及受限状态下的 $P\text{-}T$ 相态(图 4-31)。

同时，分别选取半径为 50nm、30nm 和 10nm 的孔隙为例，阐明不同纳米孔尺度下流体相态特征(图 4-32)。结果表明，纳米孔内毛细管压力会造成流体泡点压力降低，温度越小，泡点压力降低幅度越明显。当靠近临界点时，流体逐渐转变为单相，此时毛细管压力无影响。综合考虑受限效应(有效摩尔体积、毛细管压力及临界性质)对流体相态的影响，随着温度升高，受限流体的泡点压力降低幅度越明显。孔隙半径越小，泡点抑制程度越高。

在不考虑受限作用对流体相态的影响时，当体系压力低于泡点压力时，储层所有孔隙内的流体都会开始析出气体，进而造成流体渗流至纳米孔时阻力急剧增大(贾敏效应)，并且会导致生产井过早"气窜"(图 4-33)。在考虑受限作用对流体相态影响的情况下，

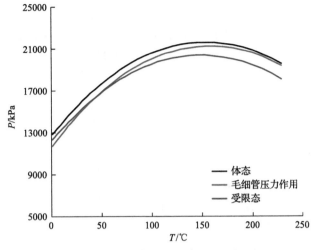

图 4-31　G1 流体不同状态下 P-T 相图

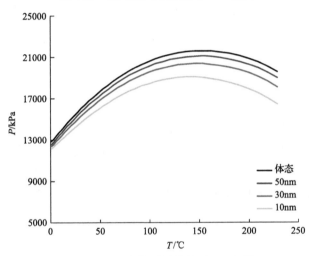

图 4-32　G1 流体不同孔径下 P-T 相图

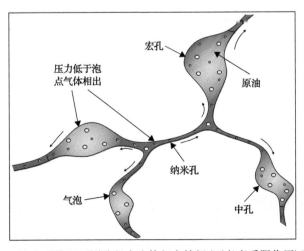

图 4-33　泡点系统下不同孔径内流体相态特征(不考虑受限作用)示意图

由于纳米孔内流体的泡点被抑制，当压力低于自由态流体泡点时，中孔及宏孔内开始有气体析出，而此时纳米孔内流体仍然呈不饱和态(单相)。孔隙半径越大，气体含量越高。受限作用对于纳米孔内流体渗流具有促进作用(图 4-34)。

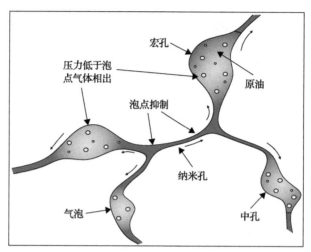

图 4-34　泡点系统下不同孔径内流体相态特征(考虑受限作用)示意图

3. 不同成熟阶段流体相态特征

松辽盆地北部青一段泥页岩成熟度分布区间广(R_o=0.8%～1.7%)，部分已进入凝析气阶段。选取八组不同成熟度实际流体(A～H)及两种拟定高熟流体(I、J)开展研究。页岩油产出主要由裂缝及大孔、宏孔贡献，100nm 以下的纳米孔对页岩油的产能有无贡献目前还不明晰。因此，此处仅研究不同成熟度流体在自由态的相态特征。十种流体主要碳数摩尔占比直方图见图 4-35。

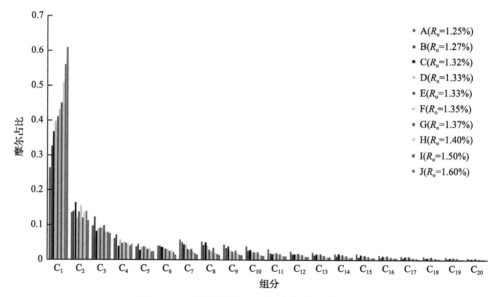

图 4-35　不同流体主要碳数摩尔占比直方图

依据闪蒸计算，可得 10 种流体 P-T 相图（图 4-36）。随着成熟度增加，有机质及原油逐渐开始裂解，产生大量轻质组分，甲烷占比逐渐增大，流体临界温度呈逐渐减小趋势，而临界压力逐渐增大，表现为相包络线逐渐向甲烷饱和蒸气压曲线靠近。随着甲烷占比增加，流体体系泡点压力逐渐增大。

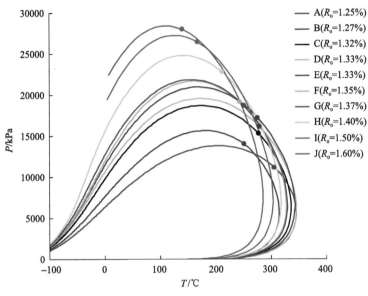

图 4-36　不同成熟度页岩油 P-T 相图

第5章 不同赋存状态页岩油定量评价及控因分析

定量表征不同赋存状态页岩油含量是揭示页岩油赋存机理的重要内容，也是明确页岩油可动性的基础工作。本章提出了基于核磁共振 T_1-T_2 谱检测页岩吸附油、游离油的方法和评价流程，并利用岩石物理实验统计和分子模拟相结合的方法，探讨页岩油赋存的控制因素，建立页岩油吸附量的地质评价模型。

5.1 不同赋存状态页岩油定量检测方法

5.1.1 分步热解法

近年来在常规热解的基础上发展起来的分步热解也称多阶段升温热解，能够更好地评价不同赋存状态页岩油率。将传统的"两段式"升温方案改进为"三段式""四段式"甚至"五段式"，以更好地符合页岩油研究实际。国内外学者基于不同的实验样品和实验目的，设计出不同的升温方案，已在 1.2.3 节中介绍，在此不做赘述。本节利用中国石化石油勘探开发研究院无锡石油地质研究所提出的改进的岩石热解法测定页岩吸附油量。

实验采用 Rock-Eval 6，实验前将样品粉碎至 100～120 目，并取 100mg 左右的粉末，按如下热解控温程序进行(图 5-1)：起始温度为 80℃并恒温 1min 得到产物 S_0，接着以 25℃/min 的升温速率升至 200℃并恒温 3min 得到产物 S_{1-1}，再以 25℃/min 的升温速率升至 300℃并恒温 3min 得到产物 S_{1-2a}，继而以 25℃/min 升温速率升至 350℃并恒温 3min 得到 S_{1-2b}。从 350℃以 25℃/min 的升温速率升至 450℃并恒温 3min 得到 S_{2-1}，最后以 25℃/min 的升温速率升至 650℃并恒温 3min 得到 S_{2-2}。对于各阶段产物，S_{1-1}、S_{1-2} 被认

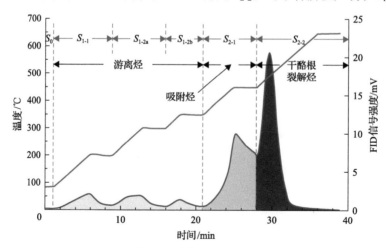

图 5-1 分步热解实验控温程序及热解谱示意图

为是游离烃(其中 S_{1-1} 为可动烃)，S_{2-1} 为吸附烃，S_{2-2} 为干酪根裂解烃(蒋启贵等，2016)。

很明显，根据中国石化石油勘探开发研究院无锡石油地质研究所的分步热解程序，部分干酪根在 450℃时已经裂解，因此在 350~450℃所得热解产物为重质吸附烃和部分干酪根裂解烃的总和。然而，在 450℃之后，洗油前后岩样的热解峰谱仍有差异(图 3-6)，该部分差异即为抽提过程中极性组分极强或沸点极高的重质烃，即热解过程中该部分重质烃在 450℃并没有热蒸出来。根据热解吸附、游离油量之和与氯仿沥青"A"的关系，可得出 450℃没有热蒸出来的重质烃含量与 450℃之前干酪根的裂解烃量相等。

以济阳拗陷沙河街组页岩为例，不同岩相泥页岩吸附、游离油量存在差异(图 5-2)。当矿物组分相似时，纹层状页岩吸附、游离油量均较高，层状次之，块状岩相吸附、游

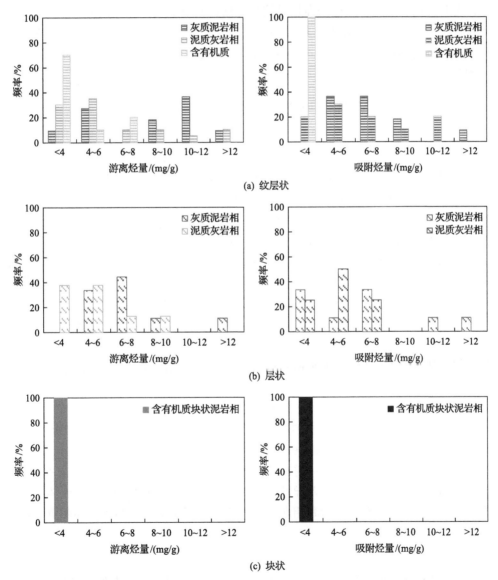

图 5-2　济阳拗陷沙河街组不同岩相泥页岩游离、吸附烃(油)量频率分布直方图

离油量最低。当沉积构造相似时，纹层状/层状灰质泥岩相的吸附、游离油量均大于泥质灰岩相的吸附、游离油量，富有机质岩相泥页岩吸附、游离油量大于含有机质岩相，表明泥页岩吸附、游离油量主要受泥页岩生烃潜力(TOC)的控制。对于吸附油所占比例，含有机质纹层状泥质灰岩相吸附油比例最低，仅为37%；纹层状吸附油比例略低于层状，含有机质块状泥岩相吸附油比例最高，高达55%，页岩油可动性最差。

5.1.2　核磁共振 T_1-T_2 谱法

由核磁共振弛豫原理可知，其纵向弛豫(T_1)和横向弛豫(T_2)与页岩流体的黏度、密度等直接相关，一般来说，流体黏度/组分越重，其 T_2 弛豫速率较快，T_2 分布较窄但其 T_1 却表现出较宽的范围，且在场强相对较高的核磁响应中二者差异较为明显，因此，对于吸附油这一"类固态"流体，其 T_1/T_2 大于游离油，这为利用核磁共振技术评价不同吸附油、游离油提供了契机。这一方法的首要前提就是明确吸附油、游离油在 T_1-T_2 谱图上的分布区域。

1. 核磁共振 T_1-T_2 谱各含氢组分划分方案

因泥页岩较为致密，为了完整地反映泥页岩孔隙特征，核磁共振实验采用低回波间隔(TE)，用以检测更小孔隙中的流体。但值得注意的是，在低的回波间隔实验条件下，泥页岩中的干酪根、黏土矿物结构水等组分的信号亦能被检测到(Fleury and Romero-Sarmiento，2016；Li et al.，2018a)。鉴于泥页岩含氢组分(干酪根、游离油、吸附油、游离水、吸附水、结构水)的类型较多，且各组分的核磁信号响应特征存在着差异，因此，有必要建立泥页岩各含氢组分核磁共振信号分布的划分方案。

对于储层中含氢组分核磁共振信号的分离，前人主要基于信号屏蔽法和二维核磁共振法(Singer et al.，2016；Fleury and Romero-Sarmiento，2016；Li et al.，2018a)。信号屏蔽法是对泥页岩浸泡氯化锰溶液(MnCl$_2$)或者饱和重水(D$_2$O)，使核磁共振只检测到油的信号。该方法存在的问题主要是：①当氯化锰或者重水不能进入小孔或者死孔时，水的信号可能屏蔽不掉；②湖相泥页岩富含黏土矿物，Mn^{2+} 会与一些黏土矿物发生水解反应破坏孔隙结构；③该方法仅对油水信号进行分离，而无法区分干酪根的信号。二维核磁共振法是在横向弛豫(T_2)的基础上对另外一个参数(扩散系数 D、纵向弛豫时间 T_1 和磁场梯度 G)进行测定，根据不同组分核磁响应的差异性对各组分进行分离。对于常规储层来说，最常见的是 D-T_2 法，但泥页岩的孔隙致密，且顺磁性物质较多，利用该方法难以取得较好的效果(Birdwell and Washburn，2015)。针对泥页岩含氢组分的区分，目前国外学者使用较多的是核磁共振 T_1-T_2 谱技术，但由于实验仪器或者测试条件等的不同，各学者所建立的区分方案存在一定的差异性，且对于泥页岩中吸附态和游离态流体组分的区分鲜有研究，同时其研究对象为海相泥页岩，能否适用于中国富黏土的陆相页岩仍值得商榷。

1)评价流程

本节以渤海湾盆地沙河街组泥页岩为研究对象，利用高分辨率低场核磁共振仪(频率为 21.36MHz，回波间隔 $T_E=0.07ms$），测定泥页岩、氯仿抽提烘干后的泥页岩、饱和油状态泥页岩、饱和水状态泥页岩、离心油状态泥页岩、离心水状态泥页岩、干酪根、含吸附态油干酪根的核磁共振 T_1-T_2 谱；此外，为研究黏土矿物的核磁共振 T_1-T_2 谱特征，本节以蒙脱石(购自美国加利福尼亚州圣迭戈县，纯度高达 99.99%)为例，通过改变加热温度，控制矿物内部含水的状态，对比分析饱和水状态、含吸附水状态、仅含结构水状态黏土矿物的核磁共振 T_1-T_2 谱特征。综合不同含油、水态泥页岩、干酪根及黏土矿物的核磁共振 T_1-T_2 谱，建立湖相泥页岩各含氢组分的核磁共振 T_1-T_2 谱划分方案。具体流程如图 5-3 所示。

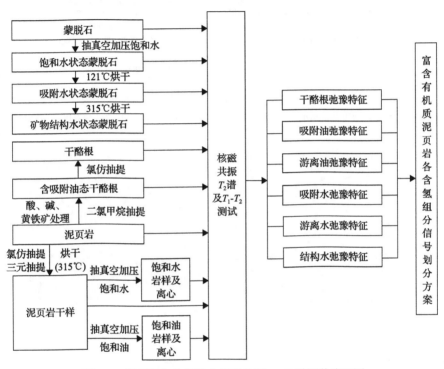

图 5-3　泥页岩各含氢组分核磁共振 T_1-T_2 谱评价流程图

2)各含氢组分流体核磁 T_1-T_2 谱特征

(1)自由流体信号

为确定自由状态下油和水的在核磁共振 T_1-T_2 谱上的分布，对油(正十二烷)和水(NaCl)分别进行 T_1-T_2 谱测试，其结果如图 5-4 所示。自由状态下正十二烷和水的 T_1/T_2 较低，均接近于 1；相比之下，水的 $T_2(T_1)$ 弛豫时间稍长，其 T_2 分布在 1100~2700ms，主峰在 1700ms 左右；正十二烷的 T_2 分布在 1100~1700ms，主峰为 1400ms。

(2)干酪根和吸附油信号

处于生油阶段的湖相干酪根的核磁共振 T_1-T_2 谱如图 5-5(a)所示。受同核偶极耦合相互作用，干酪根横向弛豫时间较短(Washburn and Birdwell，2013)，其 T_2 分布在 0.01~0.65ms，主峰在 0.1ms 左右，T_1 分布范围较宽，主要分布在 0.65~100ms，T_1/T_2 基本在 100 以上，信号峰值处 T_1/T_2 为 193，该值略低于 Fleury 和 Romero-Sarmiento(2016)针对

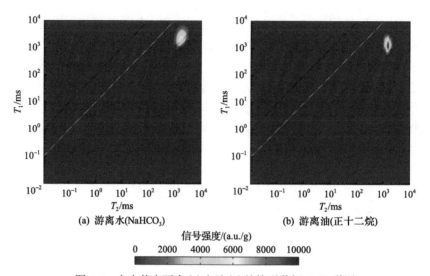

(a) 游离水(NaHCO₃)　　　　　　　　(b) 游离油(正十二烷)

信号强度/(a.u./g)

图 5-4　自由状态下水(a)和油(b)的核磁共振 T_1-T_2 谱图

图中红色虚线指示 $T_1/T_2=1$，黄色虚线指示 $T_1/T_2=10$，黑色虚线指示 $T_1/T_2=100$，下同；为方便对比，采用同一色标，下同

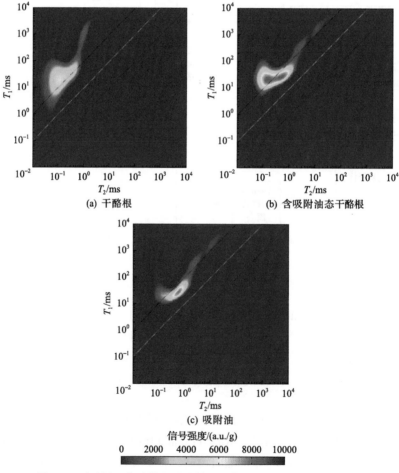

(a) 干酪根　　　　　　　　　　(b) 含吸附油态干酪根

(c) 吸附油

信号强度/(a.u./g)

图 5-5　干酪根、含吸附油干酪根和吸附油的核磁共振 T_1-T_2 谱图

Barnett 页岩成熟干酪根所测结果(T_1/T_2 约为 250)。成熟度越高,干酪根刚性越强,其 T_1/T_2 越高(Fleury and Romero-Sarmiento,2016; Khatibi et al.,2019)。干酪根核磁共振响应的信号强度与其含氢量有直接关系,一般来说,干酪根类型越好,生烃潜力越大,其核磁信号强度越高(Fleury and Romero-Sarmiento,2016)。

含吸附态油的干酪根的核磁共振 T_1-T_2 谱特征如图 5-5(b)所示,其 T_2 主要分布在 0.05~2ms,主峰分布在 0.15ms 左右,T_1 主要分布在 4.6~125ms,信号峰值处 T_1/T_2 在 155 左右。与干酪根核磁共振 T_1-T_2 谱相比,差异表现在:①T_1-T_2 谱信号区域范围变大,其 T_2 弛豫时间明显增加;②信号强度增加。如前所述,与干酪根这一类固态组分相比,尽管部分吸附态油的重质组分之间可能也存在着同核偶极耦合相互作用,但吸附态油与干酪根之间以表面弛豫为主,与前者相比,后者弛豫速率相对较慢,因此,含吸附态油的干酪根的核磁共振 T_2 弛豫时间右移。

对含吸附态油干酪根的核磁共振 T_1-T_2 谱与干酪根的核磁共振 T_1-T_2 谱做差即可得到吸附油的核磁共振 T_1-T_2 谱分布(若出现负值则设置为零),如图 5-5(c)所示。吸附油的 T_2 主要分布在 0.22~1ms,主峰分布在 0.65ms,T_1 主要分布在 10~125ms,T_1/T_2 介于 25~200,峰值处 T_1/T_2 约为 50。此外,部分油因溶胀作用进入干酪根分子内部,其分子受限制作用较强,可动能力最差,因此,本节推测 T_1/T_2 在 100 以上($T_2 < 0.22$ms)的区域可能指示溶胀部分的油的信号。

(3)游离水、吸附水及矿物结构水信号

为了研究游离水、吸附水及黏土矿物结构水核磁共振 T_1-T_2 谱分布,以蒙脱石为例,先对蒙脱石饱和水(游离态和吸附态),然后分别在 121℃和 315℃条件下烘干 24h,121℃烘干后,其游离水散失;315℃烘干后,其吸附水散失,仅剩矿物结构水(羟基)。烘干温度主要参考 Handwerger 等(2011)的研究成果。

A. 游离水信号

饱和水后的蒙脱石孔隙内游离水的核磁共振 T_1-T_2 谱特征如图 5-6(a)所示,T_2 主要分布在 0.22~1ms,主峰分布在 0.65ms 左右,T_1/T_2 介于 1~4.64,峰值处 T_1/T_2 约为 1.94,与 Fleury 和 Romero-Sarmiento(2016)的研究结果(T_1/T_2 约为 2)较为接近。但值得注意的是,饱和水条件下蒙脱石的核磁共振 T_1-T_2 谱所得游离水 T_2 分布与 Fleury 和 Romero-Sarmiento(2016)针对 Barnett 页岩饱和水法所得结果(T_2 介于 0.5~10ms)相比,蒙脱石内游离水 T_2 谱分布范围表现出窄而小的特征,其主要原因与蒙脱石的微观孔隙结构特征有关。蒙脱石孔隙类型为晶间孔,在去除游离水后,根据 N_2 吸附实验结果,孔径主要分布在 50nm 以下(图 5-7),孔隙结构较为单一且相对较小。

B. 吸附水信号

经 121℃烘干处理后,蒙脱石脱除层间/游离水后转化成伊利石。含吸附水的伊利石的核磁共振 T_1-T_2 谱特征如图 5-6(b)所示。其 T_2 介于 0.01~0.11ms,主峰分布在 0.072ms 左右,T_1 介于 0.024~0.64ms,T_1/T_2 小于 10,峰值处 T_1/T_2 约为 3。吸附水主要赋存在矿物表面,其与矿物之间的相互作用较强,可动能力较差,因此,与孔隙中心的游离水相比,其 T_2 弛豫时间明显变短,T_1/T_2 变大。

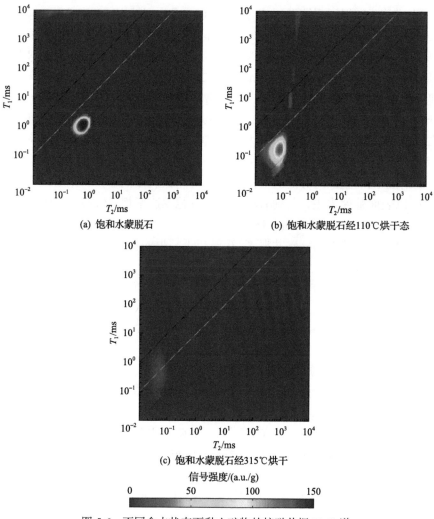

(a) 饱和水蒙脱石

(b) 饱和水蒙脱石经110℃烘干态

(c) 饱和水蒙脱石经315℃烘干

图 5-6　不同含水状态下黏土矿物的核磁共振 T_1-T_2 谱

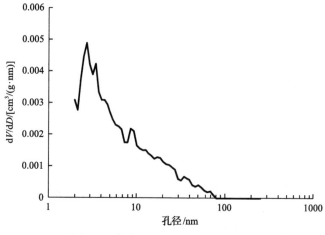

图 5-7　蒙脱石矿物的孔径分布曲线

C. 结构水信号

经 315℃烘干后，伊利石表面吸附水散失，其核磁共振 T_1-T_2 谱检测的是结构水的信号，如图 5-6(c)所示。结构水的 T_2 介于 0.01～0.11ms，主峰分布在 0.058ms 左右，T_1 介于 0.058～26.83ms，T_1/T_2 小于 100，峰值处 T_1/T_2 约为 10。与吸附水相比，二者信号区域有重叠，结构水的 T_2 仅出现轻微的左移趋势，但其 T_1 范围明显变宽，T_1/T_2 变高，这与其氢质子可动性极弱有关。

此外，图 5-6 显示，从游离水到吸附水再到结构水，核磁共振 T_1-T_2 谱表现出 T_2 减小、T_1/T_2 增加的趋势；从信号强度上来看，游离水最强，吸附水次之，结构水最低，这主要与流体含量和仪器的分辨率有关，当存在大量的游离水时，吸附水和结构水在核磁共振 T_1-T_2 谱上的信号几乎不显示，因此，对于常规砂岩饱和水后(黏土矿物含量低、孔喉大、存在大量的游离态水)，其吸附水和内部结构水的核磁共振信号可以忽略不计，然而对于富含黏土矿物、储层较为致密的泥页岩储层，其吸附水和结构水在核磁共振响应中所占比例相对较大，不容忽视。

(4) 不同含油、水态泥页岩核磁共振 T_1-T_2 谱特征

本节对泥页岩、氯仿抽提并烘干后的泥页岩及泥页岩干样在饱和油、离心油、饱和水、离心水状态下的核磁共振 T_1-T_2 谱进行对比分析(图 5-8)，根据上述泥页岩处理过程中油、水的变化及其对应的核磁共振 T_1-T_2 谱，用以验证上述单组分法评价的各含氢组分的核磁共振 T_1-T_2 谱特征。

A. 泥页岩

泥页岩的核磁共振 T_1-T_2 谱如图 5-8(a)所示，主要分布在五个区域：A($T_2<1$ms，$T_1/T_2>100$)、B(0.22ms$\leqslant T_2\leqslant 1$ms，$25\leqslant T_1/T_2\leqslant 100$)、C($T_2>1$ms，$10\leqslant T_1/T_2<100$)、D($T_2<0.22$ms，$T_1/T_2<100$)、E($T_2<0.22$ms，$T_1/T_2<10$)。前已述及，区域 A 为干酪根信号(包含部分溶胀油)，区域 B 为吸附油信号，区域 D 为结构水信号，区域 E 为吸附水信号(D 和 E 有信号重叠)。

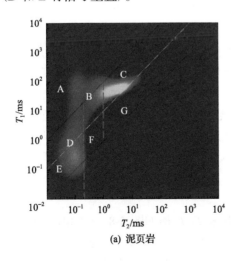

(a) 泥页岩

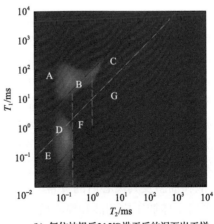

(b) 氯仿抽提后315℃烘干后的泥页岩干样

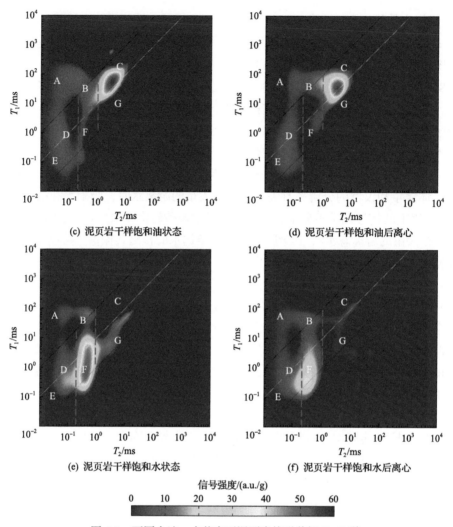

(c) 泥页岩干样饱和油状态　　　　　　　　(d) 泥页岩干样饱和油后离心

(e) 泥页岩干样饱和水状态　　　　　　　　(f) 泥页岩干样饱和水后离心

信号强度/(a.u./g)

图 5-8　不同含油、水状态下泥页岩核磁共振 T_1-T_2 谱

B. 泥页岩干样

对泥页岩进行氯仿抽提，并在 315℃条件下烘干后泥页岩干样的核磁共振 T_1-T_2 谱如图 5-8(b)所示，与泥页岩[图 5-8(a)]相比，区域 B 和区域 C 处信号量明显降低，因此推断，区域 C 为游离油信号。泥页岩干样在区域 B 和 C 处仍存在油信号，该信号可能是部分存在于死孔隙中的残留油，在氯仿抽提和烘干的过程中没有完全去除。经 315℃烘干后，泥页岩中的吸附水被热蒸出去，因此，此刻区域 D 为结构水信号，可以看出，对于富黏土的湖相泥页岩来说，存在大量的结构水，该部分是核磁检测泥页岩氢含量的重要组成部分。

C. 饱和油态及其离心后的页岩

泥页岩干样加压饱和油和离心后的核磁共振 T_1-T_2 谱如图 5-8(c)和(d)所示。饱和油后，区域 C 处信号量明显增加，证实其为游离油信号。与泥页岩相比，饱和油状态下区域 C 处信号强度亦要强得多，其原因为泥页岩中的残留油为非饱和状态，在岩心采集及实验室内放置的过程中，存在着烃类的损失。饱和油后离心[图 5-8(d)]，区域 C 处信号强度降低，指示部分油被离心出去。此外，对比离心后的状态和泥页岩的核磁共振 T_1-T_2 谱[图 5-8(a)]，离心后岩石中的油信号强度要高于泥页岩，因此可以推断实验室内放置许久的泥页岩中的残留油为不可动状态。

D. 饱和水态及其离心后的页岩

泥页岩干样加压饱和水和离心后的核磁共振 T_1-T_2 谱如图 5-8(e) 和 (f) 所示。与饱和油不同的是，饱和水后，区域 F(0.22ms<T_2<1ms，T_1/T_2<10) 和 G(1ms<T_2<10ms，T_1/T_2<10) 明显增强，指示为游离水。其中，区域 F 的位置与蒙脱石饱和水状态下[图 5-6(a)]相同，可能指示黏土矿物粒内孔隙中的水，而对于区域 G，其 T_2 弛豫时间较长，反映了孔径相对较大的粒间孔隙。对于富黏土的湖相泥页岩来说，其孔隙主要由黏土相关孔贡献，因此，区域 F 的信号强度远高于区域 G，而对于海相页岩来说，却表现出相反的特征(Fleury and Romero-Sarmiento，2016)。离心后，游离水信号降低，且受孔隙尺寸影响，孔径相对较大的粒间孔的(T_2>1ms)降低幅度较为明显，离心后孔隙内水的 T_1/T_2 峰值向左偏移。

对比泥页岩干样饱和油与饱和水状态[图 5-8(c) 和 (e)]，游离油(区域 C)和游离水(区域 F 和 G)二者差异主要表现：①主峰位置处，游离水的 T_2 小于游离油。孔隙中流体的 T_2 分布是泥页岩孔径大小和润湿性等综合体现，游离水的 T_2 小于游离油的原因可能为富含黏土矿物的泥页岩在饱和水后容易发生膨胀，改变了原始孔隙结构，导致孔径变小，T_2 峰左移；亦可能是因为黏土相关孔的水湿性导致水的 T_2 弛豫时间更短。②泥页岩中游离油的 T_1/T_2 高于游离水(游离油为 17.30，游离水为 1.55)，与前人根据海相页岩所述现象一致(Ozen and Sigal，2013；Nicot et al.，2016)。T_1/T_2 与流体的黏度、分子大小及氢质子可动性有关，T_1/T_2 越大，流体黏度越大，可动性越差，因此，经过离心后，油的可动性远差于水[图 5-8(d) 和 (f)]。

3) 富有机质泥页岩 T_1-T_2 谱划分方案

根据上述干酪根、含吸附态油干酪根、不同含水状态下的黏土矿物、泥页岩、抽提烘干后泥页岩、饱和油、饱和油离心、饱和水、饱和水离心等状态下的核磁共振 T_1-T_2 谱特征，总结了湖相泥页岩中各含氢组分在核磁共振 T_1-T_2 谱上的分布范围，如图 5-9 所示。

就湖相泥页岩和海相泥页岩核磁共振 T_1-T_2 谱特征进行了对比分析(表 5-1)，总体可以概括为：①水的 T_1/T_2 相对较低，且不同赋存状态水的 T_1/T_2 存在较大差异，结构水的 T_1/T_2 最高(1~100)，吸附水的 T_1/T_2 次之(1~10)，孔隙水(游离态)的 T_1/T_2 最低(在 2 左右)；②油的 T_1/T_2 相对较高(吸附油 T_1/T_2 介于 25~200，游离油 T_1/T_2 介于 10~100)；③干酪根的 T_1/T_2 最高(T_1/T_2>100)。但值得注意的是，前人针对海相页岩或者砂岩的核磁共振 T_1-T_2 谱测试，目前报道较多的是采用 2MHz 频率的核磁共振仪器，且回波间隔相对较高(回波间隔一般在 0.1ms 以上)，分辨率较低，因此其干酪根和矿物结构水信号往往丢失较多的信号，且 T_1/T_2 的大小与核磁共振频率有关，一般核磁共振频率越高，其 T_1/T_2

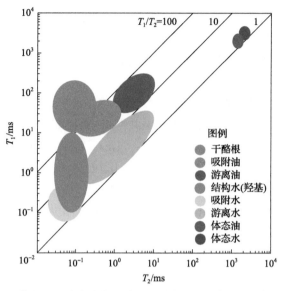

图 5-9 湖相泥页岩各含氢组分核磁共振 T_1-T_2 谱划分方案示意图

表 5-1 岩石中各含氢组分核磁共振 T_1-T_2 谱响应特征对比表

参考文献	样品	频率/MHz	回波间隔/ms	含氢组分	T_2/ms	T_1/T_2
Josh 等 (2012)	砂岩	20	0.15	黏土束缚水	<1	3
				沥青	<6	>100
Jiang 等 (2013)	页岩	2	0.2	黏土束缚水	0.5	<3
				水	0.33~100	
				束缚油	1	>10
Ozen 和 Sigal (2013)	页岩	2	0.3	水	—	2.21
				轻质-原油	—	4.10
				十二烷	—	3.93
Kausik 等 (2014)	页岩	2	0.1	水	6~80	1.3~2.5
				油	>1	1~8
				沥青及黏土束缚水	<1.5	6~15
Tinni 等 (2014)	页岩	3	0.3	水	1~2	—
				油(十二烷)	6~20	—
Fleury 和 Romero-Sarmiento (2016)	页岩	23.7	0.06	干酪根	0.01~0.1	250
				结构水	<0.1	10-100
				水	5-10	2
本节	页岩	21.36	0.07	干酪根	<0.65	>100
				结构水	<0.22	1~100
				吸附水	<0.22	1~10
				游离水	0.22~10	1~10
				吸附油	0.1~1	25~200
				游离油	1~10	10~100

越大，油水的分离效果越好，因此，与 2MHz 仪器测试结果对比，本次利用 21.36MHz 频率仪器检测的各组分的 T_1/T_2 总体来说表现出较高的趋势。此外，与前人研究使用的频率相近的测定结果相比（Fleury and Romero-Sarmiento，2016）：①本节测定的孔隙水（游离态）的 T_2 弛豫时间主峰相对较短，主要与湖相页岩中富含的黏土矿物相关孔有关；②Fleury 和 Romero-Sarmiento（2016）测定的干酪根和结构水的 T_2 弛豫时间相对较短，其原因主要是其利用的回波间隔相对较低（0.06ms），故而可以检测到弛豫时间更短的干酪根和结构水信号。因此，为了准确有效地进行泥页岩各含氢组分的识别，建议使用频率相对较高（$f > 20$MHz）、回波间隔相对较短（回波间隔 ≤ 0.07ms）的核磁共振仪器。

2. 吸附油、游离油 T_2 截止值

基于前述建立的泥页岩中各含氢组分的划分图版（图 5-9），综合核磁共振和岩石热解实验，根据不同含油态泥页岩（原始、加热、热解至 350℃ 及洗油后）核磁共振 T_1-T_2 谱的变化特征，进一步论证吸附油、游离油的核磁共振 T_1-T_2 谱弛豫特征，并从 T_1-T_2 谱中提取有机氢信号构建有机氢 T_2 谱，揭示吸附油、游离油 T_2 截止值。

1）样品与实验

选取济阳拗陷沙河街组页岩（XYS9 井，样品编号 XYS9-4），分别加工成碎块状和粉末状，其中将粉末状泥页岩分成 4 份：原始态（AR）、加热 110℃ 处理（D110）、热解至 350℃ 处理（P350）、氯仿抽提处理（EX）。分别测试碎块状泥页岩和上述四种状态下的粉末状泥页岩的核磁共振 T_1-T_2 谱。需要说明的是，因为岩石热解仪器的样品室较小，每次热解实验所采用的样品量约 100mg，而核磁共振实验样品量基本控制在 5g 以上，所以需反复进行多次岩石热解实验以获取足够的热解后样品（P350）用于核磁共振谱检测。

其他样品开展的实验：核磁共振 T_1-T_2 谱（碎块状），有机碳分析、常规/分步热解、氯仿沥青 "A" 及族组分定量、孔隙测试度等。

2）不同含油态泥页岩核磁共振 T_1-T_2 谱

原始态（AR）、加热 110℃ 后态（D110）、热解至 350℃ 后态（P350）及氯仿抽提态（EX）泥页岩的核磁共振 T_1-T_2 谱如图 5-10 所示。鉴于吸附水和结构水在 T_1-T_2 谱上重叠区域较多（图 5-9），且此处研究对象主要为有机氢组分，为便于对比分析，将吸附水和结构水作为整体研究。原始态泥页岩的核磁共振 T_1-T_2 谱信号主要分为 5 个区域[图 5-10(a)]。基于前述由各组分控制变量法建立的泥页岩核磁共振 T_1-T_2 谱图版可知：区域 1 代表干酪根和固体有机质信号，区域 2 代表吸附油或重质油信号，区域 3 代表游离油或轻质油信号，区域 4 代表吸附水和矿物结构水信号，区域 5 代表游离水信号。针对海相页岩的核磁共振 T_1-T_2 谱研究，Khatibi 等（2019）认为区域 2 和区域 3 分别代表有机孔和无机孔中的残留油。因有机质对页岩油的滞留吸附能力远高于矿物，其有机孔中的残留油以吸附态形式存在，而无机孔中的残留油则以游离态形式存在，所以本节对于区域 2 和 3 核磁信号的判定与 Khatibi 等（2019）的结论一致。此外，区域 1 和区域 4 在核磁谱上的具体位置受泥页岩成熟度和矿物组成的影响而出现上下浮动，且局部出现重叠。

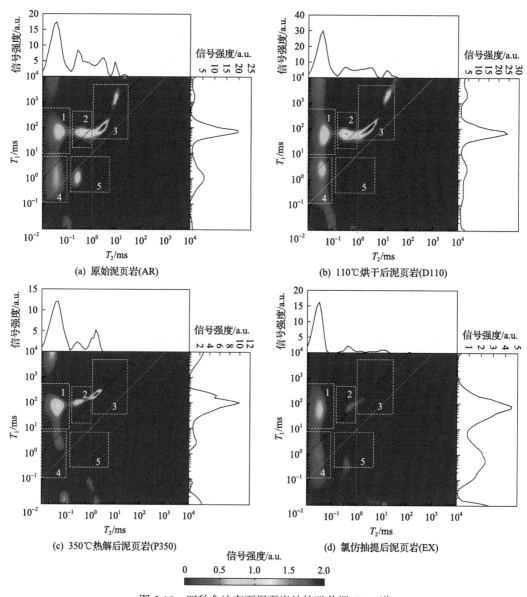

(a) 原始泥页岩(AR)　　　　　　　　　(b) 110℃烘干后泥页岩(D110)

(c) 350℃热解后泥页岩(P350)　　　　　　(d) 氯仿抽提后泥页岩(EX)

图 5-10　四种含油态下泥页岩的核磁共振 T_1-T_2 谱

当粉末状样品在 110℃烘干 24h 后[图 5-10(b)]，区域 5 处游离水信号消失。区域 4 的信号峰值处 T_1/T_2 略微增加，其原因可能为在 110℃条件下泥页岩中部分吸附水脱除，导致此时区域 4 的信号来源主要为结构水，其 T_1/T_2 大于吸附水。相比于残留水，残留油等有机氢组分的变化相对较小：区域 1 和区域 2 核磁信号强度略微增加而区域 3 的信号强度略微降低(图 5-11)。在 110℃条件下烘干 24h，孔隙中少部分游离油/轻质油的散失导致区域 3 信号略微降低；而伴随沥青、重质油等密度、黏度的降低，区域 1 和 2 的信号强度略微增加(Kleinberg and Vinegar，1996；Yang and Hirasaki，2008)。

当热解至 350℃后[图 5-10(c)]，泥页岩核磁共振 T_1-T_2 谱上区域 3 的信号强度急剧降低，指示大量的游离油已经散失，但仍残留有部分信号（$T_2>1ms$，$T_1/T_2>100$）。T_1/T_2 与氢质子的可动性有关，T_1/T_2 越大，氢质子可动性越差（Fleury and Romero-Sarmiento, 2016；Li et al., 2020），因此，经 350℃热解后，区域 3 残留的信号可能代表一部分大孔细喉或死孔中的游离油，其可动性相对较差。区域 2 信号略微降低，指示经 350℃热解后，泥页岩中已有少量吸附油/重质油散失。此外，代表吸附水和结构水的区域 4 的信号基本消失，与前述 315℃常规烘干加热处理后的核磁谱变化基本相同。

　　经氯仿抽提后[图 5-10(d)]，T_1-T_2 谱上区域 3 的信号基本消失，而区域 2 的信号强度急剧降低后仍有部分残留，可能是抽提时采用的氯仿有机溶剂极性较小，无法去除极性组分较强的重质残留油/吸附油；亦有可能代表部分微—小死孔中的残留油，在抽提的过程中没有接触到有机溶剂，继而无法有效去除。此现象亦在洗油后泥页岩的岩石热解实验中经常出现（Li et al., 2019a）。此外，与经 350℃热解后样品相比，洗油态泥页岩区域 4 中仍显示较强的信号，指示了洗油过程无法完全去除泥页岩孔隙中的吸附水和层间水。

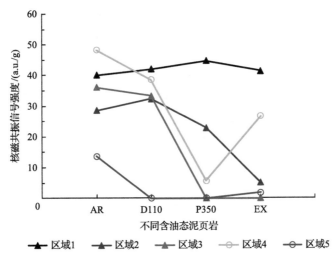

图 5-11　不同含油态泥页岩核磁共振 T_1-T_2 谱中区域 1～5 信号变化趋势

　　3）吸附油和游离油的 T_2 截止值

　　泥页岩中不仅含有有机氢组分（来源于有机质组分，含干酪根和液态烃），亦含有无机氢组分（非有机质来源），常规的 T_2 谱检测是有机氢和无机氢的综合反映，其弛豫谱图是二者的叠合体现，给吸附油、游离油的表征带来了挑战。在一维谱尺度上加入 T_1 测量，利用核磁共振 T_1-T_2 谱可实现泥页岩各含氢组分的划分，因此，本节提出了一种利用 T_1-T_2 谱构建有机氢 T_2 谱的方法来建立吸附油和游离油的 T_2 截止值，其流程如下。

　　（1）T_1-T_2 谱图上，在每个 T_2 谱的时间域里求取区域 1、2 和 3 对应 T_1 范围内的信号强度之和，分别构建区域 1、2、3 的 T_2 谱后，三者求和得到有机氢 T_2 谱[图 5-12(a)]。

　　（2）针对原始态泥页岩（AR）、经 350℃热解之后泥页岩（P350）及洗油后泥页岩（EX）的有机氢 T_2 谱，从短弛豫到长弛豫构建有机氢的累积 T_2 谱。

（3）根据 P350 和 EX 态泥页岩累积谱信号强度对应于 AR 态泥页岩有机氢累积 T_2 谱上的位置，即可确定游离油和吸附油的弛豫时间下限 T_{2CF} 和 T_{2CA}［图 5-12（b）］。

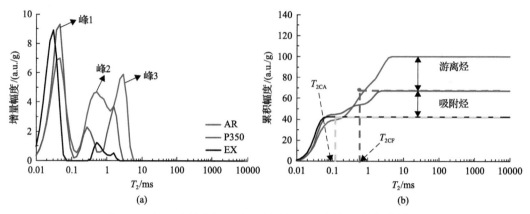

图 5-12　不同含油态泥页岩的有机氢 T_2 谱（a）及其累积谱图（b）

原始态泥页岩有机氢的 T_2 谱形态为三峰态：峰 1 为干酪根和固态有机质，峰 2 为吸附油，峰 3 为游离油。经 350℃ 热解后，峰 1 略微增加，峰 2 和峰 3 降低；洗油后，峰 2 和峰 3 基本消失，只剩一个孤立的小峰，各峰的变化及其揭示的意义等已在核磁共振 T_1-T_2 谱详细介绍（图 5-10），在此不做赘述。根据三种状态下有机氢累积 T_2 谱的信号幅度，确定泥页岩中吸附油和游离油的核磁共振 T_2 弛豫下限分别为 0.2ms 和 1ms。与前述利用单组分方法评价吸附和游离油的 T_2 弛豫范围相比（表 5-1），两种方法所得游离油 T_2 截止值相同（均为 1ms），但吸附油 T_2 截止值存在差异：利用单位组分法评价的吸附油 T_2 截止值为 0.1ms，略低于上述有机氢 T_2 谱法。因干酪根信号和吸附油信号横向弛豫时间均相对较短，且存在残留油溶胀滞留于干酪根内部的现象，二者的 T_2 弛豫时间存在交叉叠，很难予以有效区分，因此，上述两种方法评价的吸附油 T_2 截止值存在略微差异亦在合理范围内。

在常规碎屑岩储层中，一般用 3ms 和 33ms 作为束缚流体和游离/可动流体的 T_2 截止值（Coates et al.，1999；Dunn et al.，1994）。因储层的致密性及流体属性的差异，很显然常规储层的截止值不适用于页岩储层。Simpson 等（2018）在研究洗油前后（Dean-Stark cleaning）泥页岩的核磁共振 T_1-T_2 谱的特征时，认为泥页岩中游离流体的 T_2 截止值介于 0.7～1.0ms，并采用 1.0ms 作为 Bakken 页岩油中游离油识别的 T_2 下限值。相比之下，Singer 等（2016）以正庚烷为流体介质，采用 T_2=1.5ms 作为区分粒间孔的流体和干酪根吸附的流体，其略高于本节及 Simpson 等（2018）使用的游离油的弛豫下限值（1ms），原因是本节及 Simpson 等（2018）的研究对象均为残留油态泥页岩，页岩油的组分重于正庚烷流体，T_2 弛豫时间相对较短。

3. 核磁共振 T_1-T_2 谱与岩石热解的关系

1）弛豫谱和热解谱的关系

岩石热解实验是通过控制样品炉的温度，在载气流吹扫作用下，将样品中不同组分的烃类排出，并通过氢离子火焰检测器检测、标准样品标定后获得热解烃(S_1)、裂解烃(S_2)等参数，因此，岩石热解参数是泥页岩中有机氢含量的反映，且烃的类型是温度的函数，温度越高，检测到的烃类组分越重。前已述及，可以从核磁共振 T_1-T_2 谱中获取有机氢 T_2 谱，其有机氢的组分是弛豫的函数，在相似孔径影响的条件下，T_2 弛豫时间越长，指示的有机氢组分越轻（Kleinberg and Vinegar，1996）。

图 5-13 为同一块泥页岩样品的常规热解、分步热解及核磁共振有机氢 T_2 谱的对比图。对于常规热解实验来说，从低温到高温，检测的烃类依次代表了热解烃 S_1 和裂解烃 S_2，但对于低熟的泥页岩，S_2 中亦包含了较多的在 300℃ 之前未热蒸出来的重质油组分。为精确解释页岩油含量及其不同组分特征，中国石化石油勘探开发研究院无锡石油地质研究所研发了一种改进的分步热解程序，分多阶段加热及恒温程序（具体流程详见第 3 章），其热解谱如图 5-13(b) 所示。由低温到高温，检测的烃类依次是游离烃、吸附烃和干酪根裂解烃，其分别对应于核磁共振有机氢 T_2 谱由长弛豫到短弛豫的组分。特别地，对于热解烃 S_1 和游离油（350℃ 之前），其对应于核磁共振有机氢 T_2 谱中 $T_2 > 1$ms 的组分；热解实验中热释温度介于 350～450℃ 的吸附烃的弛豫时间介于 0.2～1ms；需要更高热解温度的裂解烃，其对应的干酪根组分弛豫时间最短，在 0.2ms 以下。

2)核磁共振信号强度与热解参数的关系

与前人提出的可动流体 T_2 截止值的意义类似，前述提出的吸附油和游离油的 T_2 截止值的意义是为了快速通过 T_2 谱定量吸附、游离油量。以 XYS9-4 样品为例，根据 T_2 截止法计算的吸附油量和游离油量及改进的热解法对比结果如表 5-2 所示。对于粉末状泥页岩，利用核磁共振 T_1-T_2 谱法评价的游离油所占残留油的比例为 56.27%，近似为分步热解法所得比例的 57.22%。然而，就块状和粉末状来看，单位质量的块状泥页岩中吸附油、游离油的信号强度均高于粉末状，指示了由块状→粉末状处理过程中烃类的损失，该部分损失既包括游离油也含有吸附油，且前者的损失量相对较大。因此，利用块状泥页岩的核磁共振 T_1-T_2 谱评价泥页岩含油性，可避免粉碎过程中部分孔隙破坏而导致的烃类的损失，这也将是泥页岩残留油/烃恢复方面研究的可进一步探索的新的评价方法。

核磁共振 T_1-T_2 谱实验测试结果显示的有机氢区域(1、2、3)所反映的均为核磁共振信号强度（即电信号），其强弱在一定程度上可反映各组分含量的相对高低。类似于孔隙度评价，若要对各组分进行定量分析，需预先确定各组分信号强度与其含量的关系。当研究不同的流体时，各流体的含氢指数不同，因此，其核磁共振信号的标线方程亦不相同。前面已从核磁共振 T_1-T_2 谱单组分划分方案、核磁共振与热解谱关系等方面论证了核磁共振与热解实验在检测含氢流体方面的统一性，因此可采用热解实验参数标定其有机氢的核磁共振 T_1-T_2 谱信号强度。

本节以济阳坳陷沙河街组 40 块碎块状泥页岩为例，分别测试其核磁共振 T_1-T_2 谱、常规热解及分步热解实验。因各泥页岩及其流体属性不同，其核磁共振 T_1-T_2 谱上各组分的分布区域可能存在重叠或偏移；同时，受各含氢组分含量的影响，部分含量低的组分在特定分辨率的核磁共振仪器检测中可能无法有效检测。因此，在 T_1-T_2 谱图各含氢组分信号强度提取过程中，本节统一采用前述泥页岩各含氢组分的划分图版的方法，将泥页岩含氢组分分成 5 部分并设置固定边界(图 5-10),并根据此边界程序化提取各含氢组分的信号强度(即数值之和)。

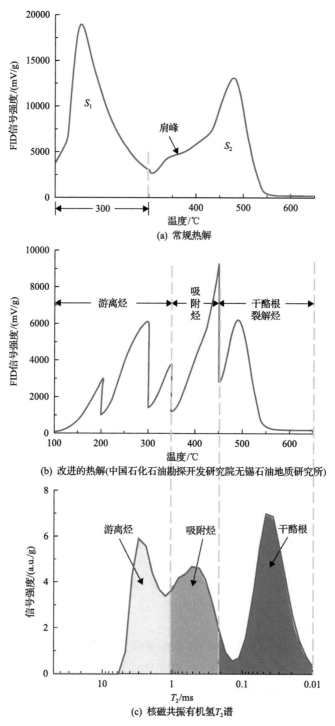

图 5-13　岩石常规热解谱、分步热解谱及核磁共振有机氢 T_2 谱

表 5-2　核磁共振 T_1-T_2 谱和改进的热解法评估的吸附油和游离油对比

方法	样品形状	每克样品吸附烃量	每克样品游离烃量	游离烃比率/%
分步热解	粉末	7.26mg	9.71mg	57.22
核磁共振 T_1-T_2 谱	粉末	28.07a.u.	36.13a.u.	56.27
	碎块	39.67a.u.	69.61a.u.	63.70

各有机氢的核磁共振信号强度与热解参数的关系如图 5-14 所示。区域 3 代表游离油信号，其核磁共振信号强度与分步热解实验法所测游离油量以及常规热解法所测 S_1 均表现出较好的线性正相关性[图 5-14(a)、(b)]；区域 2 代表吸附油信号，其信号强度与分步热解法所测吸附油量呈现正相关的线性关系，线性斜率系数为 0.1502[图 5-14(c)]，略高于游离油的斜率系数 0.1337[图 5-14(a)]。与游离油相比，吸附油弛豫时间相对较短，因此在核磁共振测试过程中受仪器回拨条件影响而漏失部分信号，而在热解过程则不受影响，因此，吸附油的信号强度与其含量之间的线性系数大于游离油。此现象与前人在研究自由流体及孔隙内流体的含氢指数的现象基本类似(Enninful et al.，2017)。

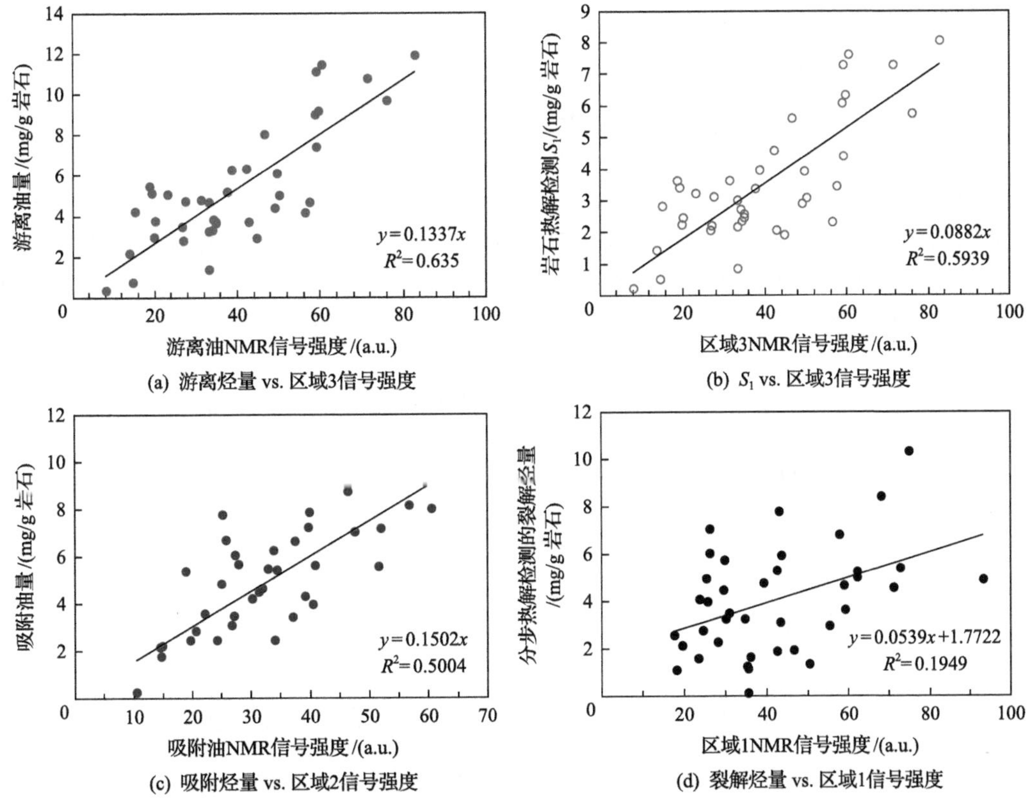

图 5-14　核磁共振 T_1-T_2 谱中有机氢信号强度与热解参数的关系

与残留烃相比，区域 1 所代表的固态有机质的核磁共振信号强度与其裂解烃含量的关系相对较差[图 5-14(d)]，仅呈现弱的正相关性。这可能主要受干酪根极短的核磁共振弛豫时间的影响，该类固态有机质中氢质子发生同核偶极相互作用，在核磁共振自旋-回拨的测试序列中容易丢失较多的信号。针对此现象，Washburn 和 Birdwell (2013) 研发了设计一种核磁共振固体回拨 (solid-echo) 技术应用于页岩和干酪根中固态有机质的检测。

5.2　页岩油赋存的影响因素分析

从理论上来说，页岩油吸附是页岩油与岩石孔隙壁面在一定外界条件下相互作用的体现，因此，其吸附特征受岩石壁面特征、页岩油特征及外界条件的控制。其中岩石壁面特征包括孔径大小、岩石组分、有机质成熟度等，页岩油特征主要表现为流体组分、有机质成熟度及含水条件，外界条件即为温度和压力。

5.2.1　孔径

针对孔隙尺寸对页岩油吸附的影响，本节开展了正十二烷流体在不同宽度狭缝孔中 (2nm、4nm、6nm、8nm、10nm) 的吸附模拟，其流体密度曲线如图 5-15 所示。以 10nm 孔径为例，正十二烷在石墨烯壁面为四层吸附 (单侧壁面)，单层吸附厚度约 0.442nm，因此，考虑狭缝孔为两侧壁面，其吸附层总厚度约 3.6nm，即小于此孔径的孔隙内页岩油均为吸附态。随着孔径变小，页岩油第一吸附层密度逐渐增加，且当孔径小于 4nm 时，页岩油吸附层数降低至两层。页岩油吸附层密度随孔径变化趋势与前人模拟的其他无机矿物所述规律一致 (Chen et al., 2016；Tian et al., 2018)。田善思 (2019) 根据不同孔径内流体的高度角及其排序特征论证了孔径对页岩油赋存态的影响，认为流体分子排序越有序，其吸附层密度越大。相应地，在孔径较小时，因孔隙两侧壁面对正十二烷均有作用力，产生势场叠加效应，正十二烷的排布越有序 (集中)，表现出越大的密度。

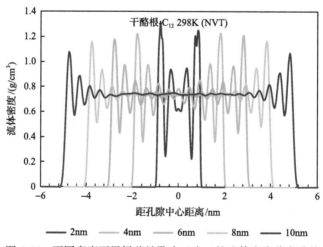

图 5-15　不同宽度石墨烯狭缝孔内正十二烷流体密度分布曲线

孔隙尺寸对页岩油吸附的影响表现为物性方面的控制作用，从实验角度来说即页岩孔隙度、孔体积和平均孔径等参数。前人研究表明，济阳拗陷沙河街组页岩的孔体积与平均孔径表现为负相关关系，而与比表面积表现为正相关关系(李进步，2020)，即意味着页岩的孔隙度有较多小孔的贡献。由于页岩孔径分布范围较宽，平均孔径值受孔隙大小的影响较大，且大孔隙中未必含油，此处采用孔体积参数分析物性对页岩油吸附的影响。实验结果显示(图 5-16)，随着孔体积增加，页岩油吸附量增加(除部分含油性较差的含有机质岩相外)，但吸附比例降低。从分子模拟吸附的微观特征来说，狭缝孔宽度越大，孔体积越高，但吸附厚度趋于不变(最高四层)，吸附密度降低，继而吸附油比例表现为下降趋势。

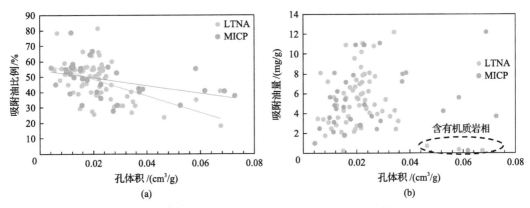

图 5-16　页岩孔体积与吸附油比例(a)和吸附油量(b)散点图
LTNA-低压氮气吸附；MICP-高压压汞

5.2.2　岩石组分

不同岩石组分 6nm 狭缝孔内正十二烷流体的单侧壁面流体密度或吸附量分布曲线如图 5-17 所示。从吸附层数来看，石墨烯和伊利石孔隙的单侧壁面吸附层为四层，而方解石和石英吸附层为三层；从单层吸附厚度来看，石墨烯单层吸附厚度约 0.442nm，伊利石为 0.433nm，方解石为 0.441nm，石英为 0.436nm，各类型孔隙单层吸附厚度相差不大；从吸附层密度来看，石墨烯孔隙第一吸附层密度约 1.21g/cm²，约为孔隙中游离态流体密度($0.75g/cm^3$)的 1.61 倍，伊利石孔隙次之($1.16g/cm^3$)，再次为方解石($1.06g/cm^3$)，石英最低($0.92g/cm^3$)；就平均吸附层密度来看，石墨烯孔隙平均吸附层密度约 $0.77g/cm^3$，为游离态流体密度的 1.03 倍左右。岩石壁面吸附烃类的能力与油-岩结合能(吸附能)密切相关，石墨烯狭缝孔与正十二烷的结合能约–487.94kcal[①]/mol，方解石为–343.71kcal/mol，石英为–224.96kcal/mol。结合能(绝对值)越大，固液(油-岩)相互作用力越强，吸附能力越高(因结合能大小与所选择的力场、势函数及分子结构有关，本节所述的结合能值仅用于平行间的对比)。

根据页岩吸附油量与岩石各组分含量的关系来看(图 5-18)，岩石吸附油量与 TOC 含量呈正相关，TOC 含量越高，有机质吸附烃量越大[图 5-18(a)]，与黏土矿物和石英含

---

① 1cal=4.1868J。

量表现为微弱的正相关,而与碳酸盐矿物(方解石+白云石)含量呈负相关[图 5-18(d)]。从判定系数(R^2)可以看出,矿物对页岩吸附油量的控制作用远低于 TOC 含量的影响,因此,TOC 含量是页岩吸附油量的主要控制因素。

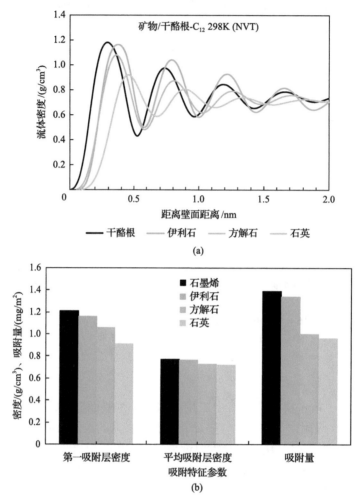

图 5-17　石墨烯、伊利石、方解石和石英狭缝孔中正十二烷吸附特征

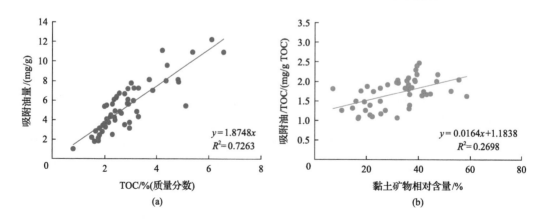

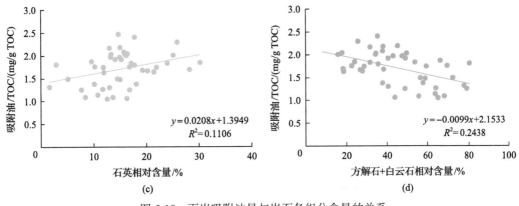

图 5-18　页岩吸附油量与岩石各组分含量的关系

(b)～(d)图中纵轴表示吸附油量除以 TOC 含量，没有乘以 100 处理

5.2.3　流体组分

6nm 石墨烯狭缝孔内不同烷烃组分吸附平衡时的相对浓度曲线如图 5-19 所示。随着烃类碳链长度增加，各吸附层的相对浓度增加，但各吸附层的厚度相似。前人研究表明，长链烷烃吸附时，各分子沿长链方向平行于壁面展布（王森等，2015；Tian et al.，2018），故而各吸附层厚度与直链烃分子的宽度有关。碳链长度增加，其与岩石之间的结合能逐渐增加，单侧壁面吸附层数也由低碳数烷烃时的三层吸附（如正己烷）变为高碳数烷烃时的四层吸附。

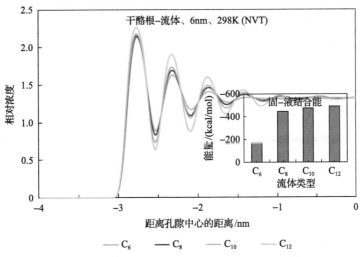

图 5-19　不同组分流体在石墨烯狭缝孔内吸附特征

页岩油混合组分在 6nm 石墨烯狭缝孔中的分子动力学吸附模拟如图 5-20 所示。吸附平衡时，各流体组分在孔隙中的分布位置存在分异，总的来说，页岩油中较轻的低分子链烷烃（正己烷和正十二烷）趋向于赋存孔隙中心，而芳香烃组分（萘）、长链烷烃（正十八烷）以及极性组分（正十八酸）更易吸附在孔隙表面。在孔隙两侧壁面的第一吸附层位置处均有较高的芳香烃吸附峰，意味着芳香烃与石墨烯壁面相互作用力最强，此与其独特

的化学键(苯环结构)有关。此外,因模拟时长所限,本次模拟结果显示仍有部分页岩油重质组分(正十八酸)呈现在孔隙中心,可能指示了吸附仍未达到平衡态。受控于孔隙表面吸附位数,在多组分竞争吸附效应下,页岩油中的轻质烷烃在孔隙壁面的吸附量较少,其主要以游离态赋存于孔隙中心,是可动页岩油的主要贡献者。

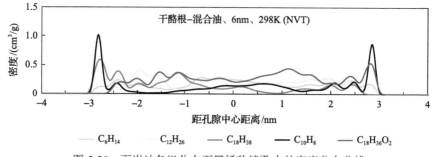

图 5-20　页岩油各组分在石墨烯狭缝孔内的密度分布曲线

从实验分析的族组分数据来看,页岩中吸附油比例随着饱和烃相对含量的增加而逐渐降低,随着芳香烃和极性组分(非烃、沥青质)相对含量的增加而递增;页岩中非烃、沥青质的绝对含量越高,其吸附油量越多(图 5-21)。因此,综合分子模拟结果来看,页岩油组分越重,油-岩结合能(相互作用)越大(强),吸附的厚度/层数增加,吸附量越大,页岩油的流动性及开采效果越差。

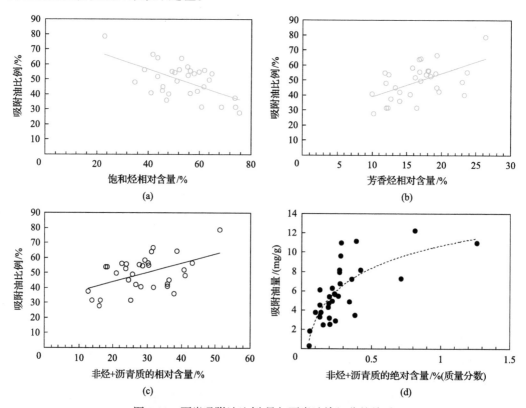

图 5-21　页岩吸附油比例/量与页岩油族组分的关系

5.2.4 有机质成熟度

随着有机质热演化逐渐成熟，干酪根中脂肪链、羧基、羰基等官能团消失，碳氢原子比(C/H)、碳氧原子比(C/O)逐渐增加(卢双舫和张敏，2008)。前人在研究石墨烯表面化学基团的稳定性时发现有机质表面易于形成羰基(Bagri et al.，2010)，因此，本节在石墨烯表面添加不同比例氧原子近似代替不同成熟度有机质。

对于添加氧原子数目的确定，是根据大量的干酪根元素分析的数据，建立了有机质成熟度(R_o)与碳氧原子比(C/O)的定量关系(图 5-22)，在此基础上，模拟了 C/O(R_o)分别为 9.78(0.57%)、14.67(0.72%)和 29.34(1.15%)条件下石墨烯狭缝孔中的正十二烷吸附特征。如图 5-23 所示，随着成熟度增加，页岩油吸附峰密度逐渐降低，表明干酪根吸附油能力随着成熟度增加而降低。在成熟度较低时，干酪根表面存在较多的羰基，增加了有机质与页岩油之间的相互作用力；随着热演化程度增加，羰基裂解，有机质表面变得更为平滑和石墨化，对烷烃的吸附能力减弱，继而吸附量降低。

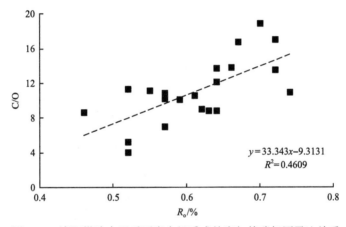

图 5-22 济阳拗陷古近系页岩有机质成熟度与其碳氧原子比关系

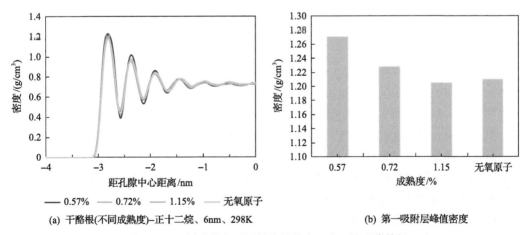

(a) 干酪根(不同成熟度)–正十二烷、6nm、298K

(b) 第一吸附层峰值密度

图 5-23 不同成熟度石墨烯狭缝孔中正十二烷吸附特征

5.2.5 温度和压力

不同温度(298~398K，每隔 25K)、压力(10~40MPa，每隔 10MPa)条件下正十二烷在 6nm 的石墨烯狭缝孔中的密度分布曲线如图 5-24 所示。随着温度增加，各吸附层密度、总吸附层数/厚度、吸附能力均降低，指示了页岩油吸附量的降低。吸附模拟体系的动能与温度呈正相关，温度越高，烷烃分子的运动越剧烈，更容易从有机质表面分离而脱附，因此吸附量降低。对于物理吸附效应(范德瓦尔斯力主导)的加热脱附处理正是基于这个原理。不同压力条件下，随着压力增加，流体的吸附层数、各吸附层密度基本不变。与温度相比，压力对页岩油吸附的影响很小。

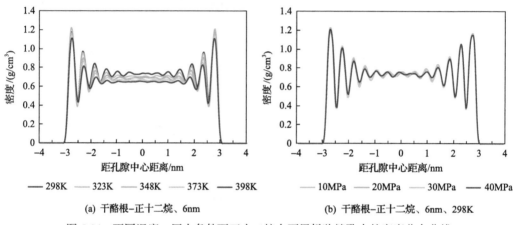

(a) 干酪根–正十二烷，6nm　　　　　　　　(b) 干酪根–正十二烷，6nm，298K

图 5-24　不同温度、压力条件下正十二烷在石墨烯狭缝孔中的密度分布曲线

尽管从分子动力学角度发现压力对页岩油(或某一液态烃)吸附并无明显影响，但压力作为驱动力对页岩油的可动性或可采性有明显的促进作用。油溶气量对于页岩油的吸附有明显的影响，随着含气量的增加，页岩油吸附能力减弱，导致吸附量降低。地质情况下压力的增加还可以使溶解气量增加，页岩油黏度降低，可流动性增强。因此，在页岩油评价工作中需考虑压力或超压这一地质因素。

5.2.6 泥页岩含油性

从泥页岩总含油率角度来说，当具有充足的供烃条件时，理论上，其滞留/容留油量的增加可表现为两种形式：①页岩孔径宽度变宽，容留油量增加；②页岩孔隙个数增多，孔体积变大。对于前者，据前述泥页岩孔径对页岩油吸附的控制规律，以单个狭缝孔为例，不难看出，当页岩孔径的宽度超过页岩油饱和吸附层的厚度时，页岩油吸附量不再增加而游离油量仍继续增加，继而表现出吸附油比例降低的趋势(图 5-25)。因此，随着含油率变高，吸附油量先增加而后趋于平稳。而对于后者，页岩孔隙个数增加导致吸附位增加，页岩吸附油量随着总含油量的增加而持续增加。

从实验分析的含油率数据来看，随着氯仿沥青"A"的增加，页岩吸附油量出现先增加后趋于平缓的趋势[图 5-25(a)]，而吸附油比例降低[图 5-25(c)]，此可对应于前述理论分析的第一种情况，可推测页岩含油率主要由孔径增加所贡献。页岩吸附油量与总热释烃量亦表现出类似的现象[图 5-25(b)]。此外，随着 S_1/TOC 增加，页岩吸附油比例呈线性快速降低[图 5-25(d)]。S_1/TOC 一般作为页岩油可动性的指标，其值越大，页岩油可动性越好(Jarvie，2012；朱晓萌等，2019)。因此，吸附油比例较低的页岩，其页岩油可动性较高。

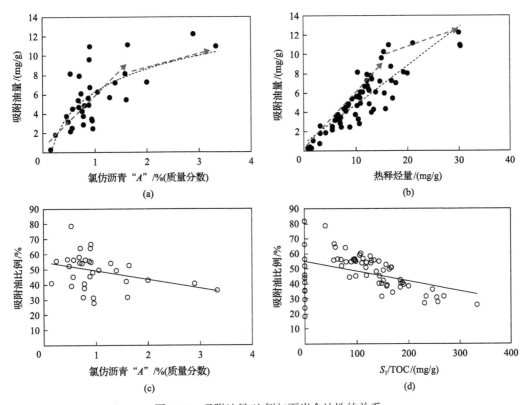

图 5-25　吸附油量/比例与页岩含油性的关系

5.2.7　含水条件

实际页岩地层中，孔隙中含有较多的地层水。Krooss 等(2022)曾对比平衡水态和干燥态页岩样品的吸附气量发现，平衡水态页岩样品吸附能力将下降 40%~60%，因此，认为孔隙水的存在将明显降低页岩气的吸附能力。此外，对于页岩油吸附能力的研究，前人进行矿物吸附油实验采用的对象是烘干后岩心，此做法可能已改变了部分孔隙的润湿性特征，导致其测试的矿物吸附油量可能高于真实含水态条件下的吸附量。前人已从油-水-岩三相的分子动力学模拟揭示了黏土、方解石等矿物的亲水的润湿性特征(薛荣等，2015；郑文秀等，2016；Chang et al.，2018)，即意味着地层含水条件下无机矿物对页岩油的吸附量的贡献可能更低。

本节分别设计了以下两种模拟：①油-水混合体系(90%含油饱和度)在石墨烯狭缝中的分子动力学模拟；②吸附平衡水态的方解石和石英孔隙经游离油充注后的分子动力学模拟，用以分别揭示含水条件对上述三类孔隙页岩油吸附的影响。

有机孔一般为干酪根裂解生烃并排出后残余的产物，其含油饱和度相对较高，本节探索性尝试了90%含油饱和度条件下水对页岩油吸附的影响规律研究。在20ns分子动力学吸附模拟后，结果显示(图5-26)，正十二烷分子仍以沿长链方向平行于石墨烯壁面并成排分布，吸附层仍为四层，与前述纯正十二烷流体的吸附模拟结果类似(图4-18)。相比之下，水分子则以团簇状聚集于孔隙中心，因此，对于油湿性的有机孔来说(石墨烯壁面)，在低含水饱和度条件下，水对页岩油吸附的影响可以忽略。

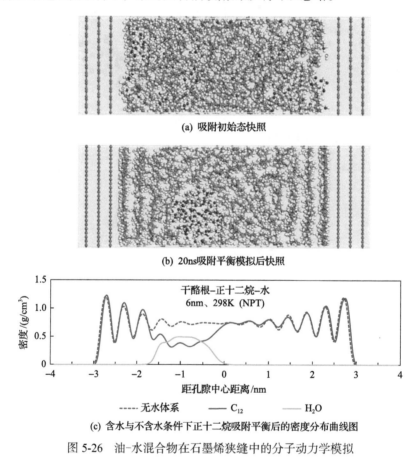

(a) 吸附初始态快照

(b) 20ns吸附平衡模拟后快照

(c) 含水与不含水条件下正十二烷吸附平衡后的密度分布曲线图

图5-26 油-水混合物在石墨烯狭缝中的分子动力学模拟

对于无机孔来说，以方解石孔隙为例，前期吸附水平衡后，排烃置换孔隙中的游离水，游离态的正十二烷与壁面的吸附水经20ns吸附平衡模拟后，孔隙内流体的赋存状态如图5-27所示。与初始态相比，经20ns吸附动力学模拟后，孔隙壁面仍然滞留有两层吸附水，孔隙中心的正十二烷均呈游离态分布，其密度分布曲线与无水体系条件下的正十二烷的吸附模拟中的基本叠合。原先无水体系下页岩油第一、第二吸附层被吸附水完全占据，此时方解石孔隙内无吸附态页岩油存在。石英孔隙与此类似[图5-27(d)]。根据前人对油-水-岩三相的方解石、石英孔隙的润湿性模拟研究，认为该两种矿物表面均呈现水相"平铺"的特征(Chang et al., 2018)，因此，对于该类水湿型孔隙，在孔隙壁面预先吸附水的条件下，可能无页岩油吸附现象。

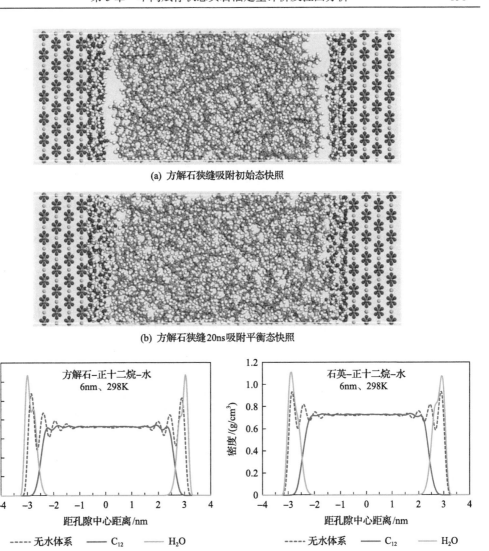

(a) 方解石狭缝吸附初始态快照

(b) 方解石狭缝20ns吸附平衡态快照

(c) 方解石狭缝孔内流体密度分布曲线　　　　　(d) 石英狭缝孔中流体密度分布曲线

图 5-27　含吸附水条件下方解石和石英狭缝孔中正十二烷的吸附模拟

　　从实验角度来说，Daughney(2000)曾开展了干燥石英和硅胶与预先用水溶液(NaCl)处理后的石英和硅胶对原油(溶解于甲苯-正庚烷体系)吸附量的对比研究，发现干燥石英和硅胶对原油的吸附量为 2mg/g 和 8mg/g，而经 NaCl 溶液预先处理后石英对二者的吸附油量急剧降低，仅为 0.5mg/g 和 0mg/g，并从矿物-水及油-水界面静电排斥的角度阐述了吸附水及其 pH 对原油吸附的控制作用。与此类似，Goss 和 Schwarzenbach(2002)根据不同湿度处理后的石英和方解石的有机蒸气吸附实验(固-气吸附)，得出 40%~97%相对湿度范围内矿物对有机蒸气的吸附量呈指数递减，即水的存在将抑制有机化合物的吸附。Gonzalez 和 Taylor(2016)根据干燥砂岩和不同湿度处理后砂岩对沥青的吸附研究发现(固-液吸附)，当砂岩事先吸附水后，其对沥青的吸附量降低，且湿度越大，吸附量降低幅度越明显，以此构建了不同湿度环境下砂岩吸附沥青和水的变化曲线，如图 5-28 所示。

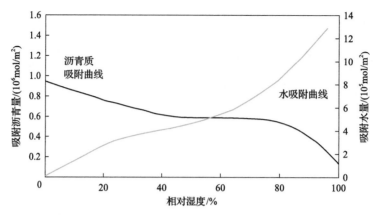

图 5-28　不同湿度条件下石英表面吸附沥青、水量曲线［修改自 Gonzalez 和 Taylor（2016）］

5.2.8　页岩油吸附主控因素分析

综上所述，页岩油吸附受页岩物性、岩石组分、含油性、有机质成熟度及温度和压力的影响，吸附油量是上述各因素综合作用的体现。从吸附行为来看，作为吸附载体，孔隙的比表面积越大，吸附量理应越高，但岩心实测数据并未显示这一现象，如图 5-29 所示。很明显，TOC 含量和成熟度为页岩油吸附的主控因素，具体表现为对于有机质成熟度相近（粉色虚线圈内）的页岩，当 TOC 含量较低时，尽管具有较大的比表面积，但吸附油量仍然较低，其原因在于：①TOC 为生油母质可提供油源，且有机孔隙为油湿型，在吸附油聚集方面具有"得天独厚"的优势；②低熟阶段页岩有机孔不发育，页岩比表面积主要由无机矿物控制，而无机矿物孔隙表面并非一定吸附有页岩油，且干酪根吸附滞留页岩油能力远大于其他矿物。

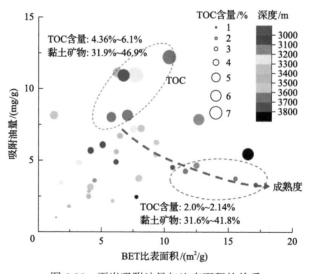

图 5-29　页岩吸附油量与比表面积的关系

当 TOC 含量相近时（蓝色虚线附近的点），页岩成熟度较高，页岩吸附油量越低。其原因可从以下三个方面解释: ①伴随着埋深/成熟度的增加,生成的烃类组分越轻,其越易于以游离态形式存在,吸附比例越低(图 5-19); ②伴随着生烃,有机质分子脱羧、脂肪链等官能团后与页岩油之间的相互作用力减弱,干酪根的交联密度增大,表面吸附能力和溶胀油能力均降低(Larsen et al.,2002); ③地层温度和压力增加,因压力效应对页岩油的吸附影响较小,此时温度为主控因素,温度越高,吸附油量越低(图 5-24)。

5.3 页岩吸附油定量评价模型

泥页岩是有机质(干酪根)和矿物的集合体,二者与页岩油之间的相互作用力不同,其吸附机理等存在较大的差异,因此需要分别开展干酪根的吸附和无机矿物的吸附研究并进行定量分析。针对前人利用有机-无机吸附法评价页岩油吸附量时采用固定的有机吸附系数(100mg/g TOC,80mg/g TOC 等)及泥页岩各类孔隙饱和油吸附的问题,在前述揭示页岩油赋存影响因素的基础上,提出了一种考虑岩石组分、成熟度、泥页岩微观孔隙结构特征等因素的页岩油吸附量的评价模型。

5.3.1 概念模型

与常规砂岩储层相比,泥页岩组成、孔隙类型、润湿性等特征比较复杂。一般无机孔为水湿,有机孔隙为油湿。与无机矿物相比,干酪根与页岩油之间的相互作用力极强,滞留在干酪根相关孔隙的页岩油主要以吸附态(有机孔表面,吸附油)、溶胀态(吸收态,干酪根骨架内部,吸附油)和游离态(游离油)三种形式存在(图 5-30)(Sandvik et al.,1992;Pathak et al.,2017)。无论是吸附油还是溶胀油,其与干酪根之间较强的束缚、限制作用导致它们都不可动。因此,本节将赋存在有机孔表面及干酪根骨架内部的页岩油统称为干酪根吸附-溶胀油(sorbed oil)。

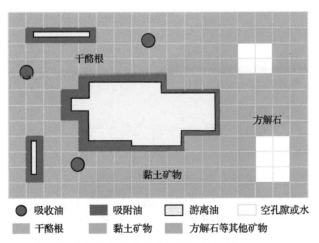

图 5-30 泥页岩中干酪根吸附油和无机矿物孔隙表面吸附油示意图

随着热演化程度增加,有机质开始生烃,当烃类满足有机质自身的容留后,继续生成的烃类排驱地层水进入矿物孔隙中。关于无机孔内油气的富集,在沉积过程中与有机质伴生的黏土矿物和黄铁矿等相关孔具有"近水楼台"的优势,成为油气赋存的主要场所(Kennedy et al.,2002;蔡进功等,2007)。页岩无机孔的类型较多,难以实现对所有孔隙吸附油的定量表征。为简化吸附模型,本节仅针对黏土孔的吸附油开展研究,原因如下:①从页岩组成及孔隙结构角度来看,黏土为我国陆相页岩的主要矿物类型,且泥页岩的比表面积主要由黏土孔贡献,而其他矿物孔的比表面积相对较小(柳波等,2014b)。②从润湿性角度来看,多数矿物表现为水湿,而黏土的润湿性与其类型有关,伊利石一般为水湿,高岭石为油湿(Bantignies et al.,1997);在长期的地质历史过程中,黏土表面多价阳离子与油中的极性重质组分容易形成络合物,从而反转润湿性,促进油湿(Lager et al.,2007)。③就吸附能力而言,黏土矿物的吸附油量为 18mg/g,远高于其他矿物(石英为3mg/g,方解石为 1.8mg/g)(Li et al.,2016)。通过对济阳拗陷沙河街组页岩的研究,王民等(2019a)揭示了灰质泥岩相的吸附油量大于泥质灰岩相,即越富黏土的泥页岩,吸附油量越高。此外,受泥页岩供烃能力和孔隙连通性等因素制约,并非所有的矿物孔中都含有页岩油,该现象已被扫描电镜及含油饱和度数据等证明。

本节综合干酪根吸附-溶胀油和黏土孔吸附油,定量评价页岩总吸附油量,模型表达式为

$$Q_a = \text{TOC} \times M_{\text{ker}} + S_{\text{clay}} \times x_{\text{clay}} \times f \tag{5-1}$$

式中,Q_a 为泥页岩总吸附油量,mg/g 岩石;M_{ker} 为干酪根吸附-溶胀油能力,mg/g TOC;S_{clay} 为黏土孔的比表面积,m^2/g 岩石;x_{clay} 为黏土孔的吸附油能力,mg/m^2 黏土;f 为具有吸附油的黏土孔的表面积占黏土孔总表面积的比率。

模型[式(5-1)]中的关键参数为 M_{ker}、x_{clay} 和 f。M_{ker} 通过干酪根溶胀油实验标定,定量方法为

$$M_{\text{ker}} = \frac{(q_{\text{voil}} - 1)\rho_{\text{oil}}}{\rho_{\text{ker}}} \tag{5-2}$$

式中,ρ_{oil} 为页岩油密度,g/cm^3,可通过成熟度预测;ρ_{ker} 为干酪根密度,一般介于 1.1~1.4g/cm^3;q_{voil} 为干酪根溶胀页岩油的比率,可通过溶胀模型获得(Ritter,2003):

$$q_{\text{voil}} = S_c \frac{1}{\sqrt{2\pi}} \frac{1}{d} \exp\left[-0.5\left(\frac{\delta_{\text{oil}} - \delta_k}{d}\right)^2\right] \tag{5-3}$$

$$S_c = \frac{q_v}{\dfrac{1}{\sqrt{2\pi}} \dfrac{1}{d} \exp\left[-0.5\left(\dfrac{\delta_c - \delta_k}{d}\right)^2\right]} \tag{5-4}$$

$$\delta_{\text{oil}} = \sum W_i \delta_i, \quad i = \text{sat, aro, NSOs} \tag{5-5}$$

式中,δ_k 为干酪根的溶解度参数,$(\text{cal/cm}^3)^{0.5}$;d 为偏差因子;sat、aro、NSOs 为饱和烃、芳香烃、非烃沥青质;δ_{oil} 为页岩油的溶解度参数,$(\text{cal/cm}^3)^{0.5}$;W_i 为页岩油各族

组分(饱和烃、芳香烃、非烃沥青质)的占比，%；δ_i 为页岩油各族组分的溶解度参数，$(\text{cal/cm}^3)^{0.5}$；S_c 为溶胀模型比例系数，可通过干酪根与有机溶剂的溶胀实验标定；q_v 为溶胀实验测得的干酪根溶胀比(溶胀有机溶剂)；δ_c 为溶胀实验中所用有机溶剂的溶解度参数，$(\text{cal/cm}^3)^{0.5}$。

对于黏土孔的吸附油能力 x_{clay}，通过从页岩中富集黏土，开展黏土的吸附油实验测定其最大吸附油量 $\varGamma$，并结合黏土孔的比表面积 S_{clay} 确定，即

$$x_{\text{clay}} = \frac{\varGamma}{S_{\text{clay}}} \tag{5-6}$$

f 则通过实验(分温阶热解)检测页岩样品中黏土的实际吸附油量 M_{clay} 和黏土矿物的吸附油实验测定的最大吸附油量 $\varGamma$ 确定，即

$$f = \frac{M_{\text{clay}}}{\varGamma} \tag{5-7}$$

5.3.2 干酪根溶胀机理及溶胀油能力

1. 溶胀机理

以松辽盆地北部 G 凹陷青一段页岩为例进行溶胀机理分析，图 5-31 为不同成熟度干酪根在不同溶解度参数中的溶胀比。随着有机溶剂溶解度参数 δ 的增加，各干酪根溶胀比 q_v 先增加后降低，整体呈现高斯分布。按照聚合物"相似相溶"理论，在 $\delta \approx 10$ $(\text{cal/cm}^3)^{0.5}$(近似于 δ_k)时 q_v 达到最大值。对于单一有机溶剂，随着成熟度增加，干酪根 q_v 减小，指示了溶胀油能力的降低。各成熟度的干酪根对油气各组分的溶胀能力遵循：

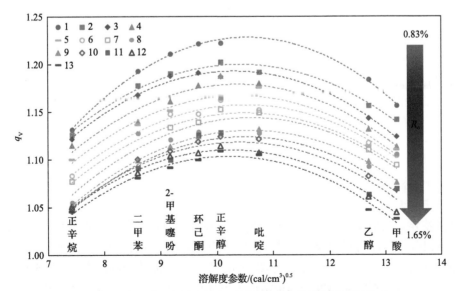

图 5-31　不同成熟度干酪根在不同溶解度参数溶剂中的溶胀比

1~13 为样品编号，且 R_o 介于 0.83%~1.65%，随着样品编号的增加，R_o 增加

①干酪根溶胀/溶解芳香烃的能力大于饱和烃,如溶胀二甲苯的能力大于正辛烷;②在芳香烃中,带有氧、氮、硫等杂原子的烃类更容易滞留在干酪根中,如吡啶、二甲基噻吩大于二甲苯;③在饱和烃中,环烷烃往往比相应的正构烷烃更容易滞留等(Ritter,2003)。参考 Ritter(2003)报道的原油中常见的族组分的溶解度参数,不难发现,干酪根溶胀滞留非沥青质组分的能力最强,芳香烃次之,饱和烃最小。

图 5-32 展示了干酪根及其吸附-溶胀不同极性溶剂(甲苯、吡啶)后的红外光谱的变化。溶胀后,高波数(3600~3200cm^{-1})的羟基吸收峰明显降低,表明溶剂削弱了干酪根中羟基氢键的交联作用,且溶剂极性越强,削弱作用越明显。对于在 2860~2930cm^{-1} 处脂肪链的甲基-亚甲基伸缩振动峰,干酪根溶胀吡啶后变化不明显,而干酪根溶胀甲苯后,振动峰明显增加,可能是因为溶剂中的甲基对脂肪侧链的取代;在 1460cm^{-1} 处峰的增加很可能是残留溶剂导致的。芳香族(870~750cm^{-1})在溶胀前后的变化较小,局部出现波动,与其稳定的结构有关。前人根据 XRD 显示,干酪根溶胀吸收烃分子的位置主要位于其脂肪链中,溶胀导致脂肪链膨胀,间距增加,而芳香族结构基本不受影响(Liang et al.,2022)。

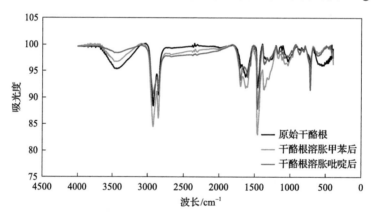

图 5-32　不同极性溶剂溶胀后干酪根的红外光谱图

因此,干酪根脂肪族碳含量越高,吸收溶胀烃量越多,干酪根吸附-溶胀烃的能力受其化学结构的控制。而随着成熟度增加,干酪根中的不稳定结构如支链/侧链等逐渐脱落,脂肪族含量降低,芳构化增强,交联密度增加,其结构更稳定(Larsen and Shang,1997),溶胀油能力降低,继而表现出 q_v 减小的现象(图 5-31)。

2. 溶胀能力

基于干酪根溶胀实验结果(图 5-31),利用最小二乘法拟合优化模型参数 S_c 和 d,得到不同成熟度干酪根溶胀模型比例系数 S_c[式(5-4)]。此外,原油组分不同,干酪根溶胀油量存在差异。在地质热演化过程中,原油一般呈现饱和烃含量增加的趋势,原油的密度及各族组分的占比可根据研究区成熟度预测(图 5-33)。根据原油的各族组分含量及各族组分溶解度参数的加权平均可以获取不同成熟度页岩油的溶解度参数[式(5-5)]。在此基础上,耦合前述不同成熟度干酪根溶胀模型比例系数 S_c,即可获得不同成熟度干酪根吸附-溶胀不同成熟度原油的量[式(5-2)和式(5-3)]。

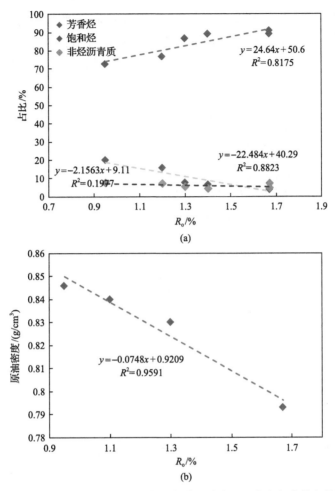

图 5-33　松辽盆地北部青一段页岩油各族组分占比、密度与成熟度的关系

以松辽盆地北部青山口组 13 块页岩样品为例，在 R_o=0.83%～1.65%范围内，干酪根吸附-溶胀油能力为 250～50mg/g TOC。调研国内外学者利用黄金管热模拟的干酪根及自然演化样品富集的干酪根的实验结果，如图 5-34 所示，在较宽的成熟度范围内，干酪根吸附-溶胀油量随着成熟度的增加而降低。在成熟度较低时（R_o<0.6%），Ballice（2003）根据土耳其油页岩（热模拟至不同成熟度后）的溶胀实验，平均溶胀油比 q_v 接近 1.5，折算其溶胀油量高达 500mg/g TOC 左右；根据 Kelemen 等（2006）自然演化样品富集的干酪根（R_o 介于 0.47%～0.92%）的溶胀油比，估算吸附-溶胀油量为 250～550mg/g TOC。不同学者得到的干酪根吸附-溶胀量存在差异，国内中国科学院广州地球化学研究所报道的干酪根吸附-溶胀油量也不尽相同，如 Wei 等（2012）采用东营凹陷沙河街组干酪根并利用黄金管实验将其热模拟至不同成熟度后，在 R_o=0.6%～1.0%范围内吸附-溶胀油量为 50～120mg/g TOC；而孙佳楠等（2019）认为东营凹陷沙四上段干酪根在 R_o=0.7%～1.25%范围内干酪根吸附-溶胀油量为 100～300mg/g TOC，且与本次实验结果较为接近。可以看出，除成熟度外，干酪根的溶胀油能力还与其热演化方式和类型有关：自然演化样品的干酪

根吸附-溶胀油量一般高于热模拟样品，Ⅱ型干酪根吸附-溶胀油量高于Ⅲ型干酪根。作者认为这主要与干酪根的化学结构有关(如 2.2.1 节讨论)，在热模拟高温条件下，干酪根的结构可能遭受了更剧烈的变化；而Ⅱ型干酪根的脂肪族含量大于Ⅲ型干酪根，表现出更强的亲油性。

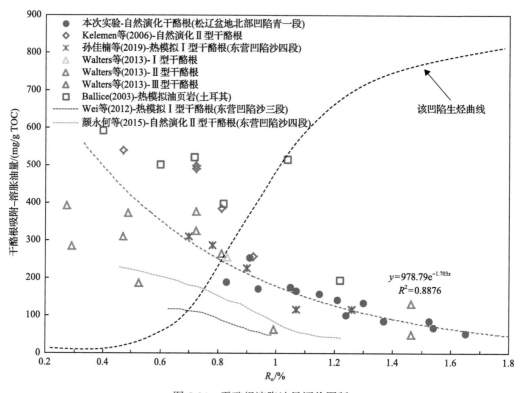

图 5-34　干酪根溶胀油量评价图版

值得注意的是，上述干酪根溶胀油实验是在油充足条件下进行的。在地质演化过程中，早期低熟或者未熟阶段，干酪根生成的油气可能还无法满足自身的饱和容留，因此，干酪根吸附-溶胀油量需考虑生烃的影响。前期对青山口组泥页岩(Ⅰ型有机质)开展了生烃热模拟实验(中国科学院广州地球化学研究所完成)，干酪根的累积生烃产率为 815mg/g TOC 左右，在 R_o=0.8%左右时干酪根的生烃量与吸附-溶胀滞留油量相等(图 5-34)。因此，干酪根的实际吸附-溶胀油量应为

$$M_{ker} = \begin{cases} 生油量, & R_o < 0.8\% \\ 9.79 \times e^{-1.703 \times R_o}, & R_o \geqslant 0.8\% \end{cases} \tag{5-8}$$

5.3.3　黏土吸附油能力

分别开展了黏土-甲苯、黏土-沥青质(即单组分)及黏土-甲苯/沥青质(双组分竞争)吸附实验，用以揭示黏土吸附原油中芳香烃及沥青质组分的能力。在单组分吸附实验中(图 5-35)，不同黏土吸附甲苯的量差异不大：在甲苯浓度为 1000mg/L 左右时达到饱和

吸附，黏土吸附甲苯的量介于 18.95～22.91mg/g，平均为 21.49mg/g。相比之下，各黏土吸附沥青质的量差异相对较大：在沥青质浓度为 800mg/L 左右时达到饱和吸附，黏土吸附沥青质的量介于 24.91～37.8mg/g，平均为 29.48mg/g。黏土吸附沥青质的量大约是吸附甲苯量的 1.37 倍，其中，沥青质的密度（1.05g/cm^3 左右）约为甲苯（0.866g/cm^3 左右）的 1.21 倍。

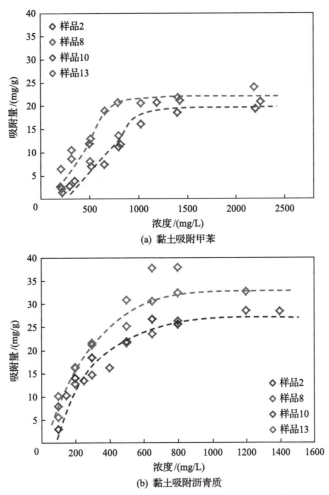

图 5-35　黏土吸附甲苯、沥青质的量与其浓度的关系

在黏土-甲苯/沥青质竞争吸附实验中，以正庚烷为溶液，控制正庚烷与甲苯的比例为 10∶1，不断增加沥青质，分别检测不同沥青质浓度时黏土吸附甲苯的量和吸附沥青质的量，其结果如图 5-36 所示。在沥青质的浓度较低时（100mg/L 左右），黏土以吸附甲苯为主；随着沥青质浓度逐渐增加，黏土吸附沥青质的量增大，吸附甲苯的量降低：当沥青质浓度超过 300mg/L 时，黏土吸附沥青质的量大于甲苯，而当沥青质浓度在 650～800mg/L 时，黏土吸附沥青质的量达到最大并趋于稳定（25mg/g 左右，近似于前述单组分吸附沥青质的量），此时吸附甲苯的量微乎其微。因此，推断在芳香烃及与沥青质共同存在的情况下，黏土以吸附沥青质为主。本次利用黏土吸附沥青质的结果代表黏土吸附油能力。

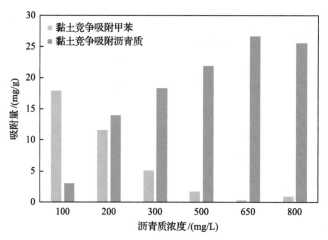

图 5-36　黏土-甲苯/沥青质竞争吸附量与沥青质浓度的关系

以黏土吸附油量为纵轴,以黏土比表面积为横轴,绘制黏土吸附油能力评价图版(即单位表面积吸附油量),如图 5-37 所示。黏土孔的吸附油能力 x_{clay}=0.63mg/m²。对比国内外已报道的各矿物吸附油实验结果,发现:

(1)各类型矿物的吸附油量和其比表面积均呈现较好的正相关性,表明矿物的比表面积是其吸附量的关键控制因素。这也是本模型[式(5-1)]中利用黏土孔比表面积计算黏土吸附量的原因,此方法不同于 Li 等(2016)采用矿物的含量计算吸附油量。扫描电镜显示,大面积的矿物颗粒不一定能够贡献孔隙。

(2)黏土的比表面积较大,黏土的吸附油量普遍高于或远高于其他矿物。这也是简化模型中仅考虑黏土吸附的原因。

(3)高岭石的吸附油量大于伊利石,尽管伊利石具有较高的比表面积,可能与高岭石偏油湿性有关(Adams,2014)。

(4)与前人报道的高岭石/伊利石的吸附油量相比,本节黏土吸附油量较低,其原因

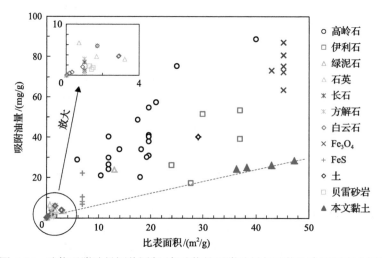

图 5-37　矿物吸附油量评价图版(各矿物的吸附油量与矿物比表面积交会图)

可能是分离的黏土的部分孔隙仍然是水湿型。

5.3.4　具有吸附油的黏土孔的表面积占黏土孔总表面积的比率 f

并非所有的黏土孔中都含油，因此，在评价黏土孔吸附油量时不能简单地将其比表面积与吸附油能力相乘，需考虑具有吸附油的黏土孔的表面积占黏土孔总表面积的比率。此处给出两种厘定 f 的方法。

1）分离黏土样品的分温阶热解实验法

通过分温阶热解实验测定黏土实际吸附油量。分温阶、热解程序参考法国石油公司的方法，在200℃、350℃、450℃及650℃温度区间范围内分别获得 S_{1-1}、S_{1-2}、S_{1-3} 及 S_2^* 的值，结果如表5-3所示。页岩中黏土实际吸附油量介于1.212～4.08mg/g 黏土，平均值仅约2.57mg/g 黏土。特别地，对于成熟度较高的样品13（R_o=1.65%左右），黏土的吸附油量最低，可能与其页岩油较轻有关。相比之下，利用黏土的比表面积和其吸附油能力 x_{clay} 折算的黏土孔饱和吸附油量平均高达25.96mg/g 黏土。因此，基于4块黏土，利用式(5-7)估算的具有吸附油的黏土孔的表面积占黏土孔总表面积的比率 f 介于0.05～0.13，平均约0.1，即黏土孔中约10%的表面赋存有吸附油。

表 5-3　黏土样品的分温阶实验及吸附油量结果(松辽盆地北部青一段)

样品序号	黏土的分步热解/(mg/g 黏土)				实际吸附油量/(mg/g 黏土)	饱和吸附油量/(mg/g 黏土)	f
	S_{1-1}	S_{1-2}	S_{1-3}	S_2^*			
2	0.1	0.76	3.32	4.92	4.08	29.76	0.13
8	0.25	0.97	1.36	2.83	2.328	22.89	0.1
10	0.31	1.58	1.1	2.74	2.688	24.14	0.11
13	0.31	0.76	0.46	1.09	1.212	27.05	0.05

需要说明的是，该方法受分离黏土实验过程中所获得油的影响，即分离黏土中的油能否客观反映页岩黏土孔中油的问题。分离黏土过程中可能导致页岩油散失，继而导致所得的 f 偏小。

2）页岩总吸附油和干酪根吸附-溶胀油差减法

通过分温阶热解实验测定页岩的总吸附油量 $Q_{a\text{-}shale}$，通过前述干酪根吸附-溶胀油评价模型结合页岩 TOC 获取 M_{ker}，二者差减即为黏土（无机）孔吸附油量。再结合黏土孔的比表面积 S_{clay} 和黏土孔的吸附油能力 x_{clay}，即可得到 f，计算公式为

$$f = \frac{Q_{a\text{-}shale} - M_{ker}}{M_{clay} \times S_{clay} \times x_{clay}} \tag{5-9}$$

如图5-38所示，f 主要受控于页岩含油率和含油饱和度（氯仿沥青"A"/TOC，S_1/TOC），但在相同指标的含油饱和度下，成熟度越高的样品往往具有更高的 f。f 与黏土类型有弱相关性，表现为黏土孔润湿性特征。相比于伊蒙混层，伊利石相对更偏油，继而表现出与 f 具有微弱的正相关性。此外，f 还与页岩的孔径有关，孔径越大，页岩油越容易向无机孔运移。

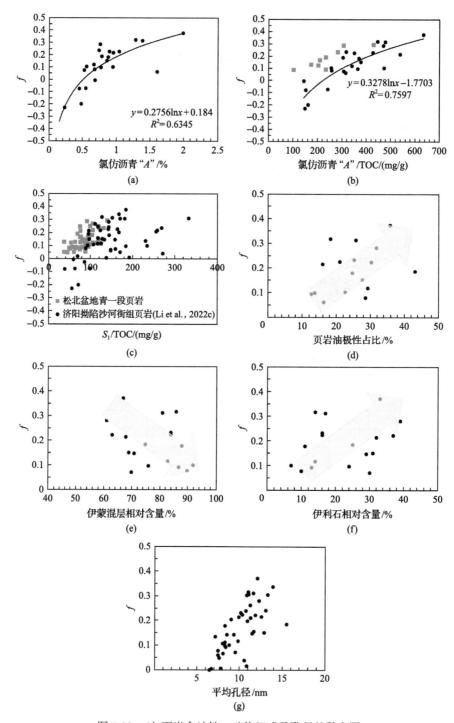

图 5-38　f 与页岩含油性、矿物组成及孔径的散点图

5.3.5　评价结果

利用上述模型对松辽盆地北部青一段 42 块页岩进行吸附油量评估,与分温阶热解实

验结果的对比如图 5-39 所示。二者均匀分布在对角线两侧，相关性系数 R^2 为 0.7031。页岩的总吸附油量介于 0.76～10.12mg/g，平均约 4.20mg/g；其中，干酪根吸附-溶胀油量介于 0.08～9.02mg/g（平均约 2.46mg/g），而黏土吸附油量介于 0.21～2.29mg/g（平均约 1.68mg/g）。干酪根吸附-溶胀油量占总吸附油量的比例为 28%～87%，平均约 55%，且整体趋势随着 R_o 的增加而降低（除夹层样品外，图 5-40）。此消彼长，黏土吸附油占比随 R_o 增加而增加，且当 $R_o>1.3%$，页岩吸附油以黏土孔吸附为主。

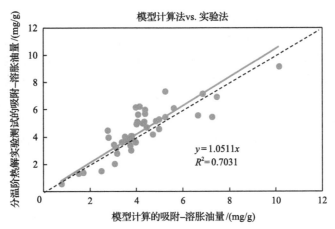

图 5-39　模型计算的吸附-溶胀油量和分温阶热解实验测试的吸附-溶胀油量对比图

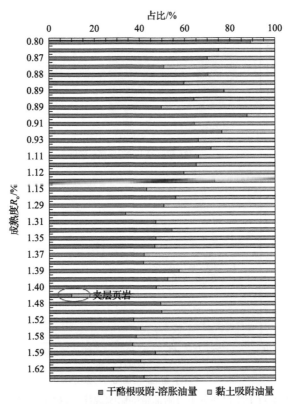

图 5-40　不同成熟度页岩吸附油中干酪根吸附-溶胀油和黏土吸附油的占比

5.3.6　地质应用

1. 温压对吸附油量的影响

前述干酪根吸附-溶胀油实验和黏土吸附油实验均是在室温环境下(25℃、0.1MPa)完成。在实际地层条件下,还需要考虑温压的影响。

为揭示温度对干酪根吸附-溶胀油量的影响规律,开展2块干酪根样品在不同温度下的吸附-溶胀油实验。不同温度下,需考虑温度效应引起的干酪根及溶剂体积的变化,使用高度法评价干酪根溶胀比的难度较大。此处采用质量法,记录不同温度下干酪根吸附-溶胀实验后的质量[图 5-41(a)]。2块样品显示,在 60℃ 及 80℃ 温度条件下溶胀油后干酪根的质量与室温条件下近似。在 30~150℃ 温度条件下的干酪根溶胀比仅有微弱的差别,表明温度对溶胀的影响较小。这一现象可以从溶解度参数来解释,温度对溶解度参数的影响比较小,在室温至 400℃ 范围内,溶解度参数仅变化 $1\sim2\,(\mathrm{J/cm^3})^{0.5}$。关于温度对黏土吸附油的影响,参考田善思(2019)建立的不同温度下黏土吸附油能力变化曲线[图 5-41(b)]。

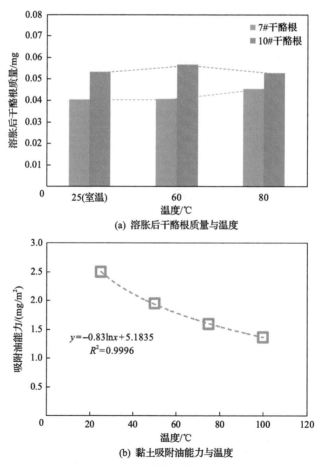

(a) 溶胀后干酪根质量与温度

(b) 黏土吸附油能力与温度

图 5-41　温度对干酪根和黏土吸附油量的影响规律[数据源自田善思(2019)]

对于压力的影响，Pathak 等(2017)利用分子模拟技术揭示了在常压和 30MPa 时干酪根溶胀基本无差异，表明压力对页岩油吸附的影响较小(李进步，2020；王永诗等，2022)。

因此，本小节主要考虑温度对黏土吸附油的影响。利用研究区现今地温梯度(4.2℃/100m)对黏土吸附油能力进行耦合，建立不同成熟度下黏土吸附油能力演化曲线，如图 5-42 所示。

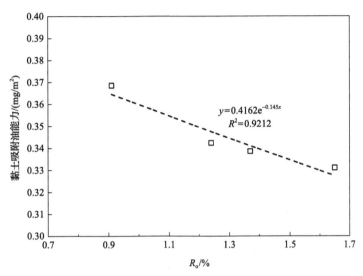

图 5-42　实际地层温度条件下黏土吸附油能力变化曲线

2. 模型应用和不确定性分析

1) 应用效果

基于上述模型以及温压对吸附-溶胀油的影响规律，对研究区 6 口井青一段页岩(R_o 值为 0.85%~1.65%)的总吸附油量进行估算。其中，页岩中黏土孔的比表面积通过页岩比表面积和干酪根比表面积的差值计算，页岩的比表面积可根据孔隙度 比表面积转换公式计算，干酪根的比表面积则通过成熟度估算。

结果如图 5-43(a)所示，预测的总吸附油量为 0.62~10.68mg/g，平均值为 3.48mg/g，且其随着成熟度的增加而降低。当不考虑地温影响时，预测的页岩总吸附油量为 1.17~11.33mg/g，平均值为 4.33mg/g，此与前述利用 42 块实测岩心的评价结果基本一致。以 F 井为例，图 5-43(b)展示了干酪根吸附-溶胀油量、黏土吸附油量及页岩总吸附油量垂向预测结果。

前人在评价页岩吸附油量时多是基于常温常压的认识(王民等，2019a；肖飞等，2021)。如图 5-44 所示，室内(常温)的测试/评价结果往往高估了页岩的吸附油量，为 8%~22%，平均值约为 15%，且成熟度越高，偏差越大。因此，在评价高熟页岩的吸附油量时，需考虑成熟度及地层温度的影响。

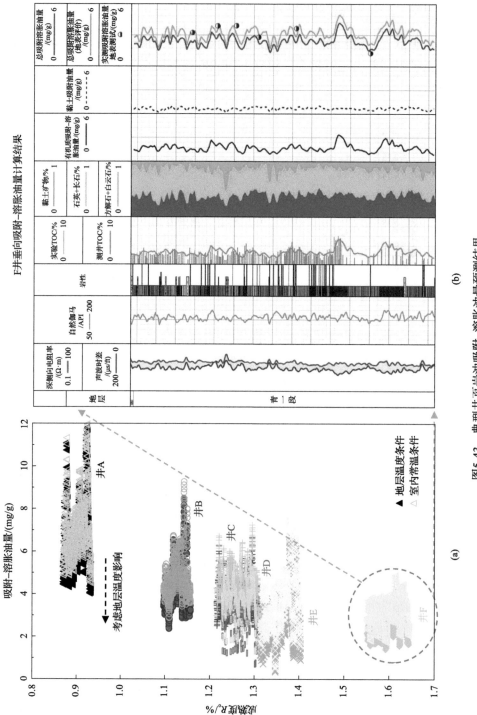

图5-43　典型井页岩油吸附-溶胀油量预测结果

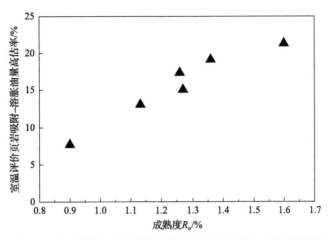

图 5-44　室温评价页岩吸附-溶胀油量的高估率与成熟度关系

2) 不确定性分析

在上述评价模型[式(5-1)]中,本小节创新考虑了成熟度 R_o 及地层温度对干酪根吸附-溶胀油量和黏土吸附油量的影响,模型的关键参数 M_{ker} 与 x_{clay} 均受页岩成熟度的控制。因此,R_o 对模型预测的结果起到至关重要的作用。此外,在黏土孔吸附油评价方面,本小节创新考虑并非所有黏土孔都有吸附油这一现象,利用 5.3.4 节中的两种方法量化了具有吸附油的黏土孔的表面积占黏土孔总表面积的比率 f;从理论上来说,f 与页岩的含油饱和度指数及岩心润湿性等有关(Li et al., 2022c)。

在模型应用及推广中,利用测井资料,基于改进的 $\Delta \lg R$ 法及岩心实测 TOC 进行页岩有机非均质性评价,获得地层连续垂向 TOC 数据(刘超等,2014)。S_{clay} 一般可以通过黏土测试 N_2 吸附实验获得。显然,不可能每块页岩都进行富集黏土处理。与石英、长石等矿物粒间孔相比,黏土孔的尺寸相对较小,页岩的比表面积主要由黏土孔贡献,而在成熟度较高时,还需考虑有机孔的发育。因此,本小节通过页岩的总比表面积和有机孔比表面积的差值估算 S_{clay}。页岩的总比表面积可通过孔隙度估算或通过黏土含量拟合(Li et al., 2016),有机孔的比表面积可通过富集的干酪根测试,以及根据成熟度预测。因此,利用本模型的前提需要开展页岩的无机非均质性测井评价的工作。

需要说明的是,因吸附油和游离油之间没有明显的相区别或边界,本小节中利用岩石热解法测量和预测的吸附油含量主要是指沸点相对较高的重质烃或稠油。此外,上述模型及相关实验均是对常规取心页岩开展的研究,其经历过大量的轻烃散失。尽管有学者指出吸附油不会发生散失(Jiang et al., 2016),但我们近期的研究结果显示部分密闭取心页岩在开放环境中 S_2 峰出现降低的趋势,因此,与原始态吸附油相比,常规取心页岩中的吸附油可能有所损失,这进一步加大了地下页岩吸附油预测的难度。尽管如此,本节针对常规取心提出的吸附油评价模型和流程,希望能为业内同行提供参考和依据。

第6章 页岩油可动性评价

本章系统梳理了核磁-离心、核磁-注气及地球化学参数统计等评价页岩油可动性的方法原理及流程，对比分析不同方法获得的页岩油可动率；建立页岩油可动性和其赋存的定量关系，揭示了页岩油可动性的影响因素，以此阐明不同岩相页岩油可动性的差异及其内在机制。

6.1 可动性评价方法

6.1.1 核磁–离心法

1. 原理

核磁-离心法是一种将核磁共振实验与离心实验相结合的方法。岩心在高速旋转时产生离心力，样品内页岩油通过离心力克服毛细管压力对其的束缚得以动用。本章通过对离心前后页岩 T_2 谱差异，定量表征页岩油可动用量及可动油分布，如图 6-1 所示。页岩干样信号累计为 A_1，离心后信号累计为 A_2，饱和油后信号累计为 A_3（图 6-1），则有

$$页岩油可动用量 = Z(A_3 - A_2)$$

$$可动油比例 = (A_3 - A_2)/(A_3 - A_1) \times 100\% \tag{6-1}$$

式中，Z 为核磁信号的标定系数。

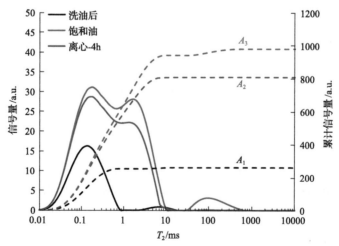

图 6-1 页岩核磁-离心法计算可动量示意图

图中实线表示信号量，虚线表示累计信号量

2. 评价流程

离心法动用多少流体不仅取决于流体本身含量,也与其离心条件有关。例如,离心时长会对页岩油可动用量产生影响,且当离心力越大时,页岩油可动用量通常会增加。因此,优选合适的离心时间与离心力尤为重要。开展不同离心时间(0h、2h、4h、6h、8h)及不同离心转速(2000r/min、4000r/min、6000r/min、8000r/min、10000r/min)的离心实验,记录各个离心状态下的样品质量及 T_2 谱测试,确定最优离心时间与离心转速。

以济阳拗陷沙河街组页岩为例,不同离心时间(2h、4h、6h、8h)下核磁共振 T_2 谱变化如图 6-2 所示。各样品核磁共振 T_2 谱的变化特征基本相同,当离心时间达到 4h 后,核磁信号量下降不再明显,页岩油可动用量趋于稳定(图 6-3)。因此,将 4h 定为后续核磁-离心实验中的最佳离心时间。

考虑实验条件及仪器安全性,设置最高离心转速为 10000r/min。依据《岩心毛管压力测量仪器通用技术条件》(SY/T 6738—2008),样品受到的离心力大小与离转速转化关系如下:

$$P=1.097\times10^{-9}\times\Delta\rho\times L\times n^2\times\left(R-\frac{L}{2}\right) \tag{6-2}$$

式中,P 为离心力,MPa;$\Delta\rho$ 为两相流体密度差,g/cm^3;L 为岩心长度,cm;n 为离心机转速,r/min;R 为离心外旋转半径,cm。表 6-1 为不同离心转速对应的离心力大小。

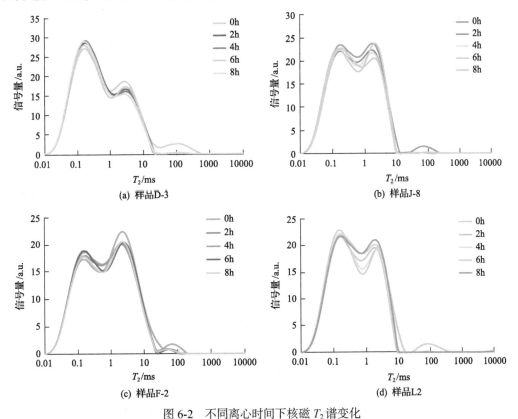

图 6-2　不同离心时间下核磁 T_2 谱变化

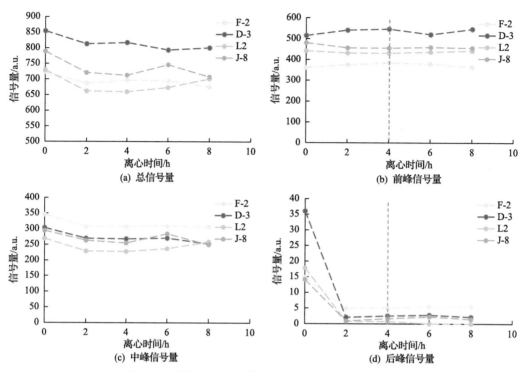

图 6-3　不同离心时间下核磁共振信号量及变化趋势图

表 6-1　不同离心转速下对应离心力的大小

离心转速/(r/min)	离心外旋转半径/cm	岩样长度/cm	密度差/(g/cm³)	离心力/MPa
2000	13.96	2	0.735	0.08
4000	13.96	2	0.735	0.33
6000	13.96	2	0.735	0.75
8000	13.96	2	0.735	1.34
10000	13.96	2	0.735	2.09

　　以 A2-13 为例,分析其在不同离心转速(离心力)下离心 4h 后 T_2 谱和信号强度的变化(图 6-4)。该样品在饱和油态以 $T_2=5ms$ 左右分界呈现"双峰态"特征,在离心力

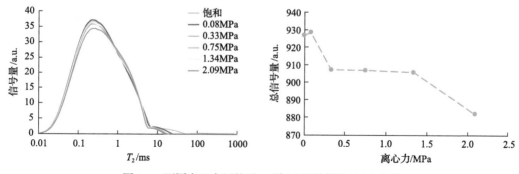

图 6-4　不同离心力下核磁 T_2 谱(a)及总信号量(b)变化

为 0.08MPa 时，$T_2 > 20$ms 的流体消失，但前峰的流体基本不变，指示大孔/微裂缝中流体排出而小孔流体无法动用；随着离心力进一步增大，T_2 谱前峰和后峰均有所降低；当离心力增加至 2.09MPa 时，前峰波峰处出现明显下降，说明此时在该离心力下前峰中小孔中流体得以动用。后续所有样品均采用离心力 2.09MPa 进行核磁-离心实验研究。

3. 评价结果

济阳拗陷沙河街组 26 块页岩样品饱和油状态下 T_2 谱曲线形态特征可分为"双峰态"及"三峰态"两种，其中"三峰态"可分为前峰高-中峰低型，前峰低-中峰高型，以及前、中峰持平型(图 6-5)，指示不同样品的不同孔隙分布特征。四种类型页岩样品在离心后后峰的核磁信号量均基本消失，流体动用程度高，说明其对应的较大孔隙/微裂缝中流体更易动用；中峰信号量下降量要高于前峰信号量下降量，说明相对较小孔隙由于其空间狭小，其中的流体所受毛细管力作用更强，使得其中流体动用相对困难。

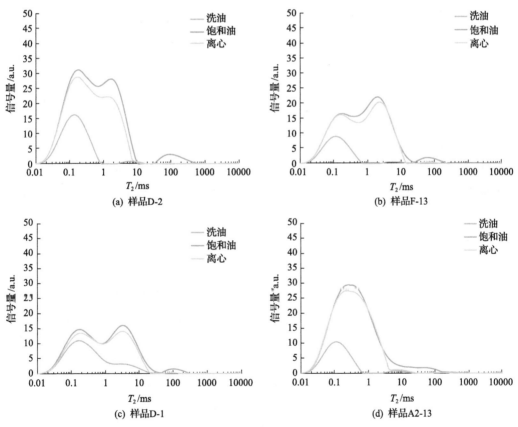

图 6-5　核磁-离心 T_2 谱四种曲线类型

核磁-离心实验结果显示可动油比例介于 4.99%～23.85%，平均占比约 11.91%，主要集中分布在 5%～15%，与深度关系不明显(图 6-6)。

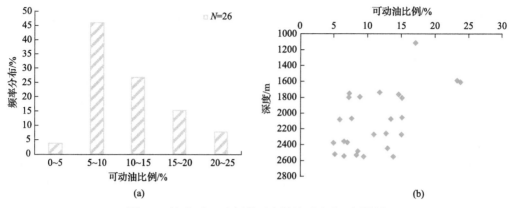

图 6-6　核磁-离心法评价页岩样品可动油比例结果

6.1.2　核磁–注气法

由于页岩黏土含量高、孔喉结构复杂且流体赋存机制尚未完全明确，加之部分页岩层段地层压力如果不高，压力传导效率差，难以形成有效的渗流通道，仅依靠自身能量难以使页岩油从页岩（或夹层）中渗流出来，即使可以产出，也表现为地层能量快速衰减、产量急剧下降的特点（周庆凡和杨国丰, 2012; 邹才能等, 2013; 董明哲等, 2019）。

鉴于页岩致密性，通过传统驱替方法页岩油动用率很低。通过补充地层能量进而提高页岩油采收率，高效、经济地增加页岩油的微观及宏观可动油量，成为解决上述难题的突破口。其中，注气向页岩油层段补充能量被认为最具有应用前景，而常用的注入介质包括 CO_2、N_2、CH_4 和富烃气。本节以济阳坳陷沙河街组页岩为例，开展基于室内物理模拟条件下的不同注气介质提高页岩油可动性实验，初步明确注气对页岩油可动性的影响，总结页岩油注气补能受控因素。

1. 实验仪器

本次实验所用的驱替—核磁共振联用仪具体包括驱替系统、围压系统、冷却系统、核磁系统及控制系统（图 6-7）。其中，驱替系统用于控制驱替流体的压力、流量等，围压系统用于控制围压液（氟化液）的压力、温度，冷却系统用于控制冷却液（氟化液）温度和循环流速，核磁系统用于检测样品含氢组分核磁信号特征，控制系统用于设置核磁测量参数等。涉及的仪器包括 MR-dd 高温高压驱替装置（南通华兴石油仪器有限公司）和 MesoMR23-060H-I 低场核磁共振分析仪（苏州纽迈分析仪器股份有限公司）。

2. 测试流程

整个实验具体过程包括实验仪器的调试及参数优选、样品制备及注气补能实验等。

(1)核磁共振参数设置。根据上述实验操作规范并结合样品自身的性质，设定泥页岩的核磁共振横向弛豫时间 T_2 测量的采集参数为：线圈直径为 70mm，等待时间（TW）为

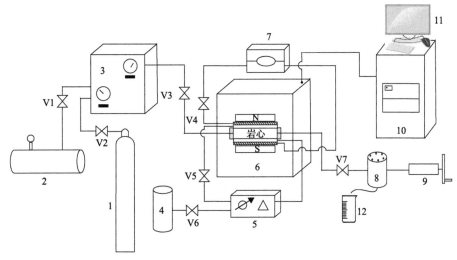

图 6-7 驱替-核磁共振联用仪示意图

1-气瓶；2-空气压缩机；3-气体增压泵；4-围压液盛放器；5-第一循环泵（围压液循环泵）；6-磁体箱；
7-第二循环泵（冷却液循环泵）；8-回压阀；9-手摇泵；10-射频装置；11-计算机；12-烧杯；V1～V7-阀门

3000ms，回波间隔（T_E）为 0.25ms，回波个数（N_{ECH}）为 8000 个，叠加次数（N_S）为 64 次；采用自旋回波脉冲序列（CPMG）测定样品自旋回波串，用同步迭代重建技术（SIRT）反演核磁 T_2 谱。

（2）标样。将装有 0.05% $CuSO_4$ 溶液的标样（25～30mL）送至玻璃试管（非磁性容器）中间位置（标样的中心位置应处于磁场的中心位置）进行标样。

（3）原始样的制备。将原始泥页岩岩心进行线切割至半径为 2.5cm、长度为 3～6cm 的柱状，并放置到温湿可控的真空烘箱中进行烘干，相对湿度设置为 40%，温度设置为 65℃，烘干时间为 8h，随后依次记录样品质量、体积。将准备好的待测岩样用玻璃试管装好，放入测量腔；选用 CPMG 测量样品的横向弛豫时间 T_2，设置测量参数并确认当前参数准确无误后开始测量，每个点次测量两次；随后放入干燥皿备用。

（4）饱和样的制备。将上述获得的柱状岩样置于抽真空流体饱和仪内，首先打开抽真空开关，将样品室及岩样孔喉内的空气抽去，相对真空度达到 75kPa，时间为 24h；随后关闭真空泵，打开流体饱和装置开关，将正十二烷加压注入样品室，压力保持在 15MPa 左右，饱和时间为 48h；将饱和后的样品从样品室取出，放置于盛有正十二烷的烧杯中，密封老化 25d；老化结束后对样品进行称重，并测量样品的核磁共振 T_2 谱，测量两次。

（5）注气补能实验。①检查仪器，向氟化液盛放瓶（图 6-7 中的围压液盛放器）和冷却液（氟化液）循环泵中加入足量氟化液。②将已老化的岩心放入热缩管中，并置于测量室，使岩心处于磁体中央。设定围压氟化液的温度（25℃）、压力（10MPa）、循环流速及冷却氟化液的温度（25℃）、循环流速。待氟化液温度上升至指定温度后，保持 1h 以上，测量岩心初始核磁 T_2 谱。③设置气体增压泵的出口压力，注意此时岩心室出口阀门为关闭状态，模拟注气焖置过程。一定时间后再打开岩心室出口阀门，利用手摇泵对出口端施加一定大小的回压，进而模拟开井过程。实验中设定的注气压力分别为 0.5MPa、1MPa、2MPa、4MPa 和 6MPa，注气压力从 0.5MPa 依次增大直至 6MPa。借助核磁共振仪器，每隔一定时间测量样品的核磁共振 T_2 谱，通过反演进而可分析泥页岩样品中油、气、水的分布以及可动油比例的变化。具体实验步骤见图 6-8。

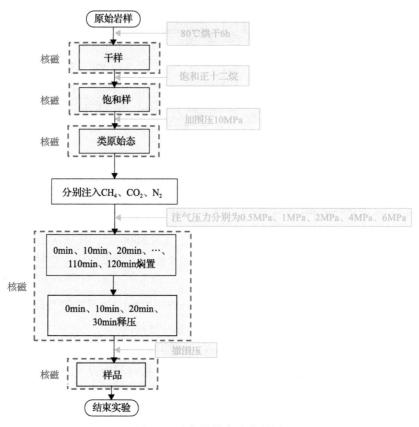

图 6-8　注气补能实验步骤图

3. 测试结果

对 5 组样品依次开展甲烷注气补能、二氧化碳注气补能和氮气注气补能实验，利用核磁共振仪器，实时监测不同状态下样品的核磁共振 T_2 谱特征，通过对氢信号进行反演得到孔喉中流体的分布特征。此处以 SL-1 样品为例，通过分析注气过程中样品核磁共振 T_2 谱的变化特征，明确不同注气介质对页岩油可动性的影响。

依据核磁共振谱峰特征及对应的弛豫时间，将核磁共振谱峰按弛豫时间由小变大依次划分为前峰（$T_2 \leqslant 1ms$）、中峰（$1ms < T_2 \leqslant 100ms$）和后峰（$T_2 > 100ms$），对应的储集空间分别为小孔、大孔及裂缝/自由流体，核磁共振谱整体呈"三峰态"分布。图 6-9 为 SL-1 样品甲烷注气补能过程中不同状态样品核磁共振 T_2 谱的特征，图 6-10 分别为 SL-1 样品二氧化碳、甲烷及氮气注气补能结束后核磁谱图与饱和油态核磁谱图的对比。

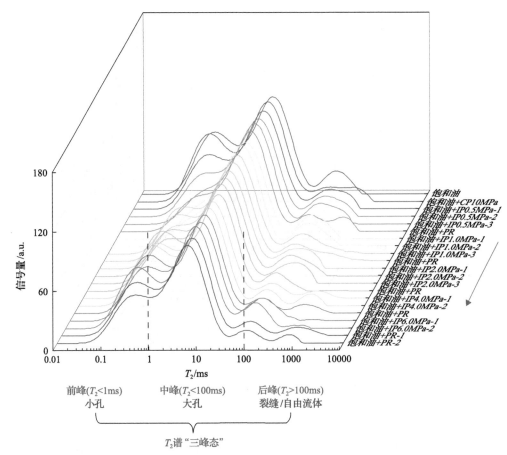

图 6-9　SL-1 样品甲烷注气补能过程中不同状态样品核磁共振 T_2 谱变化

CP-围压；IP-注入压力；PR-撤压

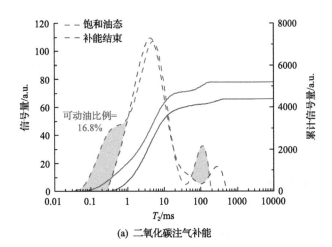

(a) 二氧化碳注气补能

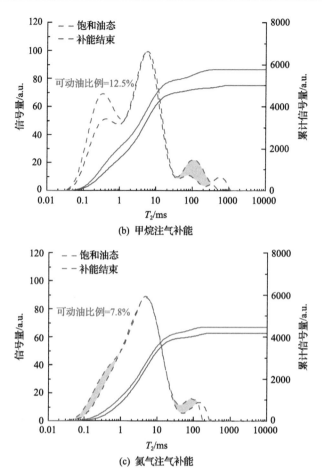

图 6-10　SL-1 样品不同注气介质补能结束后核磁 T_2 谱与饱和油态 T_2 谱对比

图中虚线表示瞬时信号量，实线表示累计信号量

通过分析 5 块样品核磁信号量的变化，即可得到注气补能条件下页岩油的可动比例。图 6-11 为 5 块样品不同注气介质补能结束后其可动比例的分布图，在充分考虑样品非均质性的条件下，对于二氧化碳、甲烷和氮气三种气体，在注气压力为 6MPa 条件下，二氧化碳注气补能后页岩油平均可动比例最高，达 22.3%。除 SL-3 样品外，其他四块样品页岩油可动比例分布集中，去除 SL-3 样品后的平均值为 18.0%。不同样品甲烷和氮气补能后页岩油可动比例差异明显，甲烷平均可动比例为 15.3%，氮气为 7.2%。对于 SL-4 样品，甲烷和氮气补能后页岩油可动比例分别为 4.4% 和 2.6%，但二氧化碳补能后页岩油可动比例提高至 19.5%，充分说明注二氧化碳在页岩油开采方面具有广阔的前景。

4. 影响注气提高可动比例因素

1）岩相及矿物组成

图 6-12 为不同岩相样品注气补能后页岩油可动比例的分布图。通过剖析不同岩相样品页岩油可动比例的变化，总结影响页岩油注气补能效果的因素，认为注气补能条件下灰质泥岩相页岩油可动比例与泥质灰岩相差异不明显，但富有机质岩相高于含有机质，

纹层状高于层状。整体表现为富有机质纹层状泥质灰岩相的页岩油可动比例最高，补能效果最好。

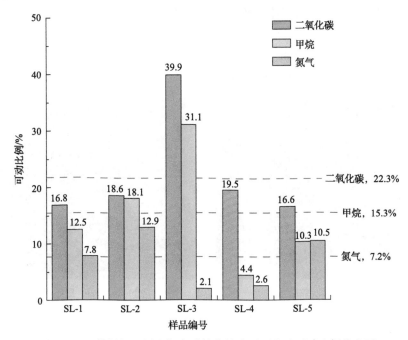

图 6-11　5 块样品不同注气介质补能结束后页岩油可动比例分布图

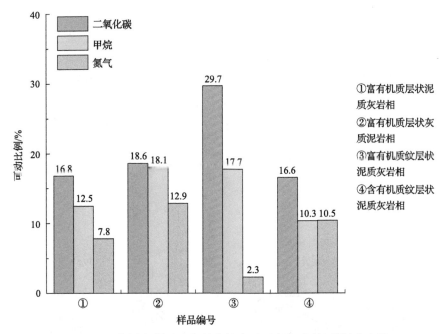

图 6-12　不同岩相样品注气补能结束后页岩油可动比例的分布图

　　当页岩有机质在一定的区间范围变化时，其含量越高，注气补能后页岩油可动比例越高，主要是由于相比于单矿物，有机质更易吸附气体，增加原油与注气介质之间的接触时间，减缓气体渗流速度，防止发生"气窜"(Jin L et al., 2017; Song et al., 2020)。纹层状注气页岩油可动比例高于层状，主要是由于纹层状垂向上纹层密度大，能够作为气体及流体有效渗流通道，增大气体波及面积。以 SL-4 和 SL-1 样品为例，SL-4 样品镜下可见明显的纹层，纹层厚度小于 1cm，发育纹层状构造，属富有机质纹层状泥质灰岩相；而 SL-1 样品镜下纹层厚度大于 1cm，发育层状构造，属富有机质层状泥质灰岩相(图 6-13)。SL-1 样品二氧化碳补能后，页岩油可动比例为 16.8%，低于 SL-4 样品的 19.5%。

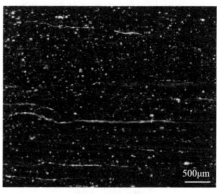

(a) SL-4样品，纹层状　　　　　　　　(b) SL-1样品，层状

图 6-13　样品岩石薄片特征

如图 6-14 所示，分析了 5 块样品在不同注气介质条件下页岩油可动比例与矿物组成的关系，整体表现为页岩储层黏土矿物含量越低、碳酸盐矿物含量越高，其在注气补能后的页岩油可动比例越大。由于氮气驱效果整体较差，未表现出上述规律。

2) 微观孔喉结构

N_2 吸附实验结果表明，页岩油可动比例与样品比表面积呈负相关，与平均孔径呈正相关(图 6-15)。孔径大小、孔体积及比表面积通过影响补能过程中注入气的渗流路径、气-油之间的接触关系和流体相态特征进而决定气驱效果(Liu et al. 2019)。

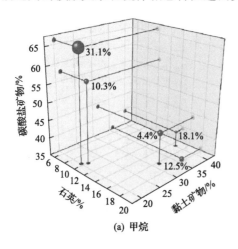
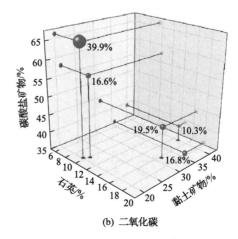

(a) 甲烷　　　　　　　　　　　　(b) 二氧化碳

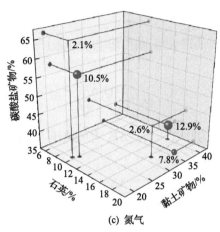

(c) 氮气

图 6-14　不同注气介质可动比例与矿物组分关系

各小图中数字如 31.1%表示可动油比例，图 6-15 同

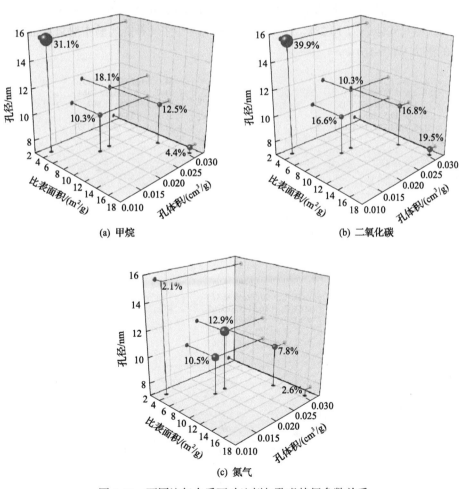

(a) 甲烷　　　　　　　　　　　　　　　(b) 二氧化碳

(c) 氮气

图 6-15　不同注气介质可动比例与孔喉特征参数关系

5. 页岩油注气理论最大可动比例

在探讨注气条件下页岩油最大可动比例时，发现注气压力与可动比例的关系满足类Langmuir 方程，即

$$Q_m = \frac{Q_f \Delta P}{\Delta P + \Delta P_L} \tag{6-3}$$

式中，Q_m 为可动比例；ΔP 为注气压力；ΔP_L 为中值压力；Q_f 为理论最大可动比例。

将式 (6-3) 进行变化，则有

$$\frac{1}{Q_m} = \frac{\Delta P_L}{Q_f} \frac{1}{\Delta P} + \frac{1}{Q_f} \tag{6-4}$$

通过绘制 Q_m^{-1} 与 ΔP^{-1} 的关系，进而可求得页岩油的理论最大可动比例。通过拟合出 ΔP^{-1} 与 Q_m^{-1} 间的线性方程，利用方程斜率 k，得到页岩油理论最大可动比例。三种注气介质中，二氧化碳气体注气补能所得平均理论最大可动比例最大，约为 39.3%，甲烷气体约为 16.4%，氮气气体约为 10.2%，说明二氧化碳气体在注气补能实验中对页岩油可动性具有更大的潜力（图 6-16）。

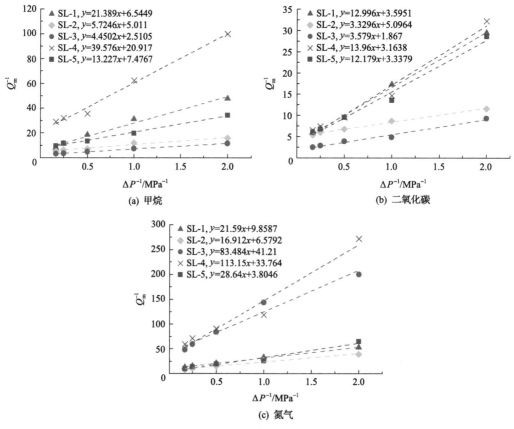

图 6-16　不同注气介质 Q_m^{-1} 与 ΔP^{-1} 的关系图

6.1.3　地球化学参数统计法

前人在利用地球化学参数评价页岩油可动性时一般采用 S_1/TOC 和氯仿沥青"A"/ TOC 等指标，亦有学者考虑到资源丰度的问题，在 S_1/TOC 的基础上乘以 S_1，利用 S_1^2/TOC 判断页岩油有利层段(Kausik et al., 2015)。前已述及，Jarvie (2012)根据海相页岩油产能提出用 S_1/TOC 判断页岩油潜在可产出层段的评价指标，并把其下限定为 100mg/g。然而，该值可能并不适用于国内的一些沉积凹陷，如薛海涛等(2015)根据松辽盆地北部青山口组排烃门限确定 S_1/TOC=75mg/g；对于东营和沾化两个富油凹陷来说，较多井位试油层段的 S_1/TOC 值均在 100mg/g 以上(部分层段更高)，但实际产能效果却差强人意(Wang et al., 2019)。

利用地球化学参数统计法研究页岩油可动性的主要思路是根据能够反映或者影响页岩油可动性的各指标参数间的相关性分析，以井场试油或出油效果为参考，寻找页岩油可动性的主控因素及其阈值，以此指导页岩油勘探开发。一般来说，页岩油可动性与其黏度/密度有关，从地球化学角度来说，主要体现在页岩油组分特征上，即其他条件相似时，页岩油中轻质组分(饱和烃)比率越高，越容易流动。以济阳拗陷沙三段页岩储层为例，大量的实验分析测试点数据统计显示[图 6-17(a)、(b)]，当页岩油中饱和烃含量超过 40%以后，以 S_1/TOC 和氯仿沥青"A"/TOC 变化趋势来看，页岩油可动性明显增加。根据外包络线特征，建议将饱和烃含量为 40%时对应的 100×S_1/TOC≈120 和氯仿沥青 "A"/TOC≈0.3 作为该层段页岩油潜在有利可动区的评价下限。

此外，以 S_1/TOC 指标来看，当页岩油可动性较差时(S_1/TOC<120)，其游离油含量基本不超过 5mg/g[图 6-17(c)]。当游离油量超过 5mg/g 时，测试的泥页岩样品均显示有可动油量，且游离油量越高，页岩油可动量越大。值得注意的是，当泥页岩样品游离油量低于 5mg/g 时，除多数样品显示的页岩油无可动性外，少数样品的 S_1/TOC>120，即具有可动性特征。从利用上述 S_1/TOC≈120 界定的页岩油可动量和实验测试的游离油量关系来看[图 6-17(d)]，当游离油含量低于 5mg/g 时，页岩油可动量基本在 1mg/g 以下，且随着游离油量增加并无增加趋势；当游离油量大于 5mg/g 后，页岩油可动量明显递增，因此，建议将游离油量 5mg/g 作为有利段的下限值。关于游离油及可动油界限的确定，亦在之后从核磁共振离心实验(6.2.3 节)及靶区实际的页岩油产出数据的角度给予进一步的论证(7.2.2 节)。

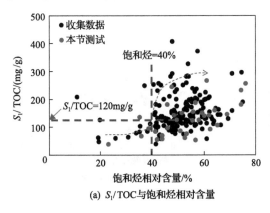

(a) S_1/TOC 与饱和烃相对含量

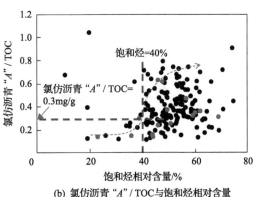

(b) 氯仿沥青"A"/TOC 与饱和烃相对含量

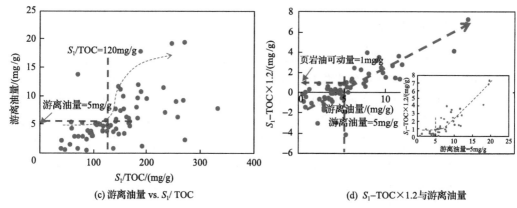

(c) 游离油量 vs. S_1/TOC

(d) S_1-TOC×1.2 与游离油量

图 6-17　页岩油可动性与含油性及游离油量的关系

6.2　页岩油可动性影响因素

　　以济阳拗陷沙三段下亚段和沙四段上亚段页岩储层为例，从泥页岩组成、孔隙结构、页岩油赋存状态及含油族组分方面探讨可动油的影响因素。

6.2.1　泥页岩组成

　　有机质及矿物是构成泥页岩骨架的物质基础，明确其对页岩油可动性的影响规律对于快速揭示有利岩相、优选有利区具有直接现实意义。图 6-18 为核磁-离心法测得的页岩油总可动油比例与泥页岩各组分含量的关系图。济阳拗陷沙三段下亚段泥页岩成熟度偏低，有机孔不发育，有机质对页岩油的滞留以干酪根溶胀和吸附作用为主。有机质与页岩油之间的相互作用力较强，受有机质控制的页岩油可动性极差，因此，有机质含量越高，其容留页岩油量越高，继而页岩油的总可动油比例越低[图 6-18(a)]。

　　从矿物组成相对含量来看，黏土矿物、石英含量高，碳酸盐(方解石+白云石)矿物含量低的泥页岩，页岩油总可动油比例相对较低[图 6-18(b)～(d)]。其原因可能如下：①从孔隙发育来看，场发射扫描电镜显示泥页岩黏土矿物相关孔隙以片状/层状孔/纤维状孔

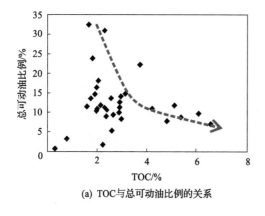

(a) TOC与总可动油比例的关系

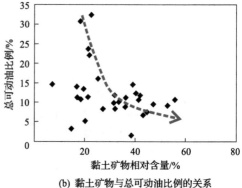

(b) 黏土矿物与总可动油比例的关系

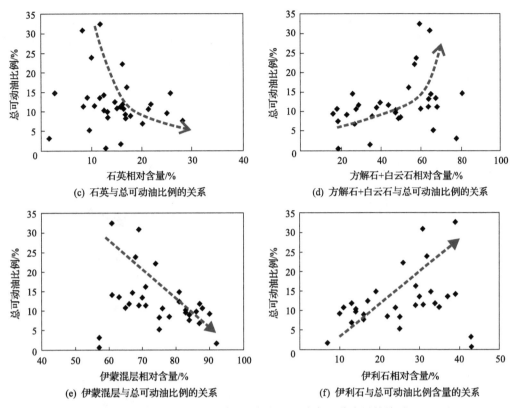

图 6-18 页岩油总可动油比例与泥页岩各组分含量的关系

隙为主，孔隙发育规模大但孔径较小，且见有黏土矿物对原生粒间孔充填的破坏性作用，导致页岩油总可动油比例随黏土矿物含量增加而降低。②与碳酸盐矿物相比，黏土矿物与页岩油结合能力更强，吸附量更高，因此，越富黏土的泥页岩，页岩油总可动油比例越低。③就矿物与有机质含量之间的关系来看，济阳拗陷沙河街组泥页岩的黏土矿物、石英含量与 TOC 含量呈正相关，方解石与 TOC 含量呈负相关，因此，上述页岩油总可动油比例与矿物的关系亦有可能是总可动油比例与有机质关系的间接折射。就离心前后核磁 T_2 谱的变化来看，可动页岩油的弛豫时间主要分布在核磁 T_2 谱中峰和后峰(图 6-3)，该部分 T_2 谱可能指示较多的碳酸盐矿物相关孔(溶蚀孔)，即意味着可动油主要由后者贡献。

此外，从黏土矿物类型来看，伊蒙混层含量越低，伊利石含量越高，页岩油的总可动油比例越高[图 6-18(e)、(f)]。这可能由不同类型黏土矿物孔隙发育控制，蒙脱石矿物的 N_2 吸附曲线往往表现出较大的滞留回环特征(H2 型)，孔隙形态以大孔细喉的墨水瓶形孔为主，与氮气脱附现象类似，其孔隙内流体的可动性较差；与之相比，伊利石孔隙为 H2-H3 型，滞留流体能力较小。

6.2.2　孔隙结构

利用核磁-离心法评价的页岩油可动性与泥页岩储层的物性和微观结构特征的关系如图 6-19 所示。于宏观物性而言，泥页岩孔隙度、渗透率越高，页岩油总可动油量越大[图 6-19(a)、(b)];与孔隙度相比,页岩油总可动油量与渗透率的关系更好,表明对于致密的泥页岩储层来说,渗透率对页岩油可动性的控制更明显,且渗透率越大,除页岩油总可动油量上升外,其总可动油比例亦增加[图 6-19(c)]。

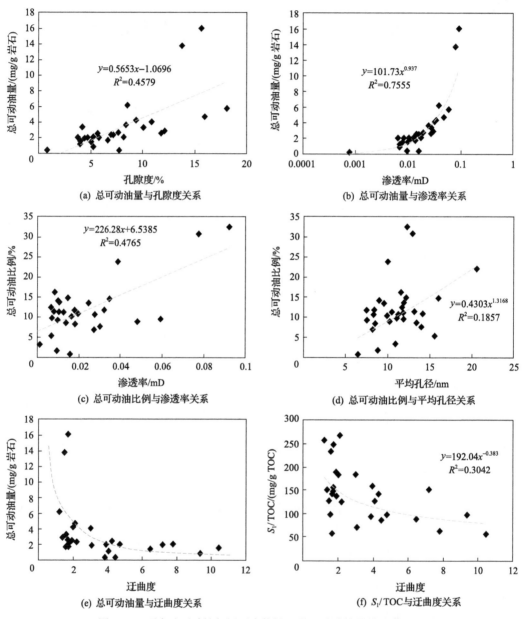

图 6-19 页岩油可动性与泥页岩物性和微观孔隙结构特征的关系

前已述及,离心前后核磁 T_2 谱的变化主要位于核磁谱中峰和后峰上(图 6-2),即对于赋存孔径比较大的流体(弛豫时间较长),表明大孔隙的页岩油可动性高于小孔隙。对于微观孔隙结构特征而言,泥页岩平均孔径越大,页岩油总可动油比例越高[图 6-19(d)],

但二者相关性系数较低，表明孔隙大小并非可动油量大小的决定性因素，孔喉配置及其连通性等对页岩油的可动性具有重要意义。多孔介质的孔喉配置复杂程度可用迂曲度参数评价，代表流体流动路线的曲折程度，一般迂曲度越大，孔隙和喉道的分异越明显。图 6-19(e) 为页岩油总可动油量与孔隙迂曲度的关系，迂曲度越大，页岩油总可动油量越低，因此，对于大孔细喉、迂曲度比较大的孔隙结构，页岩油可动性较差。此外，从泥页岩残留油的可动性评价指标 S_1/TOC 与迂曲度关系来看，亦可得出相似的结论。

6.2.3 页岩油赋存状态

页岩油可动性与其赋存状态有关，一般游离油容易流动，而吸附油难以流动，前者被认为是目前技术条件下页岩油可以有效采出的主要贡献者。根据核磁共振 T_2 谱在离心前、后的变化(图 6-2)，发现可动油的弛豫范围主要位于核磁谱中峰和后峰，其中后峰代表裂缝或溶孔洞的页岩油，经离心后基本处于全可动状态；而位于中峰的页岩油，受离心力、孔喉连通性等条件限制，并非所有的游离油均可动。因此，此处将核磁共振 T_2 谱中峰和后峰的游离油进行分开处理，其中，总游离油量为中峰和后峰页岩油量之和，总可动油量为中峰和后峰可动油量之和。

对于 T_2 谱中峰反映的游离油，其可动油量与游离油量表现出较好的线性正相关性 [图 6-20(a)]，表明泥页岩中游离油量越高，可动油量越高。当考虑裂缝或溶孔洞的游离油时(T_2 谱后峰)，泥页岩总游离油量(中峰+后峰)与总可动油量亦表现出正相关性，但线性相关性明显降低[图 6-20(b)]，此为两种类型孔-裂隙内游离油可动性差异造成的。根据离心实验，总可动油量(Q_{mt})与总游离油量(Q_{ft})的定量关系为

$$Q_{mt} = 0.189 \times Q_{ft} \tag{6-5}$$

因此，若结合前述根据地球化学参数界定的有利区游离油的下限 5mg/g(图 6-17)，可得此时可动油的下限则约为 0.95mg/g，此值近似于前述地球化学参数统计得到的可动油下限 1mg/g(图 6-17)。

此外，从泥页岩总可动油比例来看，吸附油量越低，游离油量越高，可泥页岩总可动油比例越高[图 6-20(c)、(d)]。因此，页岩油可动有利区应优先关注游离油资源富集区。

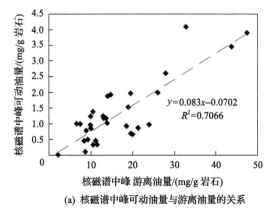

(a) 核磁谱中峰可动油量与游离油量的关系

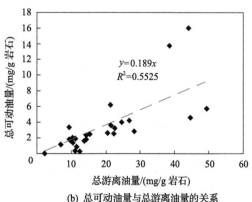

(b) 总可动油量与总游离油量的关系

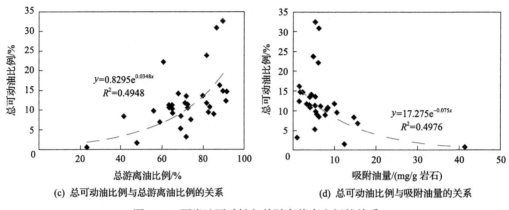

(c) 总可动油比例与总游离油比例的关系　　　　(d) 总可动油比例与吸附油量的关系

图 6-20　页岩油可动性与其赋存状态之间的关系

6.2.4　含油族组分

前述核磁-离心法评价的页岩油可动量/比例均是在泥页岩饱和正十二烷单一流体情况下开展的，即各样品的页岩油组分特征一致。为探索页岩油族组分特征对其可动性的影响，本节统计不同含油性泥页岩样品的地球化学参数，以 S_1/TOC 为页岩油的可动性评价指标，发现除前述 S_1/TOC 随着饱和烃含量的增加而增加外(图 6-17)，页岩油中芳香烃和非烃+沥青质组分越高，S_1/TOC 越低(图 6-21)，因此，饱和烃是可动油的主要贡献者，饱和烃组分越高，其可动性越好。

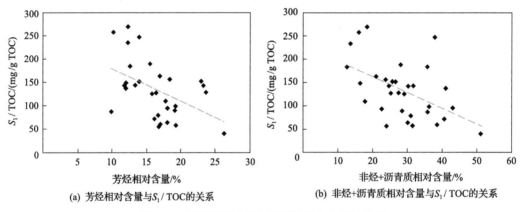

(a) 芳烃相对含量与S_1/TOC的关系　　　　(b) 非烃+沥青质相对含量与S_1/TOC的关系

图 6-21　页岩油可动性与页岩油组分含量的关系

6.3　不同岩相页岩油可动性特征

根据前述分析，页岩油可动性受泥页岩组成、孔隙结构、页岩油赋存状态及其含油族组分等控制，其中后三者受泥页岩组成、构造及其成熟度控制，继而可以认为岩相和成熟度是决定页岩油可动性的关键因素。就成熟度而言，其对可动性的控制主要体现在页岩油属性上，成熟度越高，页岩油组分越轻，吸附量越低，页岩油的可动性越强。

　　以济阳坳陷沙三段下亚段和沙四段上亚段页岩为例，就岩相而言，本节统计分析相似成熟度范围内各岩相样品（多个）的页岩油可动性（饱和油状态下核磁-离心实验结果），用以消除成熟度的影响，如图 6-22 所示。从可动油量来看：①纹层状样品可动油量最高，其次是层状，块状岩相最低，此现象与泥页岩裂缝/层间缝的发育规模有关。前已述及，

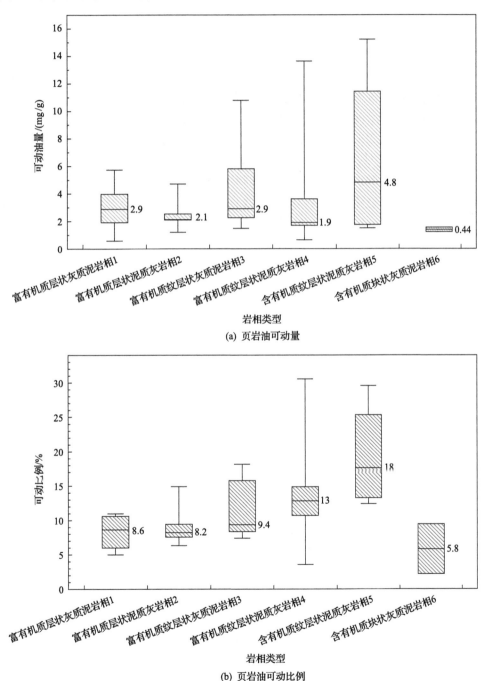

(a) 页岩油可动量

(b) 页岩油可动比例

图 6-22　不同岩相页岩油可动性统计（济阳坳陷沙河街组页岩）

饱和油状态下泥页岩的核磁共振 T_2 谱显示，纹层状/层状核磁谱的后峰较为发育，该部分对于页岩油的可动性具有重要贡献，因此，对于裂缝和层间缝最为发育的纹层状岩相泥页岩来说，其可动油量最高。②相似构造和有机质含量下，灰质泥岩相可动油量大于泥质灰岩相。③相似构造和泥页岩矿物组分情况下，含有机纹层状岩相泥页岩可动油量大于富有机质纹层状岩相，其原因在于含有机质岩相大孔相对更为发育(2.4.2 节，图 2-41)。

需要说明的是，此现象为泥页岩完全饱和油状态下离心测试的结果，与前述残留油态泥页岩不同岩相间吸附油、游离油的趋势相反(5.1.1 节，图 5-2)。地下泥页岩储层孔隙内应充满孔隙流体，放置于实验室许久的泥页岩损失的轻烃对页岩油可动性贡献最大，必然导致其可动性评价失真，相比之下，含有机质岩相泥页岩(有机质含量较低)的烃类损失更为严重，继而出现与残留态泥页岩完全相反的趋势。

从页岩油可动比例来看[图 6-22(b)]，与页岩油可动油量趋势类似，纹层状岩相可动比例最高，层状次之，块状最低；但值得注意的是，在有机质和构造类型相似的情况下，灰质泥岩相的可动比例小于泥质灰岩相，即对应了前述富黏土、低碳酸盐矿物的泥页岩页岩油可动性差的结论(图 6-18)。此外，含有机质纹层状岩相亦表现出较高的页岩油可动比例，其无论可动油量还是可动比例上均高于其他岩相，建议关注含有机质或有机质含量较低的纹层状岩相，其可作为页岩油可动甜点。

第7章 地 质 应 用

本章主要介绍页岩油资源量/储量/可动油资源量的评价方法，并结合页岩的物性、脆性、可压裂性等特征，提出页岩油有利区的预测方法/思路。以泥页岩有机/无机非均质性测井评价技术为支撑，对松辽盆地 G 凹陷青一段和济阳坳陷沙河街组的重点页岩油探井进行地质应用，结合实际勘探效果进行论证。

7.1 资源量/储量/可动油资源量评价

7.1.1 资源量评价方法

从原理上讲，类比法和统计法均可用于页岩油资源评价，但类比法需要有与研究区地质情况相似的、勘探程度较高的刻度区做类比，而统计法需要有一定的产油井产能数据。对于我国尚未取得明显产能的陆相页岩油来讲，类比法和统计法缺乏可比较、可参照的对象(北美的海相页岩油，由于条件相差太大不宜类比)。例如，FORSPAN 法(Pollastto，2007)适合已开发单元的剩余可采量的预测，需要用到大量的钻井和产油气井资料。因此，在缺乏足够的钻井和生产数据情况下，FORSPAN 法在我国陆相页岩油评价中难以应用。常规油气资源评价中成因法的思路及目标与开展页岩油评价的需求不同，如前者的重点是烃源岩生烃量、排烃量的评价及运聚/聚集系数的评价，而后者主要是残留烃量的评价。但是成因法中评价生烃、残烃的体积法恰好可用于页岩油资源评价，它是通过评价页岩中残留烃含量，乘以页岩体积得到页岩油资源量的方法，是目前最为有效、最适用的方法。该体积模型中所用到的热解 S_1、氯仿沥青"A"资料在我国陆相泥页岩中十分丰富，使得该方法成为我国页岩油评价最基本的方法。杨华等(2013)、柳波等(2013，2014b)、卢双舫等(2012，2016a)采用体积法评价了鄂尔多斯盆地、马朗凹陷、渤南洼陷、东濮坳陷、大民屯凹陷的页岩油资源量。此外，对于页岩地球化学参数资料丰富的靶区，物质平衡法(残留烃=原始生烃量–排烃量–残余裂解烃量)也是一种较为可行的评价方法，如 Chen 等(2020)采用物质平衡法评价了吉木萨尔凹陷芦草沟组页岩/致密油资源量。需要说明的是物质平衡法中涉及的排烃门限、生烃转化率、排烃效率等参数的取值经验性较强(如依据包络线确定)，增加了评价结果的不确定性。

1. 氯仿沥青"A"法

氯仿沥青"A"反映的是沉积岩石中可溶有机质的含量,通常用占岩石质量的百分数来表示。作为生烃和排烃作用的综合结果，从本质上来讲，氯仿沥青"A"反映的实际上是烃源岩中的残油量。因此，应用氯仿沥青"A"的指标来评价烃源岩的滞留油量(残留油量)较为合适。

通过原始氯仿沥青"A"计算页岩油量方法如下：

$$Q_a = V\rho A k_a \tag{7-1}$$

式中，V 为页岩体积，m^3；ρ 为页岩密度，t/m^3；A 为氯仿沥青"A"的含量，%；k_a 为氯仿沥青"A"的轻烃补偿校正系数。

氯仿沥青"A"是常规油气勘探中常用的指标，其分析方法成熟，基础资料丰富。由于氯仿沥青"A"的组成与原油接近，能较好地衡量页岩中油的含量，且氯仿沥青"A"分析样品用量较大，能较好地消除页岩非均质性问题。存在的问题是氯仿沥青"A"分析测试中的样品干燥、粉碎和抽提物浓缩使得轻烃损失殆尽，需要做轻烃补偿校正。

2. 热解 S_1 法

岩石热解数据 S_1 为游离态烃(mg HC/g 岩石)，是岩石在热解升温过程中 300℃以前热蒸发出来的，为源岩中已经生成但尚未排出的烃类产物，正是页岩油评价和勘探的对象。与应用原始氯仿沥青"A"计算泥页岩油量的原理、方法相同，原始 S_1 计算页岩油量的公式如下：

$$Q_s = V\rho S_1 k_{轻烃} k_{重烃} \tag{7-2}$$

式中，S_1 为页岩 S_1 含量，kg/t；$k_{轻烃}$ 为 S_1 的轻烃校正系数；$k_{重烃}$ 为 S_1 的重烃校正系数。

热解 S_1 法是常规油气勘探中常用的分析方法之一，具有方法成熟、分析精度高、经济快捷、样品用量少、获取比较方便等优点，因此式(7-2)成为页岩油资源评价中采用最多的方法。

从式(7-1)和式(7-2)可以看出，采用体积法评价页岩油资源量涉及的参数有页岩的体积、密度、含油率(S_1 或氯仿沥青"A")、轻烃与重烃校正系数。页岩体积(有效分布面积×厚度)不仅控制页岩油的分布范围，同时也是决定资源总量的重要参数，这两个参数通过录、测井或地震资料容易获取。页岩密度在一定深度范围内相差不大，且通过密度测井也容易获取。含油率通过地球化学实验可以测定，且成熟探区存在大量该类数据，但是含油率存在较强的非均质性，纵、横向变化大，卢双舫教授团队近些年在页岩油含油率非均质性评价方面开展了大量有效工作，采用测井资料，利用 $\Delta\lg R$ 技术可以实现非均质性的评价。此外，页岩样品在存放、处理及测试分析过程中易发生烃类损失，且损失的烃类部分恰恰是更容易流动，对页岩油产能起主要贡献，故含油率(S_1 或氯仿沥青"A")及轻烃与重烃校正系数对页岩油资源评价有重要影响，它是评价的关键参数，特别是含油率的校正系数尤为重要。S_1 的轻重烃校正详细见 3.4 节。

7.1.2 储量评价方法

页岩油地质储量 N 采用体积法(游离油率法)和容积法(含油饱和度法),结合含油面积、有效厚度、原始原油体积系数和地面原油密度等参数。

1. 容积法(含油饱和度法)

含油饱和度法是借鉴常规油气勘探中储量计算的方法,计算公式如下:

$$N_{oil} = 100Sh\varphi S_o \rho_o / B_{oi} \tag{7-3}$$

式中, N_{oil} 为页岩油地质储量,$10^4 t$;S 为含油面积,km^2;h 为有效厚度;φ 为有效孔隙度,%;S_o 为原始含油饱和度,%;ρ_o 为原油密度,t/m^3;B_{oi} 为原油体积系数。

2. 体积法(游离油率法)

利用游离油量估算页岩油储量的公式为

$$N_{oil} = 100ShT_f / B_{oi} \tag{7-4}$$

式中, T_f 为游离油含量。

从方法原理上来看,含油饱和度法最接近常规油气勘探中的储量计算,然而由于页岩孔隙度和含油饱和度资料非常少,且孔隙度和含油饱和度的测量精度受其他因素影响较大,许多孔隙度和含油饱和度的测量方法对岩心的要求较高,如样品的大小、样品纹层或裂缝发育程度、页岩的后期保存情况、页岩中可溶有机质的含量等,这些因素限制了该方法的使用。

利用游离烃率法评价页岩油地质储量,关键参数即游离油含量的确定,可采用页岩总含油率减去吸附油率获得。页岩总含油率即为前述页岩油资源评价的方法,可利用氯仿沥青 "A" 或者 S_1 经重烃/轻烃校正获得,抑或者采用密闭/保压取心获取,详见 3.3 节;页岩吸附油率可采用干酪根溶胀和无机矿物吸附油量获得,详见 5.3 节。

7.1.3 可动油资源量评价方法

在获得页岩油资源量或页岩油储量的基础上,根据实验厘定可动油资源量与总油量或游离油量的关系,进一步获得页岩油可动油资源量。页岩油可动油资源量与总油量或游离油量的关系采用核磁-离心法确定,具体实验步骤详见 6.1 节。

依据核磁共振-离心实验建立不同离心力下页岩油的可动比例(可动油/游离油)演化图版。如图 7-1 所示,游离油可动比例与离心力之间关系符合 Langmuir 形状,即一条过原点的曲线,随着离心力的增加,游离油可动比例增加,但增加速率逐渐变小。其模型可以表示为

$$R_m = \frac{R_f \Delta P}{\Delta P + \Delta P_L} \tag{7-5}$$

式中，R_m 为可动比例；ΔP 为离心力；ΔP_L 为中值压力；R_f 为理论最大可动比例。

将式(7-5)进一步改写为

$$\frac{1}{R_m} = \frac{\Delta P_L}{R_f}\frac{1}{\Delta P} + \frac{1}{R_f} \tag{7-6}$$

绘制 R_m^{-1} 与 ΔP^{-1} 的关系，进而可求得页岩油的理论最大可动比例(R_f)和中值压力(ΔP_L)。应用到本目标层位，R_f 为 20.83，ΔP_L 为 1.09。故页岩油可动比例的数学表达式为

$$R_m = \frac{20.83 \times \Delta P}{\Delta P + 1.09} \tag{7-7}$$

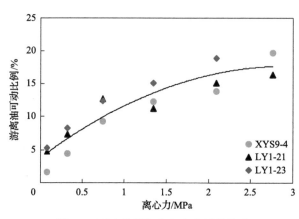

图 7-1　可动比例与离心力之间的关系

通过式(7-7)可以看出，由可动比例计算可动油量需明确离心力 ΔP，即生产压差。生产压差可通过地层压力和井底流压的差值获得，评价方法见案例分析。

7.1.4　案例分析

分别以松辽盆地北部 G 凹陷青一段和渤海湾盆地东营凹陷沙三段下亚段页岩为例，开展了页岩油资源量评价、储量评估及可动油资源量预测的工作。

1. 有机非均质性评价

为精确刻画松辽盆地北部 G 凹陷青一段页岩的有机非均质性，展示研究层位含油率特征，本章在研究区不同成熟度分布区域优选重点井位，采用变系数 $\Delta \lg R$ 法评价 TOC 和 S_1 垂向变化(刘超等，2014)，以此建立有机非均质性评价模型。其中，建模井、验证井共计 12 口，并在建模井位附近选取 11 口井作为模型应用井，共计 23 口井覆盖研究区不同成熟度分布范围，以保证有机非均质性平面分布的准确性。

以 C 井为例，建模效果如图 7-2 所示，计算 TOC 与实测 TOC 显示良好的相关性，$R^2=0.9056$；计算 S_1 与实测 S_1 同样显示较好的相关性，$R^2=0.8355$。可以用该井预测周围井位的有机非均质性。

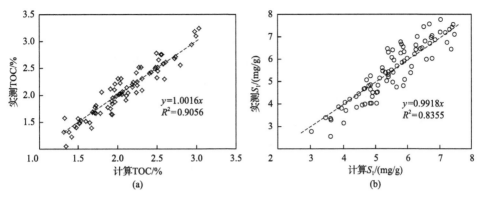

图 7-2　松辽盆地 G 凹陷 C 井实测 TOC 与计算 TOC 关系图(a)及实测 S_1 与计算 S_1 关系图(b)

另外，为验证 C 井建立模型是否合理，选取 C 井周围有实测 TOC、S_1 数据的 A 井作为验证井，验证效果如图 7-3 所示，计算 TOC 与实测 TOC 显示良好的相关性，R^2 = 0.8257；计算 S_1 与实测 S_1 同样显示较好的相关性，R^2=0.8633，证实 C 井建模及应用效果较好。同时对研究区其他区域采用上述流程评价青一段页岩有机非均质性。

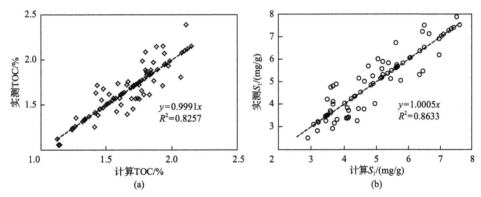

图 7-3　松辽盆地 G 凹陷 A 井有机非均质性验证效果图

类似地，渤海湾盆地东营凹陷沙三段下亚段页岩有机非均质性评价结果如图 7-4 所示。根据变比例系数 $\Delta\lg R$ 模型计算的 TOC 和 S_1 与实测值的相关性来看，回归系数在 0.99 以上(接近 1)且相关性系数(R^2)高达 0.85 左右，表明预测效果较好，能够满足精度要求。

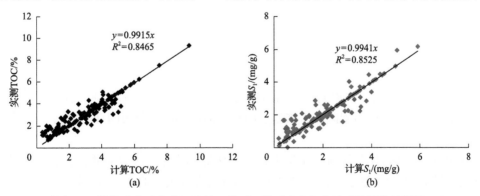

图 7-4　渤海湾盆地东营凹陷沙三段下亚段页岩有机非均质性评价效果图

2. 轻、重烃校正

本章通过密闭保压取心资料获取 G 凹陷轻烃恢复系数(图 3-27),通过组分生烃动力学法获得东营凹陷沙三段下亚段页岩轻烃的补偿校正系数(图 3-25)。关于重烃校正,本章采用抽提前后页岩热解参数的差异,建立不同成熟度下 $\Delta S_2/S_2'$($\Delta S_2=S_2-S_2'$,S_2 为原样品在 $300 \sim 650℃$ 热解实验中所得烃含量;S_2' 为样品泼油后在 $300 \sim 650℃$ 热解所得的烃含量)与深度之间的关系式(图 7-5),再通过不同成熟度下 S_2' 与 TOC 之间关系计算 S_2',最终评价松辽盆地 G 凹陷青一段不同成熟度页岩的重烃校正量。东营凹陷沙三段下亚段页岩重烃校正也是类似方法(图 3-22)。

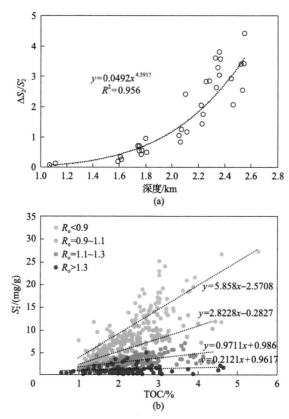

图 7-5　松辽盆地北部 G 凹陷青一段页岩重烃校正图版

3. 评价结果

在对重点井位有机非均质性进行评价后,结合重烃校正和轻烃恢复模型,表征页岩原始含油率特征,并绘制靶区页岩恢复后的总含油量等值线分布图(图 7-6),明确含油有利区分布特征。

利用吸附油评价模型预测页岩吸附油量。根据总资源量与吸附油量之差计算游离油量,最终绘制游离油量等值线分布图(图 7-7),明确研究区页岩油丰度分布特征(图 7-8)并估算页岩油储量。

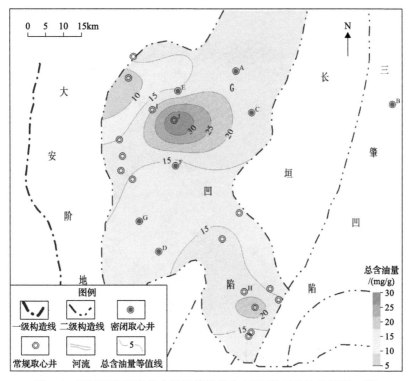

图 7-6 目标层段页岩总含油量等值线分布图(松辽盆地北部青一段)

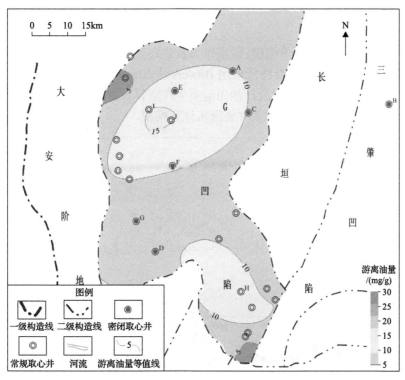

图 7-7 目标层段页岩游离油量等值线分布图(松辽盆地北部青一段)

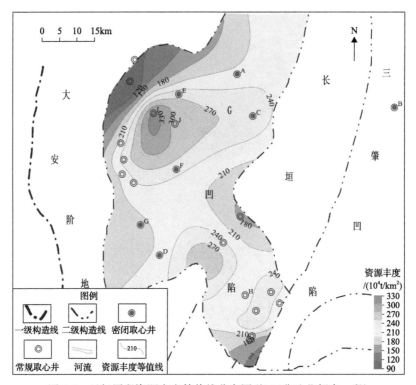

图 7-8　目标层段资源丰度等值线分布图(松辽盆地北部青一段)

4. 可动油评价结果

根据 7.1.3 节的可动油评价模型,地层压力及井底流压是计算可动油资源量的重要参数之一。本章根据目标地层发育特征采用 Bowers 法(Bowers,1995)进行地层超压评价。而对于井底流压评价,本章通过统计油田地质生产资料,发现井底流压与油层深度存在良好的相关性(图 7-9),由此建立了井底流压计算模型。

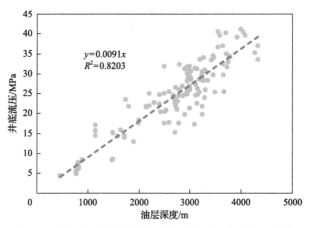

图 7-9　井底流压随油层深度变化趋势(据胜利油田资料)

通过上述流程分别绘制渤海湾盆地东营凹陷页岩油总资源丰度(图 7-10)、游离油资源丰度(图7-11)、可动油资源丰度等值线图(图7-12),以此分别估算页岩油总资源量、游离油资源量、可动油资源量(表7-1)。结果表明:东营凹陷沙三段下亚段页岩油总资源量为5.07×10^9t,游离油资源量为1.287×10^9t,可动油资源量为2.52×10^8t,其中2、3小层资源量更丰富,约占沙三段下亚段的74%。沙三段下亚段埋深在3200~3700m范围内

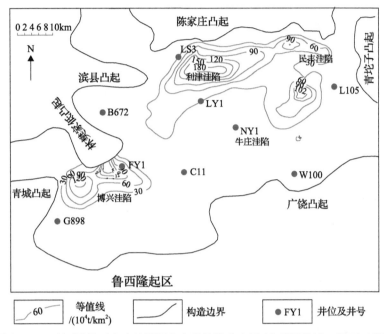

图7-10 目标层段页岩油总资源丰度等值线分布图(东营凹陷沙三段下亚段)

图7-11 目标层段页岩油游离油资源丰度等值线分布图(东营凹陷沙三下亚段)

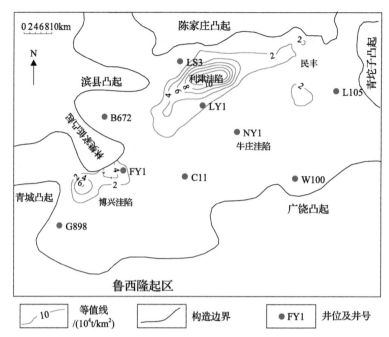

图 7-12 目标层段页岩油可动油资源丰度等值线分布图(东营凹陷沙三下亚段)

表 7-1 东营凹陷沙三下亚段各小层位资源量统计表 (单位：10^8t)

层位	页岩油总资源量	游离油资源量	可动油资源量
沙三段下亚段 1 小层	8.78	1.79	0.35
沙三段下亚段 2 小层	14.74	3.63	0.71
沙三段下亚段 3 小层	22.13	6.00	1.18
沙三段下亚段 4 小层	5.06	1.45	0.28
合计	50.71	12.87	2.52

页岩油可动比例(可动油/游离油)为 18.9%～20%。从东营凹陷沙三段下亚段页岩油总资源丰度的平面分布特征来看(以沙三段下亚段 1 小层为例)，页岩油资源主要分布在各洼陷带，从洼陷中心向边部逐渐减少，利津洼陷最为富集，在博兴、牛庄洼陷附近资源潜力相对较小。从游离油资源丰度、可动油资源丰度的平面分布特征来看，相比较页岩油总资源丰度，页岩油富集区域基本保持不变。

7.2 有利区预测及甜点层段分析

7.2.1 有利区预测案例

1. 原理及方法

页岩油有利区应综合反映页岩油的可动性、弹性能、储层物性及压裂信息等，是综合考虑地质甜点与可压裂甜点的结果(卢双舫等，2016b；赵文智等，2020a，2020b)。寻找页岩油有利区是页岩油勘探开发的首要目标，对于页岩含油率高、物性好、脆性矿物含量高、微裂缝发育并且厚度发育较大的储层，利用水平井体积压裂技术可获得高产工业油流，是页岩油优先勘探开发的有利区。目前页岩油有利区预测方法众多，包括因子分析法(陈桂华等，2016；Hakami et al.，2016；梁兴等，2016；张鹏飞等，2019)、模糊优化法(刘乃震和王国勇，2016)、多参数平面叠合法(邹才能等，2013；宁方兴等，2015；Heege et al.，2015；杨智等，2015；张君峰等，2020；Zhao et al.，2020b)等。不同的方法采用的参数略有差异，整体上包括含油性指数(S_1/TOC×100)、S_1、含油饱和度(S_o)、总有机碳(TOC)含量、镜质组反射率(R_o)、孔隙度(φ)、渗透率(K)、页岩厚度(H)、岩石脆性指数及力学参数等。本节参考使用基于"四甜点"的页岩油有利区域的综合评价方法(图7-13)。

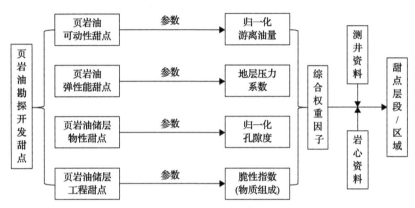

图 7-13 四甜点法的页岩有利区评价流程图

"四甜点"具体包括可动性甜点、弹性能甜点、储层物性甜点和储层工程甜点。其中，反映可动性甜点的参数为游离油量(游离油量理论上代表最大可动油量)，反映弹性能甜点的参数为地层压力系数，反映储层物性甜点的参数采用孔隙度，反映储层工程甜点的参数采用脆性指数。基于上述四参数构建了综合权重指标 U，计算模型为

$$U = U_1 U_2 U_3 U_4 \tag{7-8}$$

式中，各指标计算如下：

$$U_1 = S_f / S_{fmax}$$
$$U_2 = 地层压力系数$$
$$U_3 = \varphi / \varphi_{max} \tag{7-9}$$
$$U_4 = 脆性指数$$

其中，U_1 为含油性指标，无量纲；S_f 为游离油量，mg/g 岩石；S_{fmax} 为研究区游离油量最大值，mg/g 岩石；U_2 为地层压力指标，无量纲；U_3 为储层物性指标，无量纲；φ_{max} 为研究区孔隙度最大值，%；U_4 为可压裂性指标，无量纲。

2. 主要参数预测

前面已对游离油量进行评价，下面分别对地层压力系数、孔隙度、脆性指数进行评价。

1) 孔隙度

页岩储层相较于常规储层的一大区别是低孔隙度、低渗透率的特征，其中孔隙度是反映页岩储层物性的重要参数。目前预测孔隙度的计算方法众多，如利用测井曲线和孔隙度实测数据计算页岩储层总孔隙度；利用核磁共振测井数据计算页岩储层孔隙度；利用岩心数据与测井响应特征，结合体积模型，使用密度测井值和声波测井值计算页岩储层总孔隙度；利用页岩钻井资料，通过建立储层岩石物理模型和孔隙度数学模型，计算碎屑岩储层的总孔隙等。其中应用较多的是以实测孔隙度为基础，利用常规测井曲线建立其与孔隙度之间的关系式，继而计算孔隙度垂向上的变化规律。

本节孔隙度预测就是基于岩心实测孔隙度数据结合常规测井计算而来[式(7-10)]。以松辽盆地北部 I 井、F 井青一段为例，垂向上计算数据与实测数据趋势一致，相关性高（图7-14）。在单井评价孔隙度的基础上，绘制靶区目标层段孔隙度平面分布图（图7-15）。

$$\varphi = 0.1734AC - 6.4972 \tag{7-10}$$

式中，AC 为声波时差，μs/ft。

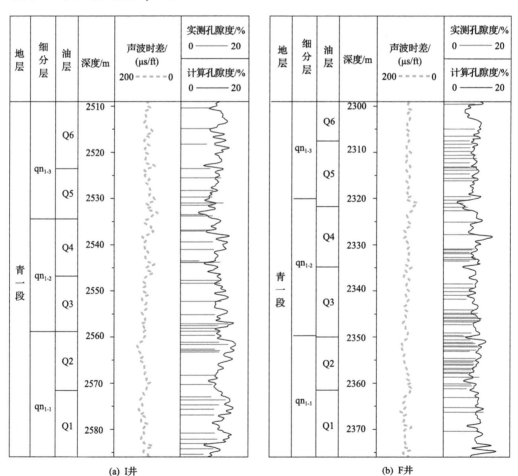

(a) I井　　　　　　　　　　　(b) F井

图7-14　典型井目标层段实测孔隙度与计算孔隙度匹配效果

1ft=3.048×10⁻¹m

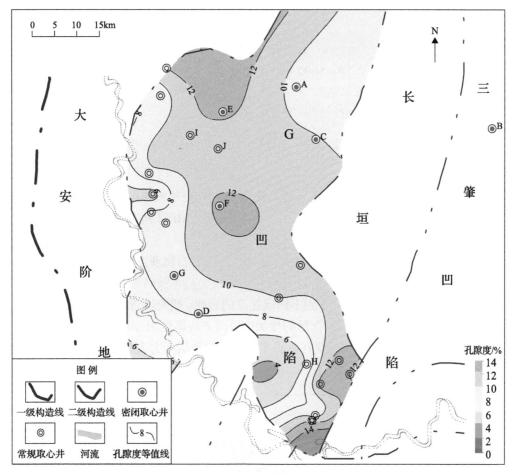

图 7-15 目标层段页岩孔隙度平面分布图(松辽盆地北部青一段)

2)地层压力系数

目前,针对不同成因产生的超压,不同学者探讨出不同的超压定量评价方法,但主要都是依靠测井识别手段,分析孔隙度(声波曲线、密度)与应力(深度)之间的关系判断超压成因。其中定量预测超压的方法主要有直接估算法、有效应力垂直法、有效应力水平法(代表:Eaton 法)、其他有效应力方法(代表:Bowers 法)(Magara,1978;Bilgeri and Ademeno,1982;Eaton B A and Eaton T L,1997;Dutta,2002)。鉴于研究区青一段异常高压形成机制主要为欠压实和生烃增压的发育特征,本节采用 Bowers 法进行超压评价。Bowers 法分为加载曲线和卸载曲线,正常压实和欠压实成因地层位于加载曲线上,流体膨胀成因地层位于卸载曲线上,分别建立相应的数学表达式。

其中,加载部分:

$$\begin{cases} v = 5000 + A\sigma^B \\ P_P = P_0 - \sigma \end{cases} \tag{7-11}$$

卸载部分：

$$\begin{cases} v = 5000 + A\left[\sigma_{max}\left(\dfrac{\sigma}{\sigma_{max}} \right)^{1/W} \right]^B \\ P_P = P_0 - \sigma \end{cases} \tag{7-12}$$

$$\sigma_{max} = \left(\dfrac{v_{max} - 5000}{A} \right)^{\frac{1}{B}}$$

式(7-11)和式(7-12)中，v 为声波速度，m/s；v_{max} 为拐点声波速度，m/s；σ 为垂直有效应力，kPa；A、B 分别为常数参数；P_0 为上覆岩层压力，MPa；P_P 为孔隙压力，MPa；σ_{max} 为卸载点有效应力，MPa；W 为弹性系数。

　　然而，对于固相有机质(干酪根)其自身具备特殊岩石物理性质，相较于岩石骨架的声波时差(182μs/m)，固相有机质在测井解释上表现为高声波时差(550μs/m)，因此在有机质存在的页岩中，声波时差会受到不同成熟度的影响。研究区青一段大量实测 TOC 含量与声波时差关系显示，随 TOC 含量的增加声波时差逐渐变大(图 7-16)。因此，利用声波时差预测地层压力时，需要去除有机质丰度差异对地层压力大小的影响，即对声波时差测井值进行校正。

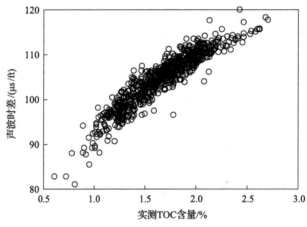

图 7-16　声波时差随有机质含量的变化趋势

　　考虑有机质校正的原理是依据经典威里(Wyllie)方程中的假设条件，岩石主要由岩石骨架、孔隙流体及孔隙三部分组成，在此基础上将岩石体积模型修改增加固体有机质部分，即岩石体积模型主要由固体有机质、岩石骨架、孔隙流体和孔隙四部分构成。因此，声波时差主要是对固体有机质、岩石骨架和孔隙流体三者的反映，此时去除固体有机质信号即完成对声波时差的校正。

　　以松辽盆地北部 A 井作为建模井，在 TOC 含量确定的基础上校正声波时差测井值，结合钻井和完井报告明确异常高压地层段为 2195.8~2280.5m，对应的平均地层压力系数为 1.21，将地层压力系数代入式(7-11)和式(7-12)中，反求得到参数：$A=8.51\times10^{-14}$，$B=2.26$，$W=2.82$。因此建立的孔隙压力模型为如下。

加载部分：

$$\begin{cases} v = 5000 + \left(8.51\times10^{-14}\right)\sigma^{2.26} \\ P_P = P_0 - \sigma \end{cases} \tag{7-13}$$

卸载部分：

$$\begin{cases} v = 5000 + \left(8.51\times10^{-14}\right)\left[\sigma_{\max}\left(\dfrac{\sigma}{\sigma_{\max}}\right)^{1/2.82}\right]^{2.26} \\ P_P = P_0 - \sigma \end{cases} \tag{7-14}$$

A 井建模井的实测地层压力与计算的地层压力对比表明二者吻合度较高，建模效果较好[图 7-17(a)]。为验证该模型的准确性，对 D 井青一段地层压力进行预测，利用上述模型求取地层压力系数，结果为1.3～1.6，计算 D 井地层压力范围为25～45MPa，计算结果与实测地层压力较为一致[图 7-17(b)]。在单井上预测的地层压力系数的基础上，绘制目标层段地层压力系数平面分布图(图 7-18)。

3) 脆性指数

目前，关于脆性指数预测方法众多，比较常见的页岩脆性预测方法有弹性参数法和矿物组分法，前者参考岩石力学应力-弹性参数的影响，后者重点考虑页岩矿物组分对页岩脆性的影响。本节选择机器学习中 XGBoost 算法对脆性矿物进行预测。对于统计学中的聚类分析类问题，利用 XGBoost 算法构建常规测井数据与脆性矿物组合之间的概率统计模型并运用模型对未知数据进行预测与分析，评价流程是：以元素俘获测井数据为基础，测井数据经归一化、降维等处理后，构建数据集；将数据集随机划分为训练集、验证集和测试集，选取 XGBoost 算法作为分类器，在训练集和验证集上使用网格搜索和交

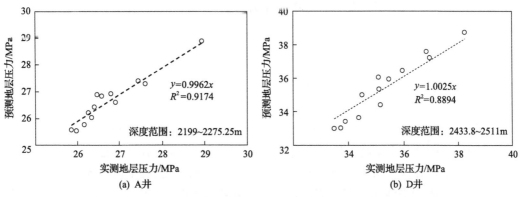

图 7-17　目标层段实测地层压力与预测地层压力关系图

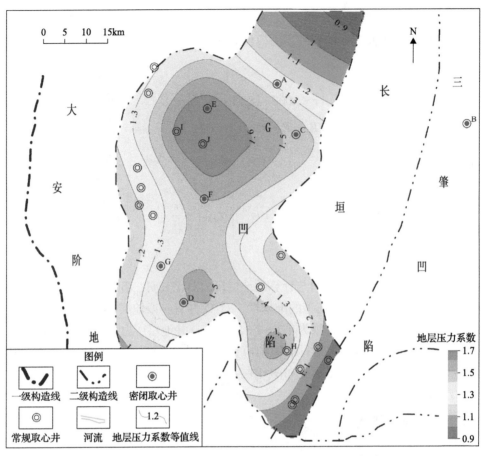

图 7-18　目标层段地层压力系数平面分布图(松辽盆地北部青一段)

叉验证对模型参数调优,并使用测试集评估模型性能。经训练、参数调优后,将模型应用到无矿物组分标注的其他井段上,确定全井段矿物组分。

首先构建脆性指数模型,把矿物组分合并成长英质矿物、碳酸盐类矿物、黏土类矿物、黄铁矿四大类,其中将长英质矿物、碳酸盐类矿物作为有效脆性矿物,而把黏土类矿物、黄铁矿作为非有效矿物。有效矿物作为分子,用于计算脆性指数(BI)。

$$BI = \frac{w_{长英质} + w_{碳酸盐}}{w_{黏土} + w_{长英质} + w_{碳酸盐} + w_{黄铁矿}} \tag{7-15}$$

式中, $w_{长英质}$ 为长英质矿物含量,%; $w_{碳酸盐}$ 为碳酸盐类矿物含量,%; $w_{黏土}$ 为黏土类矿物含量,%; $w_{黄铁矿}$ 为黄铁矿含量,%;

以松辽盆地北部青一段页岩为例,使用 F 井矿物组分数据训练 XGBoost 模型结果显示,在测试集中其黏土矿物占比拟合度较好(图 7-19),以 I 井作为验证集,各矿物组分含量拟合效果较好,证明该模型准确率高,泛化能力强,可拓展至该区域其他井。

此外,济阳拗陷沙河街组页岩矿物含量预测效果如图 7-20 所示。训练样本和验证样本(实心点)的预测值与实测值显示出良好的线性关系,线性系数近似等于 1,相关系数

(R)大于 0.7。另外，检测数据(空心点)的预测值和实测值均匀分布在对角线两侧，保证了模型的预测性能。

3. 松辽盆地北部有利区分布

通过上述流程计算单井垂向上综合权重指标 U，绘制靶区综合权重指标的平面分布图(图 7-21)。而对于有利区边界的确定，鉴于研究区页岩油的试油试采资料有限，本节

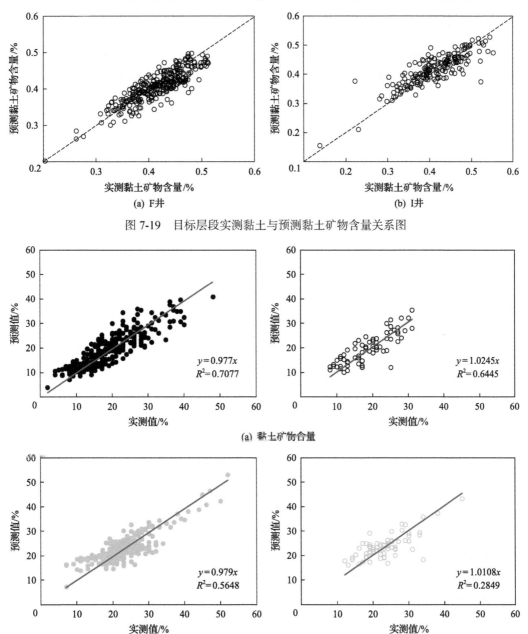

(a) F井   (b) I井

图 7-19　目标层段实测黏土与预测黏土矿物含量关系图

(a) 黏土矿物含量

(b) 硅酸盐类矿物含量

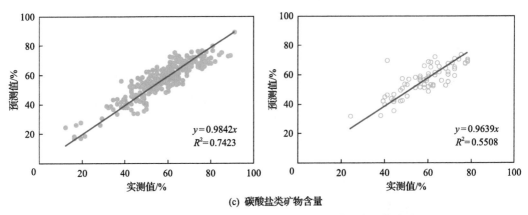

(c) 碳酸盐类矿物含量

图 7-20　济阳拗陷沙河街组页岩无机矿物预测值与实测值交会图

实心点代表训练和验证样本，空心点代表检测样本

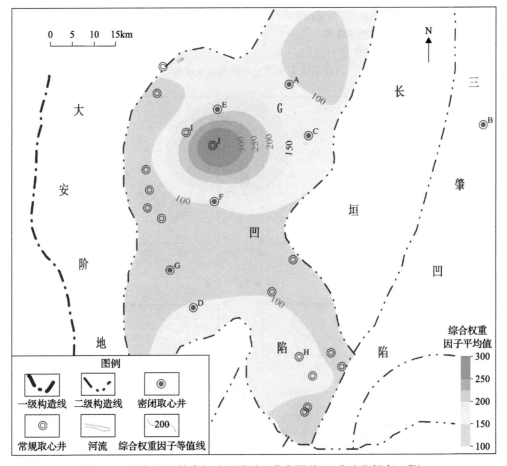

图 7-21　目标层段综合权重因子平面分布图(松辽盆地北部青一段)

利用概率风险评估法，通过权重因子的频率分布，建立不同权重因子条件下有利区分布的评价方法，该方法可供页岩油生产资料较少或处于页岩油勘探初期的靶区参考。

以松辽盆地北部青一段为例，根据靶区的综合权重指标 U 的频率分布特征(图 7-22)，分别统计综合权重指标的前 10%、20%、30%、40% 所对应的因子阈值作为本次甜点优选的参考方案，以此确定对应综合权重因子 U 的边界值为 200、150、130、110。随着界定甜点的综合权重因子 U 阈值逐渐减小，全区甜点层段厚度逐渐增厚，北部分布范围以 I 井为中心逐渐增大，南部分布范围以 H 井为中心逐渐增大(图 7-23)。并以地层厚度连续大于 0m、大于 10m、大于 20m、大于 30m 分别作为甜点有效厚度，可分别计算不同厚度、不同权重因子条件下有利区资源储量，为该区页岩油甜点分布预测提供参考。

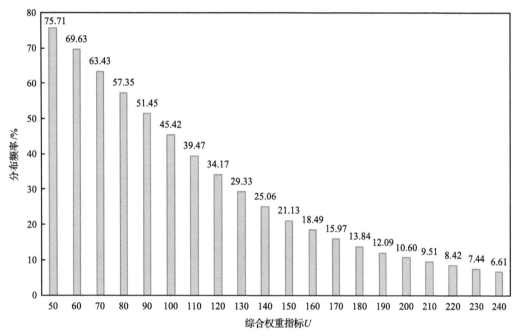

图 7-22　目标层段综合权重因子频率分布图(松辽盆地北部青　段)

7.2.2　有利层段预测案例

1. 原理及方法

除前述公式(7-8)的页岩油有利区预测方法外，还尝试提出一种甜点指数(sweet spot index, SSI)评价模型和评价流程，并将其应用于济阳拗陷沾化凹陷和东营凹陷部分页岩油重点井位，结合页岩油井实际产出数据等进行论证并指出其潜在的页岩油有利层段，以期为页岩油的勘探提供新的思路和认识。

中国陆相页岩油一般发育在较纯的泥页岩层系中，储层一般厚度较大，几十米到上百米不等，非均质性均较强，甜点分布存在差异。页岩油游离油(最大可动量)量越高，

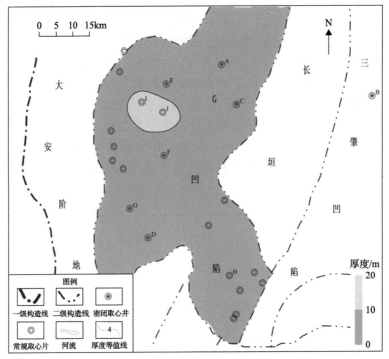

(a) $U > 200$

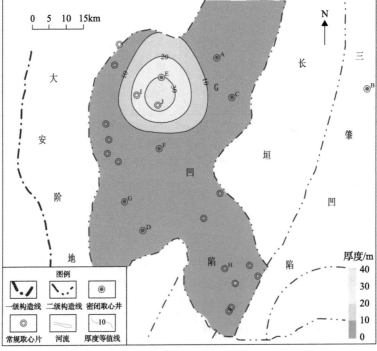

(b) $U > 150$

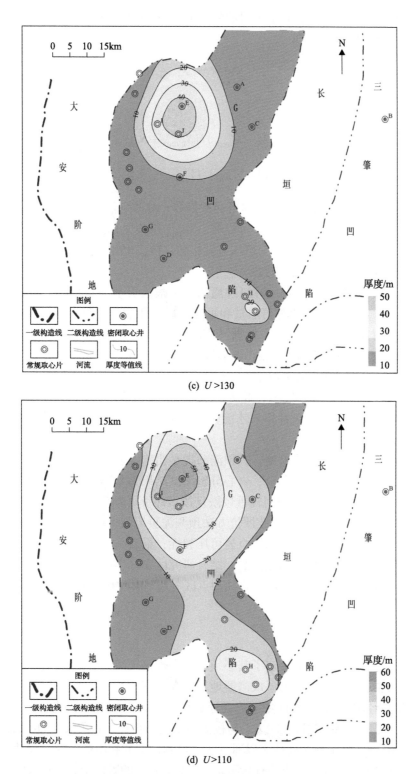

(c)　$U > 130$

(d)　$U > 110$

图 7-23　不同权重指标 U 下的甜点厚度等值线分布图(松辽盆地北部青一段)

泥页岩储层越容易压裂,越有利于页岩油的开采(卢双舫等,2016b)。基于这一认识,提出页岩油甜点指数的概念,即

$$\text{SSI} = M_{\text{n}} F_{\text{n}} \tag{7-16}$$

式中,

$$M_{\text{n}} = \left(M - M_{\text{min}} \right) / \left(S_{\text{f,max}} - S_{\text{f,min}} \right)$$

$$F_{\text{n}} = \left(\text{FI} - \text{FI}_{\text{min}} \right) / \left(\text{FI}_{\text{max}} - \text{FI}_{\text{min}} \right) \tag{7-17}$$

其中,SSI 为甜点指数,无量纲;M 为可动性指数;M_{n} 为归一化后的可动性指数,无量纲;F_{n} 为归一化后的可压裂性指数,无量纲;$S_{\text{f,min}}$ 和 $S_{\text{f,max}}$ 为分别为研究区游离油量的最小值和最大值,mg/g 岩石;FI 为可压裂性指数;FI_{min} 和 FI_{max} 为分别为研究区可压裂性指数的最小值和最大值,无量纲。

页岩油甜点指数是页岩油可动性(游离油量≈最大可动油量)和储层可压裂性的综合体现,归一化之后,页岩油游离油量和页岩储层可压裂性的范围统一为 0~1,消除了二者数量级对甜点指数的影响。根据已有的页岩油开采实践,页岩油的富集区往往黏土矿物含量较高(非压裂有利区),含油性甜点和压裂甜点段在垂向上存在着不匹配性。因此,本节采用二者相乘的方法,当页岩油可动性或者页岩储层可压裂性较差(极端为 0)时,页岩油甜点指数较小,此为非页岩油"甜点区";只有合适的页岩油可动性和页岩储层可压裂性时,二者相乘才能得到较大的页岩油甜点指数,即为页岩油"甜点区"。

根据页岩油甜点指数评价模型,其预测前提是明确页岩油的游离油量及泥页岩储层可压裂性。为此,以常规测井资料、岩心分析测试结果为基础,首先,利用有机非均质性评价方法计算 TOC、S_1 等,利用轻重烃恢复技术评价页岩油总含油量,并计算页岩油游离油量;其次,利用无机非均质性评价方法预测泥页岩无机矿物含量和岩石力学参数,根据泥页岩可压裂性评价模型预测泥页岩可压裂性;最后,综合页岩油游离油量和泥页岩储层可压裂性,计算页岩油甜点指数,结合研究区实际生产资料确定页岩油甜点指数下限,并可应用于其他井位,明确页岩油甜点区分布。其主要流程详见图 7-24。

2. 主要模型参数

1)可压裂性

页岩储层的低渗透性特征决定了其必须经过大规模压裂造缝增渗才能达到产油的目的,泥页岩储层规模裂缝网络的形成需要地层具有较高的脆性指数和较低的断裂韧性,以便在给定的能量下产生更多的裂缝/流动通道(Jin et al.,2014;孙建孟等,2015)。其中,断裂韧性代表岩石裂纹扩展能力,与杨氏模量之间存在正相关关系(Jin et al.,2014;李进步等,2015)。鉴于断裂韧性难以通过实验检测,本节利用杨氏模量代替断裂韧性,用于评价泥页岩可压裂性。理想的有利压裂区应具有较高的脆性指数和较低的杨氏模量,即可压裂模型可以表示为

$$FI = \frac{1}{2}(B_n + E_n) \tag{7-18}$$

式中，FI 为可压裂性指数，无量纲；B_n 为经极差正规化后的脆性指数，无量纲；E_n 为经反极差正规化后的杨氏模量，无量纲；其具体计算公式如下：

$$B_n = (BI - BI_{min})/(BI_{max} - BI_{min})$$

$$E_n = (E_{max} - E)/(E_{max} - E_{min}) \tag{7-19}$$

式中，BI_{min} 和 BI_{max} 分别为研究区地层脆性指数的最小值和最大值，无量纲；E_{min} 和 E_{max} 分别为研究区杨氏模量的最小值和最大值，GPa；BI 和 E 为地层某一深度处的脆性指数和杨氏模量，计算方法如下（Jin et al.，2014）：

$$BI = \frac{w_{sil} + w_{cal}}{w_{total}}$$

$$E = \frac{\rho \times (3 \times \Delta t_s^2 - 4 \times \Delta t_p^2)}{\Delta t_s^2 \times (\Delta t_s^2 - \Delta t_p^2)} \tag{7-20}$$

式中，w_{sil} 和 w_{cal} 分别为硅质矿物含量和钙质矿物含量；w_{total} 为总矿物质含量；ρ 为密度测井，g/cm^3；Δt_s 和 Δt_p 为横波测井和纵波测井数据，$\mu s/ft$。

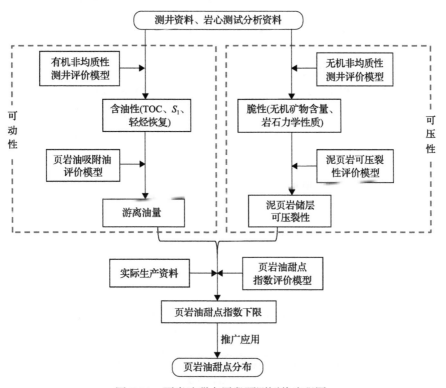

图 7-24 页岩油甜点层段预测评价流程图

因横波测井资料有限,本节借鉴前人针对 L69 井的沙三下亚段(Es$_3^x$)段 15 个样品的横波测试结果(刘书会等,2016),其样品包含深色页岩、灰色泥岩和泥质白云岩等,基本覆盖了研究区的主要岩石类型。据此,拟合了横波测井 Δt_s 和纵波测井 Δt_p 之间的关系(图 7-25),则横波预测模型为

$$\Delta t_s = 2.496 \times \Delta t_p - 51.185 \tag{7-21}$$

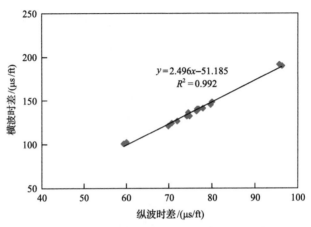

图 7-25　横波测井和纵波测井数据的关系(刘书会等,2016)

以沾化凹陷 L69 井沙三段下亚段泥页岩为例,基于 BP 神经网络法预测无机矿物组分,利用钙质和硅质矿物的含量连续评价地层的脆性指数;根据纵波测井数据拟合横波测井数据,并结合密度测井连续评价地层的杨氏模量;综合脆性指数和杨氏模量的泥页岩可压裂性评价模型如图 7-26 所示,图中色标指示可压裂性指数的大小,随着颜色由深蓝变红,泥页岩可压裂性变好。脆性指数高不代表压裂有利区,若其杨氏模量较大,压裂产生裂缝所需的能量较高,其不宜作为页岩油勘探初期的开发对象。

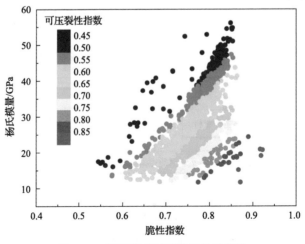

图 7-26　泥页岩可压裂性评价模型图

2) 甜点指数下限

济阳拗陷沙河街组 9 口页岩油井的产能［试油段每米日产量］和其产油层段的甜点指数平均值的统计分析如图 7-27 所示，页岩油产能随着甜点指数的增加而递增，且存在拐点：当甜点指数小于 0.1 时，页岩油产率较低，增加趋势平缓；当甜点指数大于 0.1 后，页岩油产能迅速增加。因此，笔者认为甜点指数 0.1 为研究区有利页岩油层段甜点指数下限值，甜点指数大于 0.1 的层段即页岩油"甜点区"。

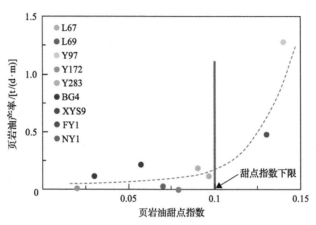

图 7-27　济阳拗陷页岩油井试油段产能与其甜点指数的关系

此外，页岩油产能与其试油层段内游离油量和可压裂性的关系如图 7-28 所示。与可压裂性变化趋势相比，页岩油产率随游离油量的增长趋势与甜点指数类似，表明页岩油甜点区的选择主要受游离油量的控制。随着游离油量的增加，页岩油产能增加，且变化趋势亦存在一个拐点：当游离油量超过 5mg/g 时，页岩油井产能迅速增加。因此，可以将 5mg/g 作为甜点区游离油量的下限，此值与前述利用地球化学参数统计法获得游离油的下限值不谋而合(6.1.3 节)。页岩油产能与储层可压裂性的散点主要分布在两个区域，页岩油产能高值区和低值区可根据可压裂性指数 FI=0.7 区分。Jin 等(2014)曾利用此值界定了美国 Barnett 海相页岩储层的有利压裂段。

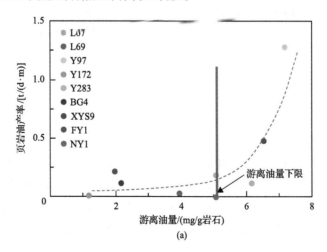

(a)

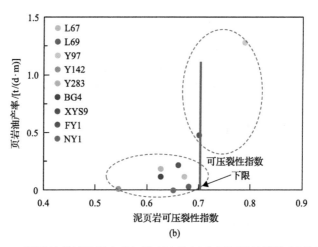

图 7-28　页岩油井试油段产率与游离油量(a)和可压裂性指数(b)的关系

沾化凹陷页岩油井的统计数据表明，沙三段下亚段泥页岩游离油量的分布范围是 $0\sim30\text{mg/g}$，脆性指数为 $0.4\sim0.9$，即式(7-17)中的 $S_{f,min}$ 和 $S_{f,max}$ 分别为 0 和 30，FI_{min} 和 FI_{max} 分别为 0.4 和 0.9。如图 7-28 所示，当游离油量达到 5mg/g，储层可压裂性指数达到 0.7 时，页岩油产率迅速增加，因此由式(7-16)计算此时的 SSI 值为 0.1，即页岩油有利区的甜点指数下限。因此，页岩油甜点区的地质意义可解释为：泥页岩游离油量为 5mg/g 且可压裂性指数大于 0.7。

3. 济阳拗陷部分井案例

1)L69 井

L69 井位于济阳拗陷沾化凹陷内的渤南洼陷罗家鼻状构造带，为一口预探井，在 Es_3^x 段系统取心 229.75m(2911.00～3140.75m)，为研究区页岩油勘探和开发提供了雄厚的岩心资料。该井曾在 3040～3066m 层段内进行试油测试，获得日产 0.85t 的油，密度为 0.89g/cm^3。

连续垂向预测了 L69 井 Es_3^x 段含油性、可压裂性及甜点指数的分布，如图 7-29 所示。第 1～2 道是用于有机/无机非均质测井评价的主要测井曲线；第 5～6 道是 TOC 和 S_1 的测井预测结果，其与实测值(黑点)非常吻合；第 7 道为 S_1/TOC，垂向上该值高于 120mg/g 的深度段被填充有黄色标记；第 8～9 道是岩心实测的孔隙度和含油饱和度；第 10 道为经轻重烃恢复后的 S_1 值(即总含油量)和游离油量，游离油量高于 5mg/g 的深度段被填充有黄色标记；第 11～13 道黏土矿物、硅质矿物和钙质矿物的测井预测值和岩心实测值，垂向上分布基本一致；第 14 道为测井评价的杨氏模量，第 15 道为由脆性矿物计算的脆性指数，第 16 道是结合脆性指数和杨氏模量预测的可压裂性指数，可压裂性指数大于 0.7 的层段用黄色填充；第 17 道为基于游离油量和可压裂性预测的 SSI 分布，SSI 值大于 0.1 的层段用黄色填充；第 18 道为利用前人提出的利用 TOC、S_1、孔隙度、含油饱和度和脆性指数的叠合优选的甜点层段(具体指标下限见表 7-2)。

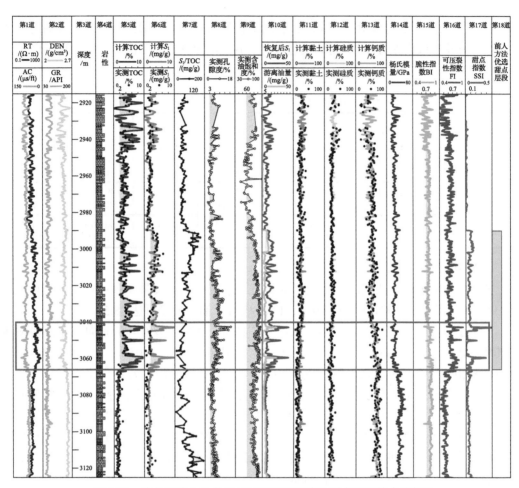

图 7-29　沾化凹陷 L69 井沙三段下亚段页岩油甜点预测综合柱状图

表 7-2　前人方法评价页岩油甜点区所用的指标及其下限值

R_o/%	TOC 含量/%	S_1/(mg/g)	孔隙度/%	含油饱和度/%	脆性指数
>0.8	>2	>2	>3	>60	>0.7

根据预测结果，L69 井 Es_3^x 中几乎不存在 SSI 大于 0.1 的深度区间（3043～3059m 内的 SSI 大于 0.1，但厚度相对较薄，不利于地层压裂的布置），因此，认为该井这套地层中无有利层段。图 7-29 中红色方形框指示的是 3040～3066m 试油层段，尽管该层段具有中等成熟度（Es_3^x 中 R_o 的范围为 0.7%～0.93%，平均值为 0.8%），高有机质、孔隙度、含油饱和度和脆性（表 7-3），但是此深度区间内泥页岩的 S_1/TOC 均在 120mg/g 以下，游离油量和可压裂性平均值分别仅为 3.94mg/g 和 0.68mg/g，均小于前述页岩油甜点段游离油量和可压裂性的下限值 5mg/g 和 0.7mg/g；多数 SSI 值小于 0.1，表明该层段并非页岩油甜点区，其试油结果 0.85t/d 亦证实这一结论。

根据前人提出的基于 TOC、S_1、孔隙率、含油饱和度和脆性指数的叠合的方法，建议该井 2990～3066m 作为页岩油甜点区。对于 L69 井 Es_3^x 段来说，泥页岩 TOC 含量在

3066m 以上的深度段均显示了较高值，表现出较强的页岩油吸附性，导致页岩油的可动性较差，该井整段内 S_1/TOC 和游离油量较低，不宜作为页岩油勘探开发初期甜点区的选择对象。

表 7-3　各页岩油探井试油段参数统计特征(济阳拗陷沙河街组)

井名	试油段/m	TOC 含量/%	S_1/(mg/g)	脆性指数 BI	游离油量/(mg/g 岩石)	FI	SSI
L69	3040～3066	1.48～7.52 (3.83)	0.40～6.18 (2.61)	0.64～0.94 (0.81)	0.03～23.16 (3.94)	0.56～0.93 (0.68)	0～0.59 (0.07)
XYS9	3388～3405	1.50～5.21 (3.39)	2.70～7.40 (5.00)	0.72～0.92 (0.83)	4.6～12.32 (6.52)	0.49～0.91 (0.72)	0.08～0.31 (0.13)
NY1	3403～3510	0.15～7.28 (2.45)	0.06～19.07 (4.68)	0.46～1 (0.77)	0～34 (5.05)	0.36～0.87 (0.65)	0～0.36 (0.08)

2) XYS9 井

XYS9 井位于沾化凹陷内渤南洼陷的斜坡与平缓底部过渡带，是一口工业油流井，自 1996 年钻探以来已累计产油 13164t，Es_3L 段日产油量最高可达 38.5t。

预测了 XYS9 井 Es_3^x 段泥页岩含油性、矿物组成和可压裂性等的垂向分布，并预测了其甜点指数，如图 7-30 所示。尽管在试油段射孔处(3388～3405m，图内红色方框)没有取样和相关岩心分析测试，但测井预测结果显示，该段内泥页岩具有较高的 S_1/TOC、游离油量，且岩石的脆性及可压裂性较高(高于截止值标记为黄色部分)，评价的 SSI 介于 0.08～0.31，平均值为 0.13，表明该层段为页岩油甜点区。与 L67 井相比，该井页岩油射孔段的游离油量、储层可压裂性指数、甜点指数值以及有利区泥页岩的厚度均较高，继而表现出较高的产油率特征。此外，在 XYS9 井 Es_3^x 中，SSI 大于 0.1 的深度范围 3361～3384m，亦可以视为页岩油甜点区。

根据前人各参数叠合的方法，优选 3361～3424m 深度段为页岩油甜点区(16 道)。尽管近 80m 地层内的页岩油游离油量较高，但存在两个深度区间(蓝色方框)需值得注意：其一是 3384～3388m，该段内具有可观的游离油量和 S_1/TOC 特征，但可压裂性较低；其次是 3407～3424m，该段内页岩储层可压裂性较高，但游离油量较低，S_1/TOC 高于 120mg/g 的泥页岩厚度较薄，在页岩油甜点优选时需加以斟酌。

3) NY1 井

NY1 井位于东营凹陷牛庄—六户洼陷带西北部，为牛庄地区一口重点非常规页岩油探井，在 3295～3500m 连续取心，取心进尺 205m，岩心收获率 90.3%，目的层位于 Es_3^x、Es_4^s 段和部分 Es_4^x 段。该井在 3403～3510m 进行射孔试油测试，但产率不佳，折算日产水 0.65m³，见油花，前人解释该层段为含油水层。

如图 7-31 所示，从岩心测试结果来看，垂向上，NY1 井 Es_3^x 段(顶部，深度在 3300m 左右)有机质含量较高，随着沙四上亚段(Es_4^s)深度增加，页岩油含量浮动变化趋势不大，至中部略微增加并存在局部高值区，至 Es_4^s 段底部时，泥页岩有机质丰度降低；从页岩油可动性来看，以 3370m 为界：3370 以上深度段内泥页岩 S_1/TOC 较低，基本不超过 120mg/g，几乎无游离油和可动油量，当深度大于 3370m 后页岩油可动性增加，局部深度区间内页岩油可动油量大于 1mg/g；从页岩油族组分特征来看，全目的层段内页岩油族组分以饱和烃为主（＞40%），沥青质含量相对较低；从矿物组分含量来看，该井泥页岩矿物以碳酸盐矿物为主，其次为黏土矿物，石英含量相对较少，且垂向上波动较大。从测井评价的泥页岩可压裂性来看，目的层段内泥页岩可压裂性较低，可压裂性指数介于 0.36～0.87（平均为 0.65），见有零散深度区间内泥页岩可压裂性高于 0.7。特别地，该井 3470m 附近处为含有机质块状泥岩相发育带，泥页岩有机质丰度、含油量、可动性、饱和烃含量等降为最低，黏土矿物含量最高，泥页岩可压裂性较差。

　　从该井试油层段（图 7-31 中红色方框）特征来看，试油段顶部泥页岩 TOC 含量较高，随深度增加 TOC 含量降低；除前述含有机质块状泥页岩发育带外（深度在 3470m 附近），试油段内页岩油含量高，S_1/TOC 基本都在 120mg/g 以上，部分深度处具有可观的游离油量和可动油量，页岩油组分特征较轻，亦见有多数深度点位置处的泥页岩具有较高的可压裂性。但从评价的甜点指数来看，SSI 介于 0～0.35，平均值为 0.08，小于前述页岩油

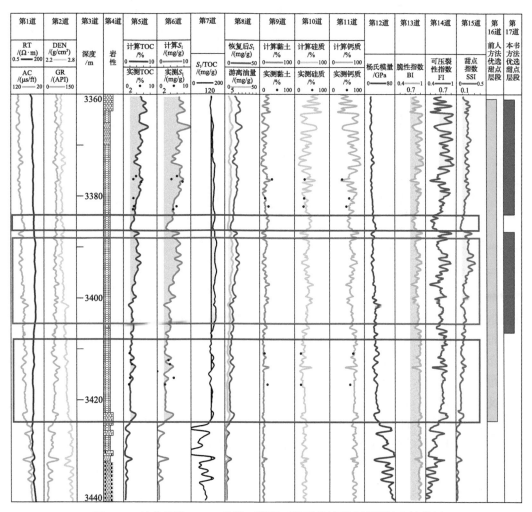

图 7-30　沾化凹陷 XYS9 井沙三段下亚段页岩油甜点预测综合柱状图

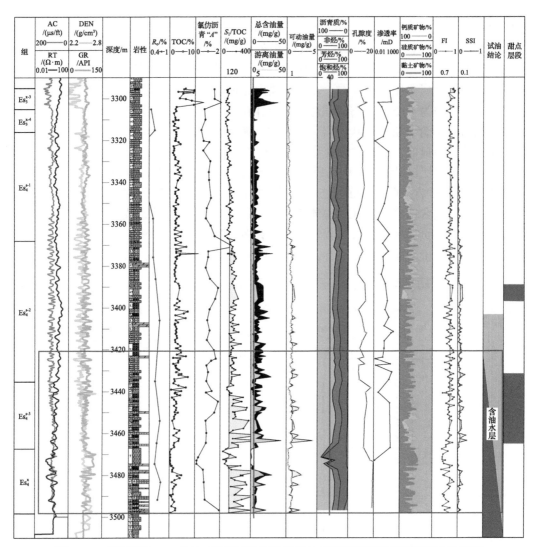

图 7-31　东营凹陷 NY1 井沙三段下亚段和沙四段上亚段页岩油甜点预测综合柱状图

甜点选择所需的下限值 0.1。根据实际的试油结果来看，该段试油结果仅见到油花显示。初步推测/解释，尽管 NY1 井试油段内部分深度处的泥页岩游离油量和可动油量高，但垂向分布较为零散、不连续，加之黏土矿物含量相对较高、硅质矿物含量低，泥页岩可压裂性不足（平均 0.65）（表 7-3），可能难以形成连续的、规模化的工业油流资源富集和产出。鉴于此，本节建议可缩小试油段范围，避开含有机质块状岩相发育带，针对性开展可动油量高、可压裂性好的甜点区进行测试，如 3431～3465m 和 3388～3397m 等（后者厚度相对较薄，但黏土矿物含量极低，可作为考虑的对象）。

参 考 文 献

白龙辉, 柳波, 迟亚奥, 等. 2021. 二维核磁共振技术表征页岩所含流体特征的应用——以松辽盆地青山口组富有机质页岩为例[J]. 石油与天然气地质, 42(6): 1389-1400.

白松涛, 程道解, 万金彬, 等. 2016. 砂岩岩石核磁共振 T2 谱定量表征[J]. 石油学报, 37(3): 382-391, 414.

白振强, 吴胜和, 付志国. 2013. 大庆油田聚合物驱后微观剩余油分布规律[J]. 石油学报, 34(5): 924-931.

包友书. 2018. 渤海湾盆地东营凹陷古近系页岩油主要赋存空间探索[J]. 石油实验地质, 40(4): 479-484.

蔡进功, 包于进, 杨守业, 等. 2007. 泥质沉积物和泥岩中有机质的赋存形式与富集机制[J]. 中国科学(D 辑:地球科学), 2: 234-243.

陈桂华, 白玉湖, 陈晓智, 等. 2016. 页岩油气纵向综合甜点识别新方法及定量化评价[J]. 石油学报, 37(11): 1337-1342.

谌卓恒, Kirk G O. 2013. 西加拿大沉积盆地 Cardium 组致密油资源评价[J]. 石油勘探与开发, 40(3): 320-328.

谌卓恒, 黎茂稳, 姜春庆, 等. 2019. 页岩油的资源潜力及流动性评价方法——以西加拿大盆地上泥盆统 Duvernay 页岩为例[J]. 石油与天然气地质, 40(3): 459-468.

代全齐, 罗群, 张晨, 等. 2016. 基于核磁共振新参数的致密油砂岩储层孔隙结构特征——以鄂尔多斯盆地延长组 7 段为例[J]. 石油学报, 37(7): 887-897.

邓宏文, 钱凯. 1993. 沉积地球化学与环境分析[M]. 兰州:甘肃科学技术出版社.

邓亚仁, 任战利, 马文强, 等. 2018. 鄂尔多斯盆地富县地区长 8 层段致密砂岩储层特征及充注下限[J]. 石油实验地质, 40(2): 288-294.

董冬, 杨申镳, 项希勇, 等. 1993. 济阳拗陷的泥质岩类油气藏[J]. 石油勘探与开发, 20(6): 15-22.

董明哲, 李亚军, 桑茜, 等. 2019. 页岩油流动的储层条件和机理[J]. 石油与天然气地质, 40(3): 636-644.

付金华, 李士祥, 侯雨庭, 等. 2020. 鄂尔多斯盆地延长组 7 段 II 类页岩油风险勘探突破及其意义[J]. 中国石油勘探, 25(1): 78-92.

何文渊, 柳波, 张金友, 等. 2023. 松辽盆地古龙页岩油地质特征及关键科学问题探索[J]. 地球科学, 48(1): 49-62.

侯健, 邱茂鑫, 陆努, 等. 2014. 采用 CT 技术研究岩心剩余油微观赋存状态[J]. 石油学报, 35(2): 319-325.

黄振凯, 郝运轻, 李双建, 等. 2020. 鄂尔多斯盆地长 7 段泥页岩层系含油气性与页岩油可动性评价——以 H317 井为例[J]. 中国地质, 47(1): 210-219.

黄志龙, 郭小波, 柳波, 等. 2012. 马朗凹陷芦草沟组源岩油储集空间特征及其成因[J]. 沉积学报, 30(6): 1115-1122.

贾承造. 2021. 中国石油工业上游科技进展与未来攻关方向[J]. 石油科技论坛, 40(3): 1-10.

姜在兴, 张文昭, 梁超, 等. 2014. 页岩油储层基本特征及评价要素[J]. 石油学报, 35(1): 184-196.

姜振学, 李廷微, 宫厚健, 等. 2020. 沾化凹陷低熟页岩储层特征及其对页岩油可动性的影响[J]. 石油学报, 41(12): 1587-1600.

姜振学, 庞雄奇, 金之钧, 等. 2002. 门限控烃作用及其在有效烃源岩判别研究中的应用[J]. 地球科学, (6): 689-695.

蒋启贵, 黎茂稳, 钱门辉, 等. 2016. 不同赋存状态页岩油定量表征技术与应用研究[J]. 石油实验地质, 38(6): 842-849.

黎茂稳, 金之钧, 董明哲, 等. 2020. 陆相页岩形成演化与页岩油富集机理研究进展[J]. 石油实验地质, 42(4): 489-505.

黎茂稳, 马晓潇, 蒋启贵, 等. 2019. 北美海相页岩油形成条件、富集特征与启示[J]. 油气地质与采收率, 26(1): 13-28.

李海波, 郭和坤, 杨正明, 等. 2015. 鄂尔多斯盆地陕北地区三叠系长 7 致密油赋存空间[J]. 石油勘探与开发, 42(3): 396-400.

李吉君, 史颖琳, 黄振凯, 等. 2015. 松辽盆地北部陆相泥页岩孔隙特征及其对页岩油赋存的影响[J]. 中国石油大学学报: 自然科学版, 39(4): 27-34.

李进步. 2020. 页岩油赋存机理及可动性研究——以济阳拗陷沙河街组为例[D]. 青岛: 中国石油大学(华东).

李进步, 卢双舫, 陈国辉, 等. 2015. 基于矿物学和岩石力学的泥页岩储层可压裂性评价[J]. 大庆石油地质与开发, 34(6): 159-164.

李进步, 卢双舫, 陈国辉, 等. 2016. 热解参数 S1 的轻烃与重烃校正及其意义-以渤海湾盆地大民屯凹陷 E2s4 (2) 段为例[J]. 石油与天然气地质, 38 (4): 538-545.

李钜源, 包友书, 张林晔, 等. 2015. 页岩可动油定量测定实验装置: CN103808909B[P]. 2015-12-02.

李俊乾, 卢双舫, 张婕, 等. 2019. 页岩油吸附与游离定量评价模型及微观赋存机制[J]. 石油与天然气地质, 40 (3): 583-592.

李倩文, 马晓潇, 高波, 等. 2021. 美国重点页岩油区勘探开发进展及启示[J]. 新疆石油地质, 42 (5): 630.

李士超, 张金友, 公繁浩, 等. 2017. 松辽盆地北部上白垩统青山口组泥岩特征及页岩油有利区优选[J]. 地质通报, 36 (4): 654-663.

李硕, 郭和坤, 刘卫, 等. 2007. 利用核磁共振技术研究岩心含油饱和度恢复[J]. 石油天然气学报, (2): 62-65.

李素梅, 王铁冠. 1998. 原油极性组分的吸附与储层润湿性及研究意义[J]. 地质科技情报, 17 (4): 66-71.

李晓光, 刘兴周, 李金鹏, 等. 2019. 辽河拗陷大民屯凹陷沙四段湖相页岩油综合评价及勘探实践[J]. 中国石油勘探, 24 (5): 636-648.

李易霖. 2017. 致密砂岩储层微观孔喉结构精细表征[D]. 大庆: 东北石油大学.

李玉桓, 邬立言, 黄九思. 1993. 储油岩热解地球化学录井评价技术[M]. 北京: 石油工业出版社.

李政, 王秀红, 朱日房, 等. 2015. 济阳拗陷沙三下亚段和沙四上亚段页岩地球化学评价[J]. 新疆石油地质, 36 (5): 1.

李卓, 姜振学, 唐相路, 等. 2017. 渝东南下志留统龙马溪组页岩岩相特征及其对孔隙结构的控制[J]. 地球科学, 42 (7): 1116-1123.

梁斌, 王喜梅, 曾济楚, 等. 2019. CT 扫描技术在岩心微观驱油特征分析中的应用[J]. 录井工程, 30 (2): 34-37.

梁世君, 黄志龙, 柳波, 等. 2012. 马朗凹陷芦草沟组页岩油形成机理与富集条件[J]. 石油学报, 33 (4): 588-594.

梁新平, 金之钧, 殷进垠, 等. 2019. 俄罗斯页岩油地质特征及勘探开发进展[J]. 石油与天然气地质, 40 (3): 478-490.

梁兴, 王高成, 徐政语, 等. 2016. 中国南方海相复杂山地页岩气储层甜点综合评价技术——以昭通国家级页岩气示范区为例[J]. 天然气工业, 36 (1): 33-42.

刘超, 卢双舫, 薛海涛. 2014. 变系数 ΔlogR 方法及其在泥页岩有机质评价中的应用[J]. 地球物理学进展, 29 (1): 312-317.

刘惠民, 张顺, 包友书, 等. 2019. 东营凹陷页岩油储集地质特征与有效性[J]. 石油与天然气地质, 40 (3): 512-523.

刘惠民. 2022. 济阳拗陷页岩油勘探实践与前景展望[J]. 中国石油勘探, 27 (1): 73.

刘乃震, 王国勇. 2016. 四川盆地威远区块页岩气甜点厘定与精准导向钻井[J]. 石油勘探与开发, 43 (6): 978-985.

刘庆. 2017. 渤海湾盆地东营凹陷烃源岩碳氧同位素组成及地质意义[J]. 石油实验地质, 39 (2): 6.

刘书会, 王长江, 罗红梅, 等. 2016. 泥页岩岩石物理参数测试与分析[J]. 油气地质与采收率, 23 (6): 16-21.

刘文钧, 田洪钧, 耿爱琴, 等. 1988. 稳定同位素在古环境研究中的应用[J]. 岩相古地理, 3-4 (Z1): 98-107.

柳波, 郭小波, 黄志龙, 等. 2013. 页岩油资源潜力预测方法探讨: 以三塘湖盆地马朗凹陷芦草沟组页岩油为例[J]. 中南大学学报 (自然科学版), 44 (4): 1472-1478.

柳波, 吕延防, 冉清昌, 等. 2014a. 松辽盆地北部青山口组页岩油形成地质条件及勘探潜力[J]. 石油与天然气地质, 35 (2): 280-285.

柳波, 何佳, 吕延防, 等. 2014b. 页岩油资源评价指标与方法——以松辽盆地北部青山口组页岩油为例[J]. 中南大学学报 (自然科学版), 45 (11): 3846-3852.

柳波, 孙嘉慧, 张永清, 等. 2021. 松辽盆地长岭凹陷白垩系青山口组一段页岩油储集空间类型与富集模式[J]. 石油勘探与开发, 48 (3): 521-535.

卢龙飞, 蔡进功, 刘文汇, 等. 2013. 泥岩与沉积物中黏土矿物吸附有机质的三种赋存状态及其热稳定性[J]. 石油与天然气地质, 34 (1): 16-26.

卢双舫, 张敏. 2008. 油气地球化学[M]. 北京: 石油工业出版社.

卢双舫, 陈国辉, 王民, 等. 2016a. 辽河拗陷大民屯凹陷沙河街组四段页岩油富集资源潜力评价[J]. 石油与天然气地质, 37 (1): 8-14.

卢双舫, 黄文彪, 陈方文, 等. 2012. 页岩油气资源分级评价标准探讨[J]. 石油勘探与开发, 39 (2): 249-256.

卢双舫, 薛海涛, 王民, 等. 2016b. 页岩油评价中的若干关键问题及研究趋势[J]. 石油学报, 37 (10): 1309-1322.

卢双舫, 李俊乾, 张鹏飞, 等. 2018. 页岩油储集层微观孔喉分类与分级评价[J]. 石油勘探与开发, 45 (3): 436-444.

毛玲玲, 伊海生, 季长军, 等. 2014. 柴达木盆地新生代湖相碳酸盐岩岩石学及碳氧同位素特征[J]. 地质科技情报, 33(1): 41-48.

宁方兴, 王学军, 郝雪峰, 等. 2015. 济阳拗陷页岩油甜点评价方法研究[J]. 科学技术与工程, 15(35): 11-16.

宁正福, 王波, 杨峰, 等. 2014. 页岩储集层微观渗流的微尺度效应[J]. 石油勘探与开发, 41(4): 445-452.

牛小兵, 冯胜斌, 刘飞, 等. 2013. 低渗透致密砂岩储层中石油微观赋存状态与油源关系——以鄂尔多斯盆地三叠系延长组为例[J]. 石油与天然气地质, 34(3): 288-293.

钱门辉, 蒋启贵, 黎茂稳, 等. 2017. 湖相页岩不同赋存状态的可溶有机质定量表征[J]. 石油实验地质, 39(2): 278-286.

任大忠, 孙卫, 董凤娟, 等. 2015. 鄂尔多斯盆地华庆油田长 81 储层可动流体赋存特征及影响因素[J]. 地质与勘探, 51(4): 797-804.

史基安, 赵欣, 王金鹏, 等. 2005. 油藏储层中不同赋存状态烃类地球化学特征: I 链烷烃[J]. 沉积学报, 23(1): 162-169.

史忠生, 陈开远, 史军, 等. 2003. 运用锶钡比判定沉积环境的可行性分析[J]. 断块油气田, (2): 12-16.

宋国奇, 张林晔, 卢双舫, 等. 2013. 页岩油资源评价技术方法及其应用[J]. 地学前缘, 20(4): 221-228.

宋明水. 2019. 济阳拗陷页岩油勘探实践与现状[J]. 油气地质与采收率, 26(1): 1-12.

宋明水, 刘惠民, 王勇, 等. 2020. 济阳拗陷古近系页岩油富集规律认识与勘探实践[J]. 石油勘探与开发, 47(2): 225-235.

孙焕泉. 2017. 济阳拗陷页岩油勘探实践与认识[J]. 中国石油勘探, 22(4): 1.

孙佳楠, 梁天, 林晓慧, 等. 2019. 东营凹陷沙四上段烃源岩原油的生成与滞留动力学[J]. 地球化学, 48(4): 370-377.

孙建孟, 韩志磊, 秦瑞宝, 等. 2015. 致密气储层可压裂性测井评价方法[J]. 石油学报, 36(1): 74-80.

孙军昌, 陈静平, 杨正明, 等. 2012. 页岩储层岩芯核磁共振响应特征实验研究[J]. 科技导报, 30(14): 25-30.

孙龙德. 2020. 古龙页岩油(代序)[J]. 大庆石油地质与开发, 39(3): 1-7.

孙龙德, 刘合, 何文渊, 等. 2021. 大庆古龙页岩油重大科学问题与研究路径探析[J]. 石油勘探与开发, 48(3): 453-463.

孙中良, 王芙蓉, 侯宇光, 等. 2020. 盐湖页岩有机质富集主控因素及模式[J]. 地球科学, 45(4): 1375-1387.

谭志伟, 陈艳, 刘玉, 等. 2018. 低渗透储层岩心流体饱和度分析技术研究及应用[C]. 油气田勘探与开发国际会议, 西安.

田善思. 2019. 页岩储层孔隙微观特征及页岩油赋存与可动性评价[D]. 青岛: 中国石油大学(华东).

汪凯明, 罗顺社. 2009. 碳酸盐岩地球化学特征与沉积环境判别意义——以冀北拗陷长城系高于庄组为例[J]. 石油与天然气地质, 30(3): 343-349.

王安乔, 郑保明. 1987. 热解色谱分析参数的校正[J]. 石油实验地质, (4): 342-350.

王冠民, 钟建华, 姜在兴, 等. 2005. 从济阳拗陷沙一段古盐度的横向变化看古近纪的海侵方向[J]. 世界地质, 24(3): 243-247.

王广昀, 王凤兰, 蒙启安, 等. 2020. 古龙页岩油战略意义及攻关方向[J]. 大庆石油地质与开发, 39(3): 8-19.

王京, 刘琨. 2017. 俄罗斯致密油资源潜力和勘探开发现状[J]. 国际石油经济, 25(7): 80-88.

王茂林, 程鹏, 田辉, 等. 2017. 页岩油储层评价指标体系[J]. 地球化学, 46(2): 178-190.

王民, 石蕾, 王文广, 等. 2014. 中美页岩油, 致密油发育的地球化学特征对比[J]. 岩性油气藏, 26(3): 67-73.

王民, 关莹, 李传明, 等. 2018. 济阳拗陷沙河街组湖相页岩储层孔隙定性描述及全孔径定量评价[J]. 石油与天然气地质, 39(6): 1107-1119.

王民, 焦晨雪, 李传明, 等. 2019b. 东营凹陷沙河街组页岩微观孔隙多重分形特征[J]. 油气地质与采收率, 26(1): 72-79.

王民, 马睿, 李进步, 等. 2019a. 济阳拗陷古近系沙河街组湖相页岩油赋存机理[J]. 石油勘探与开发, 46(4): 789-802.

王明磊, 张遂安, 张福东. 2015. 鄂尔多斯盆地延长组长 7 段致密油微观赋存形式定量研究[J]. 石油勘探与开发, 42(6): 757-762.

王倩茹, 陶士振, 关平. 2020. 中国陆相盆地页岩油研究及勘探开发进展[J]. 天然气地球科学, 31(3): 417-427.

王森, 冯其红, 查明, 等. 2015. 页岩有机质孔缝内液态烷烃赋存状态分子动力学模拟[J]. 石油勘探与开发, 42(6): 772-778.

王文广, 郑民, 王民, 等. 2015. 页岩油可动资源量评价方法探讨及在东濮凹陷北部古近系沙河街组应用[J]. 天然气地球科学, 26(4): 771-781.

王晓琦, 孙亮, 朱如凯, 等. 2015. 利用电子束荷电效应评价致密储集层储集空间——以准噶尔盆地吉木萨尔凹陷二叠系芦草沟组为例[J]. 石油勘探与开发, 42(4): 472-480.

王学军, 宁方兴, 郝雪峰, 等. 2017. 古近系页岩油赋存特征——以济阳拗陷为例[J]. 科学技术与工程, 17(29): 39-48.

王永诗, 李政, 巩建强, 等. 2013. 济阳拗陷页岩油气评价方法——以沾化凹陷罗家地区为例[J]. 石油学报, 34(1): 83-91.

王永诗, 李政, 王民, 等. 2022. 渤海湾盆地济阳拗陷陆相页岩油吸附控制因素[J]. 石油与天然气地质, 43(3): 489-498.

韦恒叶. 2012. 古海洋生产力与氧化还原指标——元素地球化学综述[J]. 沉积与特提斯地质, 32(2): 76-88.

吴松涛, 邹才能, 朱如凯, 等. 2015. 鄂尔多斯盆地上三叠统延长 7 段泥页岩储集性能[J]. 地球科学, 40(11): 1810-1823.

肖飞, 杨建国, 李士超, 等. 2021. 松辽盆地齐家和古龙凹陷页岩油含油性参数优选与资源量计算[J]. 地质与资源, 30(3): 395-404.

薛海涛, 田善思, 卢双舫, 等. 2015. 页岩油资源定量评价中关键参数的选取与校正——以松辽盆地北部青山口组为例[J]. 矿物岩石地球化学通报, 34(1): 70-78.

薛海涛, 田善思, 王伟明, 等. 2016. 页岩油资源评价关键参数——含油率的校正[J]. 石油与天然气地质, 37(1): 15-22.

薛荣, 邓倩, 陆现彩, 等. 2015. 高岭石和伊利石表面润湿性的分子动力学研究[J]. 高校地质学报, 21(4): 594-602.

鄢捷年. 1998. 原油沥青质在油藏岩石表面的吸附特性[J]. 石油勘探与开发, 25(2): 78-82.

杨华, 李士祥, 刘显阳. 2013. 鄂尔多斯盆地致密油, 页岩油特征及资源潜力[J]. 石油学报, 34(1): 1-11.

杨建国, 李士超, 姚玉来, 等. 2020. 松辽盆地北部陆相页岩油调查取得重大突破[J]. 地质与资源, 29(3): 300.

杨正明, 郭和坤, 姜汉桥. 2009. 火山岩气藏不同岩性核磁共振实验研究[J]. 石油学报, 30(3): 400-403.

杨智, 侯连华, 陶士振, 等. 2015. 致密油与页岩油形成条件与"甜点区"评价[J]. 石油勘探与开发, 42(5): 555-565.

姚军, 赵建林, 张敏, 等. 2015. 基于格子 Boltzmann 方法的页岩气微观流动模拟[J]. 石油学报, 36(10): 1280-1289.

余义常, 徐怀民, 高兴军, 等. 2018. 海相碎屑岩储层不同尺度微观剩余油分布及赋存状态——以哈得逊油田东河砂岩为例[J]. 石油学报, 39(12): 1397-1409.

颜永何, 邹艳荣, 屈振亚, 等. 2015. 东营凹陷沙四段烃源岩残留-排烃量的实验研究[J]. 地球化学, 44(1): 79-86.

张春明, 张维生, 郭英海. 2012. 川东南—黔北地区龙马溪组沉积环境及对烃源岩的影响[J]. 地学前缘, 19(1): 136-145.

张君峰, 徐兴友, 白静, 等. 2020. 松辽盆地南部白垩系青一段深湖相页岩油富集模式及勘探实践[J]. 石油勘探与开发, 47(4): 637-652.

张林晔. 2012. 陆相盆地页岩油勘探开发关键地质问题研究-以东营凹陷为例[C]. 页岩油专题研讨会, 无锡.

张林晔, 包友书, 李钜源, 等. 2014. 湖相页岩油可动性——以渤海湾盆地济阳拗陷东营凹陷为例[J]. 石油勘探与开发, 41(6): 641-649.

张林晔, 包友书, 李钜源, 等. 2015. 湖相页岩中矿物和干酪根留油能力实验研究[J]. 石油实验地质, 37(6): 776-780.

张鹏飞, 卢双舫, 李俊乾, 等. 2019. 湖相页岩油有利甜点区优选方法及应用——以渤海湾盆地东营凹陷沙河街组为例[J]. 石油与天然气地质, 40(6): 1339-1350.

张顺, 刘惠民, 宋国奇, 等. 2016. 东营凹陷页岩油储集空间成因及控制因素[J]. 石油学报, (12): 1495-1507.

张正顺, 胡沛青, 沈娟, 等. 2013. 四川盆地志留系龙马溪组页岩矿物组成与有机质赋存状态[J]. 煤炭学报, 38(5): 766-771.

赵靖舟, 蒲泊伶, 耳闯. 2016. 页岩及页岩气地球化学[M]. 上海: 华东理工大学出版社.

赵文智, 胡素云, 侯连华, 等. 2020a. 中国陆相页岩油类型、资源潜力及与致密油的边界[J]. 石油勘探与开发, 47(1): 1-10.

赵文智, 朱如凯, 胡素云, 等. 2020b. 陆相富有机质页岩与泥岩的成藏差异及其在页岩油评价中的意义[J]. 石油勘探与开发, 47(6): 1079-1089.

赵振华. 2016. 微量元素地球化学原理(第二版)[M]. 北京: 科学出版社.

郑文秀, 孙成珍, 熊涛, 等. 2016. 壁面粗糙度对油-水-固三相接触线的影响[J]. 工程热物理学报, 37(9): 1901-1905.

支东明, 唐勇, 杨智峰, 等. 2019. 准噶尔盆地吉木萨尔凹陷陆相页岩油地质特征与聚集机理[J]. 石油与天然气地质, 40(3): 524-534.

周庆凡, 金之钧, 杨国丰, 等. 2019. 美国页岩油勘探开发现状与前景展望[J]. 石油与天然气地质, 40(3): 469-477.

周庆凡, 杨国丰. 2012. 致密油与页岩油的概念与应用[J]. 石油与天然气地质, 33(4): 541-544.

朱日房, 张林晔, 李钜源, 等. 2015. 页岩滞留液态烃的定量评价[J]. 石油学报, 36(1): 13-18.

朱如凯, 张响响, 公言杰. 2013. 吉林让字井地区泉四段致密油储层特征与原油赋存状态[C]. 第十四届中国矿物岩石地球化学学会会议, 贵阳.

朱晓萌, 朱文兵, 曹剑, 等. 2019. 页岩油可动性表征方法研究进展[J]. 新疆石油地质, 40(6): 745-753.

邹才能, 杨智, 崔景伟, 等. 2013. 页岩油形成机制、地质特征及发展对策[J]. 石油勘探与开发, 40(1): 14-26.

邹才能, 翟光明, 张光亚, 等. 2015. 全球常规-非常规油气形成分布、资源潜力及趋势预测[J]. 石油勘探与开发, 42(1): 13-25.

邹才能, 赵贤正, 杜金虎, 等. 2020. 页岩油地质评价方法: GB/T 38718-2020[S]. 北京:中国标准出版社.

邹才能, 马锋, 潘松圻, 等. 2023. 全球页岩油形成分布潜力及中国陆相页岩油理论技术进展[J]. 地学前缘, 30(1): 128.

Abrams M A, Gong C, Garnier C, et al. 2017. A new thermal extraction protocol to evaluate liquid rich unconventional oil in place and in-situ fluid chemistry[J]. Marine and Petroleum Geology, 88: 659-675.

Adams J J. 2014. Asphaltene adsorption, a literature review[J]. Energy & Fuels, 28(5):2831-2856.

Alharthy N S, Nguyen T, Teklu T, et al. 2013. Multiphase compositional modeling in small-scale pores of unconventional shale reservoirs[C]. SPE Annual Technical Conference and Exhibition, New Orleans.

Ali M, Ali S, Mathur A, et al. 2020. Organic Shale Spontaneous Imbibition and Monitoring with NMR to Evaluate In-Situ Saturations, Wettability and Molecular Sieving[C]. SPE/AAPG/SEG Unconventional Resources Technology Conference, Austin.

Andersen M B, Elliott T, Freymuth H, et al. 2015. The terrestrial uranium isotope cycle[J]. Nature, 517(7534): 356-359.

Bagri A, Grantab R, Medhekar N, et al. 2010. Stability and formation mechanisms of carbonyl-and hydroxyl-decorated holes in graphene oxide[J]. Journal of Physical Chemistry C, 114(28): 12053-12061.

Ballice L. 2003. Changes in the cross-link density of Goynuk oil shale (Turkey) on pyrolysis[J]. Fuel, 82(11):1305-1310.

Bantignies J L, Cartier D M C, Dexpert H. 1997. Wettability contrasts in kaolinite and illite clays: Characterization by infrared and X-ray absorption spectroscopies[J]. Journal De Physique Iv, 7(C2): C2-867-C2-869.

Barling J, Anbar A D. 2004. Molybdenum isotope fractionation during adsorption by manganese oxides[J]. Earth and Planetary Science Letters, 217: 315-329.

Berendsen H J C, van der Spoel D, van Drunen R. 1995. GROMACS: A message-passing parallel molecular dynamics implementation[J]. Computer Physics Communications, 91: 43-56.

Bhatia M R. 1983. Plate tectonics and geochemical composition of sandstones[J]. The Journal of Geology, 91(6): 611-627.

Bhatia M R,Crook K A W. 1986. Trace element characteristics of graywackes and tectonic setting discrimination of sedimentary basins [J]. Contributions to Mineralogy and Petrology, 92（2）: 181-193.

Bilgeri D, Ademeno E B. 1982. Predocting abnormally pressured sedimentary rocks[J]. Geophysical Prospecting, 30(5): 608-621.

Birdwell J E, Washburn K E. 2015. Multivariate analysis relating oil shale geochemical properties to NMR relaxometry[J]. Energy & Fuels, 29(4): 2234-2243.

Bordenave M L. 1993. Applied Petroleum Geochemistry[M]. Paris: Paris Editions Technip.

Bowers G L. 1995. Pore pressure estimation from velocity data: Accounting for overpressure mechanisms besides undercompaction[J]. SPE Drilling & Completion, 10(2): 89-95.

Cao J, Wu M, Chen Y, et al. 2012. Trace and rare earth element geo-chemistry of Jurassic mudstones in the northern Qaidam basin, northwest China[J]. Chemie Der Erde-Geochemistry, 72(3): 245-252.

Cao H, Zou Y R, Lei Y, et al. 2017. Shale oil assessment for the Songliao Basin, northeastern China, using oil generation-sorption method[J]. Energy & Fuels, 31(5): 4826-4842.

Chang D, Vinegar H J, Morriss C, et al. 1994. Effective porosity, producible fluid and permeability in carbonates from NMR logging [C]. Society of Petrophysicists and Well-Log Analysts, Tulsa.

Chang X, Xue Q, Li X, et al. 2018. Inherent wettability of different rock surfaces at nanoscale: A theoretical study[J]. Applied Surface Science, 434: 73-81.

Chen G, Lu S, Li J, et al. 2017b. A method to recover the original total organic carbon content and cracking potential of source rocks accurately based on the hydrocarbon generation kinetics theory[J]. Journal of Nanoscience and Nanotechnology, 17(9): 6169-6177.

Chen G, Lu S, Zhang J, et al. 2016. Research of CO_2 and N_2 adsorption behavior in K-illite slit pores by GCMC method[J]. Scientific Reports, 6(1): 1-10.

Chen G, Lu S, Zhang J, et al. 2018. A method for determining oil-bearing pore size distribution in shales: A case study from the Damintun Sag, China[J]. Journal of Petroleum Science and Engineering, 166: 673-678.

Chen H, Heidari Z. 2014. Assessment of Hydrocarbon Saturation in Organic-Rich Source Rocks using Combined Interpretation of Dielectric and Electrical Resistivity Measurements[C]. SPE Annual Technical Conference and Exhibition, Amsterdam.

Chen H, Firdaus G, Heidari Z. 2014. Impact of anisotropic nature of organic-rich source rocks on electrical resistivity measurements[C]. SPWLA 55th Annual Logging Symposium, Abu Dhabi.

Chen J, Pang X, Pang H, et al. 2018. Hydrocarbon evaporative loss evaluation of lacustrine shale oil based on mass balance method: Permian Lucaogou Formation in Jimusaer Depression, Junggar Basin[J]. Marine and Petroleum Geology, 91: 422-431.

Chen J, Pang X, Wang X, et al. 2020. A new method for assessing tight oil, with application to the Lucaogou Formation in the Jimusaer depression, Junggar Basin, China[J]. AAPG Bulletin, 104 (6): 1199-1229.

Chen Z, Jiang C. 2020. An integrated mass balance approach for assessing hydrocarbon resources in a liquid-rich shale resource play: an example from upper devonian duvernay formation, Western Canada Sedimentary Basin[J]. Journal of Earth Science, 31 (6): 1259-1272.

Chen Z, Liu X, Guo Q, et al. 2017a. Inversion of source rock hydrocarbon generation kinetics from Rock-Eval data[J]. Fuel, 194: 91-101.

Cooles G P, Mackenzie A S, Quigley T M. 1986. Calculation of petroleum masses generated and expelled from source rocks[J]. Organic geochemistry, 10: 235-245.

Coates G R, Xiao L, Prammer M G. 1999. NMR Logging: Principles and Applications[M]. Houston: Haliburton Energy Services.

Couch E L. 1971. Calculation of paleosalinities from boron and clay mineral data[J]. AAPG Bulltein, 55: 1829- 1839.

Cox R, Lowe D R, Cullers R L. 1995. The influence of sediment recycling and basement composition on evolution of mudrock chemistry in the southwestern United States[J]. Geochimica et Cosmochimica Acta, 59 (14): 2919-2940.

Cui J, Cheng L. 2017. A theoretical study of the occurrence state of shale oil based on the pore sizes of mixed Gaussian distribution [J]. Fuel, 206: 564-571.

Curtis M E, Cardott B J, Sondergeld C H, et al. 2012. Development of organic porosity in the Woodford Shale with increasing thermal maturity[J]. International Journal of Coal Geology, 103: 26-31.

Das B K, Haake B G. 2003. Geochemistry of Rewalsar Lake sediment, Lesser Himalaya, India: implications for source area weathering, provenance and tectonic setting[J]. Geosciences Journal, 7 (4): 299-312.

Daughney C J. 2000. Sorption of crude oil from a non-aqueous phase onto silica: The influence of aqueous pH and wetting sequence [J]. Organic Geochemistry, 31 (2-3): 147-158.

Dean E W, Stark D D. 1920. A convenient method for the determination of water in petroleum and other organic emulsions[J]. The Journal of Industrial and Engineering Chemistry, 12 (5): 486-490.

Donovan A D, Staerker T S, Gardner R M, et al. 2016. Findings from the Eagle Ford Outcrops of west Texas & Implication to the Subsurface of South Texas[M]//Bryer J A. The Eagle Ford shale: a renaissance in U. S. Oil production: AAPG Memoir 110. Tulsa: American Association of Petroleum Geologists: 301- 336.

Dudášová D, Simon S, Hemmingsen P V, et al. 2008. Study of asphaltenes adsorption onto different minerals and clays: Part 1. Experimental adsorption with UV depletion detection[J]. Colloids and Surfaces A: Physicochemical and Engineering Aspects, 317 (1-3): 1-9.

Dunn K J, Latorraca G, Warner J, et al. 1994. On the calculation and interpretation of NMR relaxation time distributions[C]. SPE Annual Technical Conference and Exhibition, New Orleans.

Dutta N. C. 2002. Geopressure prediction using seismic data: current status and the road ahead[J]. Geophysics, 67 (6): 2012-2041.

Eaton B A, Eaton T L. 1997. Fracture gradient prediction for the new generation[J]. World Oil, 218 (10): 93-100.

Ebner C, Saam W F, Stroud D. 1976. Density-functional theory of simple classical fluids. I. Surfaces[J]. Physical Review A, General Physics, 14 (6): 2264-2273.

EIA. 2020. Annual Energy Outlook 2020 (with projections to 2050) [A/OL]. (2020-01-29) [2024-05-30]. https://www.eia.gov/ outlooks/aeo/pdf/AEO2020%20Full%20Report.pdf.

Enninful H, Babak P, Bryan J, et al. 2017. Fluid Quantification in Oil Sands Using a 2D NMR Spectroscopy[C]. Offshore Mediterranean Conference, Ravenna.

Fleury M, Romero-Sarmiento M. 2016. Characterization of shales using T1–T2 NMR maps[J]. Journal of Petroleum Science and Engineering, 137: 55-62.

Floyd P A, Leveridge B E. 1987. Tectonic environment of the Devonian Gramscatho basin, south Cornwall; mode and geochemical evidence from turbiditic sandstones[J]. Journal of the Geological Society, 144: 531-542.

Floyd P A, WinchesterJ A, Park R G. 1989. Geochemistry and tectonic setting of Lowisian clastic metasediments from the Early Proterozoic Loch Maree group of Gairloch, NW Scotland[J]. Precambrian Research, 45: 203-214.

Getaneh W. 2002. Geochemistry provenance and depositional tectonic setting of the Adigrat sandstone northern Ethiopia[J]. Journal of African Earth Sciences, 35 (2): 185-198.

Gong Y, Liu S, Zhu R, et al. 2015. Micro-occurrence of Cretaceous tight oil in southern Songliao Basin, NE China[J]. Petroleum Exploration & Development, 42 (3): 323-328.

Gonzalez V, Taylor S E. 2016. Asphaltene adsorption on quartz sand in the presence of pre-adsorbed water[J]. Journal of Colloid and Interface Science, 480: 137-145.

Goss K U, Schwarzenbach R P. 2002. Adsorption of a diverse set of organic vapors on quartz, $CaCO_3$, and α-Al_2O_3 at different relative humidities[J]. Journal of Colloid and Interface Science, 252 (1): 31-41.

Gürgey K. 2015. Estimation of oil in-place resources in the lower Oligocene Mezardere Shale, Thrace Basin, Turkey[J]. Journal of Petroleum Science and Engineering, 133: 543-565.

Habina I, Radzik N, Topór T, et al. 2017. Insight into oil and gas-shales compounds signatures in low field 1H NMR and its application in porosity evaluation[J]. Microporous and Mesoporous Materials, 252: 37-49.

Hakami A, Ellis L, Al-Ramadan K, et al. 2016. Mud gas isotope logging application for sweet spot identification in an unconventional shale gas play: A case study from Jurassic carbonate source rocks in Jafurah Basin, Saudi Arabia[J]. Marine and Petroleum Geology, 76: 133-147.

Han Y, Mahlstedt N, Horsfield B. 2015. The Barnett Shale: Compositional fractionation associated with intraformational petroleum migration, retention, and expulsion[J]. AAPG Bulletin, 99 (12): 2173-2202.

Handwerger D A, Suarez-Rivera R, Vaughn K I, et al. 2011. Improved petrophysical core measurements on tight shale reservoirs using retort and crushed samples[C]. SPE Annual Technical Conference and Exhibition, Denver.

Handwerger D A, Willberg D, Pagels M, et al. 2012. Reconciling Retort versus Dean Stark Measurements on Tight Shales[C]. SPE Annual Technical Conference and Exhibition, San Antonio.

Hunt J M, Huc A Y, Whelan J K. 1980. Generation of light hydrocarbons in sedimentary rocks[J]. Nature, 288 (5792): 688-690.

Jarvie D M, Jarvie B M, Weldon W D, et al. 2012. Components and processes impacting production success from unconventional shale resource systems[C]. GEO-2012, 10th Middle East Geosciences Conference and Exhibition, Manama.

Jarvie D M. 2012. Shale resource systems for oil and gas: Part 2—Shale-oil resource systems[J]. AAPG Bulletin, 97: 87-119.

Jarvie D M. 2014. Components and processes affecting producibility and commerciality of shale resource systems[J]. Geologica Acta: An International Earth Science, 12 (4): 307-325.

Jiang C, Chen Z, Mort A, et al. 2016. Hydrocarbon evaporative loss from shale core samples as revealed by Rock-Eval and thermal desorption-gas chromatography analysis: Its geochemical and geological implications[J]. Marine and Petroleum Geology, 70: 294-303.

Jiang J, Sandler S I, Smit B. 2004. Capillary Phase Transitions of n-Alkanes in a Carbon Nanotube[J]. Nano Letters, 4 (2): 241-244.

Jiang T, Jain V, Belotserkovskaya A, et al. 2015. Evaluating producible hydrocarbons and reservoir quality in organic shale reservoirs using nuclear magnetic resonance (NMR) factor analysis[C]. SPE/CSUR Unconventional Resources Conference, Calgary.

Jiang T, Rylander E, Singer P M, et al. 2013. Integrated petrophysical interpretation of eagle ford shale with 1-D and 2-D nuclear magnetic resonance (NMR)[C]. Society of Petrophysicists and Well-Log Analysts, New Orleans.

Jin B, Bi R, Nasrabadi H. 2017. Molecular simulation of the pore size distribution effect on phase behavior of methane confined in nanopores[J]. Fluid Phase Equilibria, 452: 94-102.

Jin L, Ma Y, Jamili A. 2013. Investigating The effect of pore proximity on phase behavior and fluid properties in shale formations[J]. SPE Annual Technical Conference and Exhibition, New Orleans.

Jin L, Hawthorne S, Sorensen J, et al. 2017. Advancing CO_2 enhanced oil recovery and storage in unconventional oil play-Experimental studies on Bakken shales[J]. Applied Energy, 208: 171-183.

Jin X, Shan S N, Roegiers J C, et al. 2014. Fracability evaluation in shale reservoirs-an integrated petrophysics and geomechanics approach[C]. SPE Hydraulic Fracturing Technology Conference, The Woodlands.

John S G, Kunzmann M, Townsend E J, et al. 2017. Zinc and cadmium stable isotopes in the geological record: A case study from the post-snowball Earth Nuccaleena cap dolostone[J]. Palaeogeography Palaeoclimatology Palaeoecology, 466: 202-208.

Jones B, Manning D A C. 1994. Comparison of geochemical indices used for the interpretation of palaeoredox conditions in ancient mudstones[J]. Chemical Geology, 111: 111-129.

Josh M, Esteban L, Piane D C, et al. 2012. Laboratory characterisation of shale properties[J]. Journal of Petroleum Science and Engineering, 88: 107-124.

Kausik R, Fellah K, Rylander E, et al. 2014. NMR petrophysics for tight oil shale enabled by core resaturation[C]. International symposium of the society of core analysts, Avignon.

Kausik R, Craddock P R, Reeder S L, et al. 2015. Novel reservoir quality indices for tight oil[C]. Vnconventioncal Resources Technology Conference, San Antonio.

Kausik R, Fellah K, Rylander E, et al. 2016. NMR relaxometry in shale and implications for logging[J]. Petrophysics - The SPWLA Journal of Formation Evaluation and Reservoir Description, 57(4): 339-350.

Kausik R, Fellah K, Feng L, et al. 2017. High-and low-field NMR relaxometry and diffusometry of the bakken petroleum system[J]. Petrophysics, 58(4): 341-351.

Kelemen S R, Walters C C, Ertas D, et al. 2006. Petroleum expulsion Part 2. organic matter type and maturity effects on kerogen swelling by solvents and thermodynamic parameters for kerogen from regular solution theory[J]. Energy & Fuels, 20(1): 301-308.

Kennedy M J, Pevear D R, Hill R J. 2002. Mineral surface control of organic carbon in black shale[J]. Science, 295(5555): 657-660.

Kethireddy N, Heidari Z, Chen H. 2013. Quantifying the effect of kerogen on electrical resistivity measurements in organic-rich source rocks[C]. SPWLA 54th Annual Logging Symposium, New Orleans.

Khatibi S, Ostadhassan M, Xie Z, et al. 2019. NMR relaxometry a new approach to detect geochemical properties of organic matter in tight shales[J]. Fuel, 235: 167-177.

Kimura H, Watanabe Y. 2001. Oceanic anoxia at the Precambrian-Cambrian boundary[J]. Geology, 29(11): 995-998.

Kissin Y V. 1987. Catagenesis and composition of petroleum: origin of n-alkanes and isoalkanes in petroleum crudes[J]. Geochimica Et Cosmochimica Acta, 51(9): 2445-2457.

Kleinberg R, Vinegar H. 1996. NMR properties of reservoir fluids[J]. The Log Analyst, 37(6): 20-32.

Korb J P, Nicot B, Jolivet I. 2018. Dynamics and wettability of petroleum fluids in shale oil probed by 2D T1-T2 and fast field cycling NMR relaxation[J]. Microporous and Mesoporous Materials, 269: 7-11.

Krooss B V, Bergen F V, Gensterblum Y, et al. 2002. High-pressure methane and carbon dioxide adsorption on dry and moisture-equilibrated Pennsylvanian coals[J]. International Journal of Coal Geology, 51(2): 69-92.

Lager A, Webb K J, Black C. 2007. Impact of brine chemistry on oil recovery[C]: European Symposium on Improved Oil Recovery, Cairo.

Larsen J W, Shang L. 1997. Changes in the macromolecular structure of a type I kerogen during maturation[J]. Energy & Fuels, 11(4): 897-901.

Larsen J W, Parikh H, Michels R. 2002. Changes in the cross-link density of Paris Basin Toarcian kerogen during maturation[J]. Organic Geochemistry, 33 (10): 1143-1152.

Lewan M D, Maynard J B. 1982. Factors controlling enrichment of vanadium and nickel in the bitumen of organic sedimentary rocks[J]. Geochimica et Cosmochimica Acta, 46 (12): 2547-2560.

Li J, Lu S, Xie L, et al. 2017. Modeling of hydrocarbon adsorption on continental oil shale: A case study on n-alkane[J]. Fuel, 206: 603-613.

Li J, Huang W, Lu S, et al. 2018a. Nuclear magnetic resonance T1–T2 map division method for hydrogen-bearing components in continental shale[J]. Energy & Fuels, 32 (9): 9043-9054.

Li J, Lu S, Cai J, et al. 2018b. Adsorbed and free oil in lacustrine nanoporous shale: A theoretical model and a case study[J]. Energy & Fuels, 32 (12): 12247-12258.

Li J, Wang M, Chen Z, et al. 2019a. Evaluating the total oil yield using a single routine Rock-Eval experiment on as-received shales[J]. Journal of Analytical and Applied Pyrolysis, 144: 104707.

Li J, Lu S, Chen G, et al. 2019b. A new method for measuring shale porosity with low-field nuclear magnetic resonance considering non-fluid signals[J]. Marine and Petroleum Geology, 102: 535-543.

Li J, Jiang C, Wang M, et al. 2020. Adsorbed and free hydrocarbons in unconventional shale reservoir: A new insight from NMR T1-T2 maps[J]. Marine & Petroleum Geology, 116: 104311.

Li J, Jiang C, Wang M, et al. 2022a. Determination of in situ hydrocarbon contents in shale oil plays: Part 1: Is routine Rock-Eval analysis reliable for quantifying the hydrocarbon contents of preserved shale cores[J]. Organic Geochemistry, 170: 104449.

Li J, Wang M, Fei J, et al. 2022b. Determination of in situ hydrocarbon contents in shale oil plays. Part 2: Two-dimensional nuclear magnetic resonance (2D NMR) as a potential approach to characterize preserved cores[J]. Marine and Petroleum Geology, 145: 105890.

Li J, Wang M, Jiang C, et al. 2022c. Sorption model of lacustrine shale oil: Insights from the contribution of organic matter and clay minerals[J]. Energy, 260: 125011.

Li M, Chen Z, Ma X, et al. 2018. A numerical method for calculating total oil yield using a single routine Rock-Eval program: A case study of the Eocene Shahejie Formation in Dongying Depression, Bohai Bay Basin, China[J]. International Journal of Coal Geology, 191: 49-65.

Li M, Chen Z, Ma X, et al. 2019. Shale oil resource potential and oil mobility characteristics of the Eocene-Oligocene Shahejie Formation, Jiyang Super-Depression, Bohai Bay Basin of China[J]. International Journal of Coal Geology, 204: 130-143.

Li X, Chen K, Li P, et al. 2021. A new evaluation method of shale oil sweet spots in chinese lacustrine basin and its application[J]. Energies, 14 (17): 5519.

Li Z, Zou Y, Xu X, et al. 2016. Adsorption of mudstone source rock for shale oil - Experiments, model and a case study[J]. Organic Geochemistry, 92. 55-62.

Liang T, Zhan Z, Zou Y, et al. 2022. Interaction between organic solvents and three types of kerogen investigated via X-ray diffraction[J]. Energy & Fuels, 36 (3): 1350-1357.

Liu B, Bai L, Chi Y, et al. 2019. Geochemical characterization and quantitative evaluation of shale oil reservoir by two-dimensional nuclear magnetic resonance and quantitative grain fluorescence on extract: a case study from the Qingshankou Formation in Southern Songliao Basin, northeast China[J]. Marine and Petroleum Geology, 109: 561-573.

Liu X, Zhang D. 2019. A review of phase behavior simulation of hydrocarbons in confined space: Implications for shale oil and shale gas[J]. Journal of Natural Gas Science and Engineering, 68: 102901.

Loucks R G, Reed R M, Ruppel S C, et al. 2012. Spectrum of pore types and networks in mudrock and a descriptive classification for matrix-related mudrock pores[J]. AAPG Bulletin, 96 (6): 1071-1098.

Lu S, Liu W, Wang M, et al. 2017. Lacustrine shale oil resource potential of Es_3L Sub-Member of Bonan Sag, Bohai Bay Basin, Eastern China[J]. Journal of Earth Science, 28 (6): 996-1005.

Luffel D L, Guidry F K. 1992. New core analysis methods for measuring reservoir rock properties of Devonian shale[J]. Journal of Petroleum Technology, 44(11): 1184-1190.

Luo S, Nasrabadi H, Lutkenhaus J L. 2016. Effect of confinement on the bubble points of hydrocarbons in nanoporous media[J]. Aiche Journal, 62(5): 1772-1780.

Ma Z, Gray E, Thomas E, et al. 2014. Carbon sequestration during the Palaeocene–Eocene thermal maximum by an efficient biological pump[J]. Nature Geoscience, 7(5): 382-388.

Maende A. 2016. Wildcat compositional analysis for conventional and unconventional reservoir assessments: HAWK Petroleum Assessment Method (HAWK-PAM), Wildcat Technologies Application Note (052016-1)[EB/OL]. (2016-05-31)[2024-05-30]. https://www.wildcattechnologies.com/post/hawk-petroleum-assessment-method-hawk-pam.

Magara K. 1978. Compaction and fluid migration: Practical petroleum geology[J]. Development in Petroleum Science, 9: 11-46.

McLennan S M, Hermming S, McDaniel D E, et al. 1993. Geochemical apporoaches to sedimentation, provenance, and tectonics[J]. Geological Society of America-Special Papers, 284: 20-40.

Michael G E, Packwood J, Holba A. 2013. Determination of in-situ hydrocarbon volumes in liquid rich shale plays[C]. SPE Annual Technical Conference and Exhibition, Denver.

Midilli A, Kucuk H. 2003. Mathematical modeling of thin layer drying of pistachio by using solar energy[J]. Energy Conversion & Management, 44(7): 1111-1122.

Murray R W, Buchholz T, Brink M R, et al. 1990. Rare earth elements as indicators of different marine depositional environments in chert and shale[J]. Geology, 18: 268-271.

Nesbitt H W, Young G M. 1982. Early Proterozoic climates and plate motions inferred from major element chemistry of lutites[J]. Nature, 299(5885): 715-717.

Nicot B, Vorapalawut N, Rousseau B, et al. 2016. Estimating saturations in organic shales using 2D NMR[J]. Petrophysics, 57(1): 19-29.

Nie X, Lu J, Djaroun R R, et al. 2020. Oil content prediction of lacustrine organic-rich shale from wireline logs: A case study of intersalt reservoirs in the Qianjiang Sag, Jianghan Basin, China[J]. Interpretation a Journal of Bible and Theology, 8(3): 79-88.

Noble R A. 1997. Oil saturation in shales: applications in seal evaluation[J]. AAPG Memoir, 67: 13-29.

O'Brien N R, Cremer M D, Canales D G. 2002. The role of argillaceous rock fabric in primary migration of oil[J]. Gcags Transactions, 52: 1103-1112.

Olea R A, Cook T A, Coleman J L. 2010. A methodology for the assessment of unconventional (Continuous) resources with an application to the Greater Natural Buttes Gas Field, Utah[J]. Natural Resources Research, 19(4): 237-251.

Ozen A E, Sigal R F. 2013. T1/T2 NMR surface relaxation ratio for hydrocarbons and brines in contact with mature organic-shale reservoir rocks[J]. Petrophysics, 54(1): 11-19.

Pan Z, Connell L D. 2015. Reservoir simulation of free and adsorbed gas production from shale[J]. Journal of Natural Gas Science and Engineering, 22: 359-370.

Panahi A, Young G M, Rainbird R H. 2000. Behavior of major and trace elements (including REE) during Paleoproterozoic pedogenesis and diagenetic alteration of an Archean granite near Ville Marie, Québec, Canada[J]. Geochimica et Cosmochimica Acta, 64(13): 2199-2220.

Parsa E, Yin X, Ozkan E. 2015. Direct Observation of the Impact of Nanopore Confinement on Petroleum Gas Condensation[C]. SPE Annual Technical Conference and Exhibition, Houston.

Passey Q R, Bohacs K, Esch W L, et al. 2010. From oil-prone source rock to gas - Producing shale reservoir - Geologic and petrophysical characterization of unconventional shale gas reservoirs[C]. International Oil and Gas Conference and Exhibition in China, Beijing.

Pathak M, Kweon H, Deo M, et al. 2017. Kerogen swelling and confinement: Its implication on fluid thermodynamic properties in shales[J]. Scientific Reports, 7(1): 12530.

Pepper A S, Corvi P J. 1995. Simple kinetic models of petroleum formation. Part I: Oil and gas generation from kerogen[J]. Marine and Petroleum Geology, 12(3): 291-319.

Pernyeszi T, Patzkó Á, Berkesi O, et al. 1998. Asphaltene adsorption on clays and crude oil reservoir rocks[J]. Colloids and Surfaces A: Physicochemical and Engineering Aspects, 137(1-3): 373-384.

Peters K E. 1986. Guidelines for evaluating petroleum source rock using programmed pyrolysis[J]. AAPG Bulletin, 70(3): 318-329.

Pollastro R M. 2007. Total petroleum system assessment of undiscovered resources in the giant Barnett Shale continuous (unconventional) gas accumulation, Fort Worth Basin, Texas[J]. AAPG bulletin, 91(4): 551-578.

Pohl C, Loffler A, Hennings U. 2004. A sediment trap flux study for trace metals under seasonal aspects in the Stratified Baltic Sea (Gotland Basin; 57°19.20N; 20°03.00'E)[J]. Marine Chemistry, 84(3-4): 143-160.

Prokopenko A A, Hinnov L A, Williams D F, et al. 2006. Orbital forcing of continental climate During the Pleistocene: A Complete astronomically tuned climatic record from Lake Baikal, SE Siberia[J]. Quaternary Science Reviews, 25(23): 3431-3457.

Pu W, B Wei, F Jin, et al. 2016. Experimental investigation of CO_2 huff-n-puff process for enhancing oil recovery in tight reservoirs[J]. Chemical Engineering Research and Design, 111: 269-276.

Qi Y, Ju Y, Cai J, et al. 2019. The effects of solvent extraction on nanoporosity of marine-continental coal and mudstone[J]. Fuel, 235: 72-84.

Ramirez T R, Klein J D, Bonnie R, et al. 2011. Comparative study of formation evaluation methods for unconventional shale gas reservoirs: Application to the Haynesville Shale (Texas)[C]. North American Unconventional Gas Conference and Exhibition, The Woodlands.

Reed R M, Loucks R G. 2015. Low-thermal-maturity (0.7% VR) mudrock pore systems: mississippian barnett shale, southern fort worth basin[C]. GCAGS, Houston.

Ritter U. 2003. Solubility of petroleum compounds in kerogen; implications for petroleum expulsion[J]. Organic Geochemistry, 34(3):319-326.

Romero-Sarmiento M F. 2019. A quick analytical approach to estimate both free versus sorbed hydrocarbon contents in liquid-rich source rocks[J]. AAPG Bulletin, 103(9): 2031-2043.

Romero-Sarmiento M F, Pillot D, Letort G, et al. 2016. New Rock-Eval method for characterization of unconventional shale resource systems[J]. Oil & Gas Science and Technology, 71(3): 37,2-9.

Ross D J K, Bustin R M. 2009. Investigating the use of sedimentary geochemical proxies for paleoenvironment interpretation of ther-mally mature organic-rich strata: Examples from the Devonian‐Mississippian shales, Western Canadian Sedimentary Basin[J]. Chemical Geology, 260(1/2): 1-19.

Rylander E, Philip M S, Jiang T, et al. 2013. NMR T2 distributions in the Eagle Ford Shale: Reflections on pore size[C]. NMR T2 Distributions Unconventional Resources Conference-USA, The Woodlands.

Salazar J, McVay D A, Lee W J. 2010. Development of an improved methodology to assess potential unconventional gas resources[J]. Natural Resources Research (New York, N.Y.), 19(4): 253-268.

Sandvik E I, Young W A, Curry D J, et al. 1992. Expulsion from hydrocarbon sources; the role of organic absorption[J]. Organic Geochemistry, 19(1-3):77-87.

Sanei H, Wood J M, Ardakani O H, et al. 2015. Characterization of organic matter fractions in an unconventional tight gas siltstone reservoir[J]. International Journal of Coal Geology, 150: 296-305.

Schmoker J W. 2002. Resource-assessment perspectives for unconventional gas systems[J]. AAPG Bulletin, 86(11): 1993-1999.

Schwark L, Stoddart D, Keuser C, et al. 1997. A novel sequential extraction system for whole core plug extraction in a solvent flow-through cell—application to extraction of residual petroleum from an intact pore-system in secondary migration studies[J]. Organic Geochemistry, 26(1-2): 19-31.

Şen Ş, Kozlu H. 2020. Impact of maturity on producible shale oil volumes in the Silurian (Llandovery) hot shales of the northern Arabian Plate, southeastern Turkey[J]. AAPG Bulletin, 104(3): 507-524.

Simpson G A, Fishman N S, Hariroy S. 2018. New nuclear magnetic resonance Log T2 cut-off interpret parameters for the unconventional tight oil of the Bakken Petroleum System using 2-D NMR core laboratory measurements on native state and post-cleaned core samples[C]. Society of Petrophysicists and Well-Log Analysts, London.

Singer P M, Chen Z, Hirasaki G J. 2016. Fluid typing and pore size in organic shale using 2D NMR in saturated kerogen isolates[J]. Petrophysics, 57(6): 604-619.

Singh S K, Singh J K. 2011. Effect of pore morphology on vapor-liquid phase transition and crossover behavior of critical properties from 3D to 2D[J]. Fluid Phase Equilibria, 300(1-2): 182-187.

Song Y Q, Kausik R. 2019. NMR application in unconventional shale reservoirs—A new porous media research frontier[J]. Progress in Nuclear Magnetic Resonance Spectroscopy, 112-113: 17-33.

Song Z, Song Y, Li Y, et al. 2020. A critical review of CO_2 enhanced oil recovery in tight oil reservoirs of North America and China[J]. Fuel, 276(5): 118006.

Sun C, Yao S, Li J, et al. 2017. Characteristics of pore structure and effectiveness of shale oil reservoir space in Dongying Sag, Jiyang Depression, Bohai Bay Basin[J]. Journal of Nanoscience and Nanotechnology, 17(9): 6781-6790.

Tan M, Mao K, Song X, et al. 2015. NMR petrophysical interpretation method of gas shale based on core NMR experiment[J]. Journal of Petroleum Science and Engineering, 136: 100-111.

Tang X, Ripepi N, Valentine K A, et al. 2017. Water vapor sorption on Marcellus shale: measurement, modeling and thermodynamic analysis[J]. Fuel, 209: 606-614.

Taylor S R, McLennan S M. 1985. The Continental Crust: its Composition and Evolution[M]. Oxford: Blackwell: 12312.

Heege J H T, Zijp M H AA, Nelskamp S, et al. 2015. Sweet spot identification in underexplored shales using multidisciplinary reservoir characterization and key performance indicators: Example of the Posidonia Shale Formation in the Netherlands[J]. Journal of Natural Gas Science and Engineering, 27: 558-577.

Tian S, Erastova V, Lu S, et al. 2018. Understanding model crude oil component interactions on kaolinite silicate and aluminol surfaces: toward improved understanding of shale oil recovery[J]. Energy & Fuels, 32(2): 1155-1165.

Tinni A, Sondergeld C, Rai C. 2014. NMR T1-T2 response of moveable and non-moveable fluids in conventional and unconventional rocks[C]. International Symposium of the Society of Core Analysts, Avignon.

Ungerer P, Collell J, Yiannourakou M. 2015. Molecular modeling of the volumetric and thermodynamic properties of kerogen: Influence of organic type and maturity[J]. Energy & Fuels, 29(1): 91-105.

US Energy Information Administration(EIA). 2018. Permian basin Wolfcamp shale play, geology review[A/OL]. (2018-11-03) [2024-05-30]. https://www.eia.gov/maps/pdf/Wolfcamp_EIA_Report_Nov2018.pdf.

Vance D, Little S H, Archer C, et al. 2016. The oceanic budgets of nickel and zinc isotopes: the importance of sulfidic environments as illustrated by the Black Sea[J]. Philosophical Transactions of the Royal Society A: Mathematical, Physical and Engineering Sciences, 374(2081): 20150294.

Veizer J, Fritz P, Jones B. 1986. Geochemistry of brachiopods: oxygen and carbon isotopic records of Paleozoic Ocean[J]. Geochimicaet Cosmochim Acta, 50: 1679-1696.

Walters C C, Freund H, Kelemen S R, et al. 2013. Method for predicting petroleum expulsion: US 8352228 B2[P]. 2013-01-08.

Walker C T. 1968. Evaluation of boron as a paleosalinity indicator and its application to ofishore prospects[J]. AAPG Bulletin, 52, 751-766.

Wang L, Yu W. 2019. Mechanistic simulation study of gas puff and huff process for Bakken tight oil fractured reservoir[J]. Fuel, 239: 1179-1193.

Wang M, Tian S, Chen G, et al. 2014. Correction method of light hydrocarbons losing and heavy hydrocarbon handling for residual hydrocarbon(S1) from shale[J]. Acta Geologica Sinica(Beijing), 88(6): 1792-1797.

Wang M, Wilkins R W, Song G, et al. 2015. Geochemical and geological characteristics of the Es_3L lacustrine shale in the Bonan sag, Bohai Bay Basin, China[J]. International Journal of Coal Geology, 138: 16-29.

Wang M, Guo Z, Jiao C, et al. 2019. Exploration progress and geochemical features of lacustrine shale oils in China[J]. Journal of Petroleum Science and Engineering, 178: 975-986.

Wang M, Li M, Li J B, et al. 2022. The key parameter of shale oil resource evaluation: Oil content[J]. Petroleum Science, 19(4): 1443-1459.

Washburn K E, Birdwell J E. 2013. Updated methodology for nuclear magnetic resonance characterization of shales[J]. Journal of Magnetic Resonance, 233: 17-28.

Wei Z, Zou Y R, Cai Y, et al. 2012. Kinetics of oil group-type generation and expulsion: An integrated application to Dongying Depression, Bohai Bay Basin, China[J]. Organic geochemistry, 52: 1-12.

Welch W R W, Piri M. 2015. Molecular dynamics simulations of retrograde condensation in narrow oil-wet nanopores[J]. The Journal of Physical Chemistry C, 119(18): 10040-10047.

Wright M C, Court R W, Kafantaris F A, et al. 2015. A new rapid method for shale oil and shale gas assessment[J]. Fuel, 153: 231-239.

Wronkiewicz D J, Condie K C. 1987. Geochemistry of Archean shales from the Witwatersr and Supergroup, South Africa: source-area weathering and provenance[J]. Geochimica et Cosmochimica Acta, 51: 2401-2416.

Xiong C, Ding B, Geng X, et al. 2020. Quantitative analysis on distribution of microcosmic residual oil in reservoirs by frozen phase and nuclear magnetic resonance (NMR) technology[J]. Journal of Petroleum Science & Engineering, 192: 107256.

Xu L, Wang M, Li J, et al. 2021. Evaluation method of movable shale oil resource: A case study of the Shahejie Formation in the Dongying Sag, Jiyang Depression[J]. Frontiers in Earth Science, 9: 684592.

Yang D, Kausik R. 2016. 23Na and 1H NMR relaxometry of shale at high magnetic field[J]. Energy & Fuels, 30(6): 4509-4519.

Yang Z, Hirasaki G J. 2008. NMR measurement of bitumen at different temperatures[J]. Journal of Magnetic Resonance, 192(2): 280-293.

Yao Y, Liu D, Xie S. 2014. Quantitative characterization of methane adsorption on coal using a low-field NMR relaxation method[J]. International Journal of Coal Geology, 131: 32-40.

Yao Y, Liu D, Che Y, et al. 2010. Petrophysical characterization of coals by low-field nuclear magnetic resonance (NMR)[J]. Fuel, 89(7): 1371-1380.

Yu Y, Luo X, Cheng M, et al. 2017. Study on the distribution of extractable organic matter in pores of lacustrine shale: An example of Zhangjiatan Shale from the Upper Triassic Yanchang Formation, Ordos Basin, China[J]. Interpretation, 5(2): 109-126.

Zarragoicoechea G J, Kuz V A. 2004. Critical shift of a confined fluid in a nanopore[J]. Fluid Phase Equilibria, 220(1): 7-9.

Zeigermann P, Dvoyashkin M, Valiullin R, et al. 2009. Assessing the pore critical point of the confined fluid by diffusion measurement[J]. Diffusion-fundamentals, 11: 1-2.

Zhang J, Lu S, Li J, et al. 2017. Adsorption properties of hydrocarbons (n-decane, methyl cyclohexane and toluene) on clay minerals: an experimental study[J]. Energies, 10(10): 1586.

Zhang P, Lu S, Li J. 2019. Characterization of pore size distributions of shale oil reservoirs: A case study from Dongying sag, Bohai Bay basin, China[J]. Marine and Petroleum Geology, 100: 297-308.

Zhang T, Ellis G S, Ruppel S C, et al. 2012. Effect of organic-matter type and thermal maturity on methane adsorption in shale-gas systems[J]. Organic Geochemistry, 47: 120-131.

Zhao P, Fu J, Shi Y, et al. 2020a. Hydrocarbon saturation in shale oil reservoirs by inversion of dielectric dispersion logs[J]. Fuel, 266: 116934.

Zhao X, Pu X, Zhou L, et al. 2020b. Typical geological characteristics and exploration practices of lacustrine shale oil: A case study of the Kong-2 member strata of the Cangdong Sag in the Bohai Bay Basin[J]. Marine and Petroleum Geology, 113: 103999.